Emil Theodor von Wolff

Anleitung zur chemischen Untersuchung landwirthschaftlich wichtiger Stoffe

Zum Gebrauch bei quantitativ-analytischen Arbeiten im chemischen Laboratorium und bei Vorträgen über landwirthschaftlich-chemische Analyse

Emil Theodor von Wolff

Anleitung zur chemischen Untersuchung landwirthschaftlich wichtiger Stoffe
Zum Gebrauch bei quantitativ-analytischen Arbeiten im chemischen Laboratorium und bei Vorträgen über landwirthschaftlich-chemische Analyse

ISBN/EAN: 9783743453425

Hergestellt in Europa, USA, Kanada, Australien, Japan

Cover: Foto ©berggeist007 / pixelio.de

Manufactured and distributed by brebook publishing software (www.brebook.com)

Emil Theodor von Wolff

Anleitung zur chemischen Untersuchung landwirthschaftlich wichtiger Stoffe

Anleitung

zur

Chemischen Untersuchung

landwirthschaftlich wichtiger Stoffe.

Zum Gebrauch

bei

quantitativ-analytischen Arbeiten im chemischen Laboratorium und bei Vorträgen über landwirthschaftlich-chemische Analyse.

Von

Dr. Emil Wolff,

Professor an der Kgl. Akademie für Land- und Forstwirthe in Hohenheim.

Zweite durchaus neu bearbeitete Auflage.

Mit steter Berücksichtigung der unter den Agricultur-Chemikern gebräuchlichen und vereinbarten Untersuchungsmethoden.

BERLIN.

VERLAG VON WIEGANDT & HEMPEL.

STUTTGART. Julius Weise. — 1867. — **WIEN.** Gerold & Comp.

Vorwort.

Als ich vor 10 Jahren meine Anleitung zu landwirthschaftlich-chemischen Untersuchungen veröffentlichte, waren die betreffenden analytischen Methoden erst wenig ausgebildet; man war vielfach noch unklar über die Gesichtspunkte, welche bei agrikulturchemischen Untersuchungen vorzugsweise festzuhalten sind, es war eine Zeit, wo man oftmals mit weniger genauen, nur rasch auszuführenden Bestimmungen sich begnügte und mit verhältnissmässig kleinen Mengen der zu untersuchenden Stoffe operirte. Unter dem Einfluss jener Zeit entstand das Werkchen, welches gegenwärtig völlig veraltet ist, aber damals, ungeachtet seiner vielen Mängel, Anklang fand, im Buchhandel rasch vergriffen war und auch in mehrere fremde Sprachen übersetzt wurde.

Schon seit langer Zeit fühlte ich zu einer neuen Bearbeitung des Buches mich verpflichtet und wenn sich dieselbe bis jetzt verzögerte, so lag die Ursache darin, dass ich zunächst eigene umfassende agrikulturchemische Analysen, die grossentheils zur Vervollständigung und festeren Begründung der hier in Betracht kommenden Methoden angestellt wurden, beendigen musste und ausserdem einen Zeitpunkt abzuwarten wünschte, wo das zu behandelnde Thema zu einer einigermaassen befriedigenden Abrundung zu bringen sein würde. Ein solcher Zeitpunkt scheint mir jetzt eingetreten zu sein.

Ein frischer wissenschaftlicher Geist durchdringt gegenwärtig das landwirthschaftliche Versuchswesen nach allen Richtungen hin; die landwirthschaftlich-chemischen Versuchsstationen sind in neuerer Zeit in immer grösserer Anzahl entstanden und haben bereits eine Menge der gediegensten Arbeiten geliefert. Die Analyse von Bodenarten, Futtermitteln und Düngstoffen lässt sich jetzt nach hinreichend zuverlässigen Methoden ausführen, überall wird mit Erfolg die äusserste Schärfe der Bestimmungen angestrebt und hierbei keinerlei Aufwand an Mühe und Zeit gescheut. Wohl erscheint dem Uneingeweihten und auch manchem Sachverständigen soviel Arbeit und Ausdauer, wie oftmals die Untersuchungen, namentlich von Bodenarten und Futtermitteln, in Anspruch nehmen, bei dem scheinbar geringen practischen Resultat, welches sie liefern, nicht gerechtfertigt. Dies darf uns jedoch nicht abhalten, auf dem jetzt betretenen Wege vorzugehen, die Analysen immer weiter auszudehnen und noch vollständiger durchzuführen, sowie unter Beihülfe von Vegetations- und Fütterungsversuchen die Methoden immer sicherer zu begründen. Je nach dem Zweck der Untersuchung kann überall ein abgekürztes Verfahren eingehalten werden und später, wenn erst alle Gesichtspunkte genügend aufgeklärt und durch die Resultate ausführlicher Untersuchungen völlig festgestellt worden sind, wird dies in noch höherem Grade gestattet und geboten sein.

Von dem früheren Buche ist nichts, kaum ein einziger Satz, in die neue Bearbeitung übergegangen; die letztere ist nach Form und Inhalt ein ganz neues Werk geworden. Nur der Titel ist derselbe geblieben und im Allgemeinen der zu behandelnde Gegenstand. Auch die Tendenz der Schrift ist eine erweiterte und von derjenigen der ersten Auflage wesentlich verschieden. Zwar will ich auch jetzt dem Anfänger in der analytischen Chemie eine möglichst klare und vollständige Anleitung geben zu agrikulturchemischen Untersuchungen aller Art; aber gleichzeitig soll der geübtere Chemiker, sowie der Agrikulturchemiker von Fach eine Uebersicht erhalten über diejenigen Methoden, welche auf der gegenwärtigen Entwicklungsstufe unserer Wissenschaft als die am meisten zuverlässigen und ihrem Zweck entsprechenden anzusehen sein möchten und welche theilweise von der seit 1863 alljährlich wiederkehrenden Versammlung deutscher Agrikulturchemiker besprochen, zur allgemeinen Berücksichtigung empfohlen worden sind. Endlich mag auch jeder Freund der Agrikulturchemie, der intelligente Landwirth insbesondere, aus der vorliegenden Ausarbeitung ersehen, wie eifrig man in der Gegenwart bestrebt ist, allen Anforderungen zu genügen, um durch gründliche wissenschaftliche Untersuchungen die für die Praxis der Landwirthschaft wichtigsten Fragen ihrer Lösung entgegenzuführen.

Dr. Emil Wolff.

Hohenheim, im April 1867.

Inhalt.

Seite.

I. Ackererde und Bodenarten.

Einleitung 1

A. Vorarbeiten 2

B. Schlämm-Analyse 5

C. Chemische Analyse 7

a. Lösung mittelst kalter concentrirter Salzsäure 8

b. Behandlung des Bodens mit kohlensäurehaltigem Wasser . . 15

c. Lösung mittelst heisser concentrirter Salzsäure 21

d. Untersuchung des Rückstandes von der Behandlung des Bodens mit heisser concentrirter Salzsäure 23

e. Untersuchung des Rückstandes von der Behandlung mit Schwefelsäure 26

f. Bestimmung einzelner Bestandtheile des Bodens 29

1. Wasser 29

2. Glühverlust 30

3. Kohlenstoff in organischer Verbindung 30

4. Beschaffenheit der organischen Substanz im Boden . . . 32

5. Fertig gebildete Kohlensäure 35

6. Gesammtmenge des Stickstoffes 36

7. Fertig gebildetes Ammoniak 37

8. Salpetersäure 39

9. Chlor 40

10. Gesammtmenge des Schwefels und der Schwefelsäure . . 41

11. Eisenoxydhydrat und Thonerdehydrat 42

12. Eisenoxydul 43

g. Bestimmung der Absorptions-Coëfficienten des Bodens für die wichtigeren Pflanzennährstoffe 43

h. Berechnung und Zusammenstellung der analytischen Resultate 44

i. Anhaltspunkte für die Beurtheilung der Güte des Bodens aus den Ergebnissen der mechanischen und chemischen Analyse . . 49

Seite

D. Die physikalischen Eigenschaften des Bodens 54
1. Fähigkeit aus der Luft Feuchtigkeit zu absorbiren . . . 55
2. Wasserhaltende Kraft 58
3. Verdunstung der Feuchtigkeit 61
4. Wasser-durchlassendes Vermögen 64
5. Capillaranziehung für Wasser 65
6. Eindringen des Regenwassers 66
7. Absorption der Sonnenwärme 67
8. Leitungsfähigkeit für Wärme 67
9. Vermögen, die Wärme zurückzuhalten 68
10. Specifisches Gewicht 68
11. Absolutes Gewicht 70
12. Porosität 70
13. Volumen im aufgeschlämmten Zustande 71
14. Festigkeit und Consistenz 72

E. Vegetationsversuche in Verbindung mit ausführlichen Bodenanalysen 73

II. Gesteine und deren Verwitterungsproducte.

Allgemeines 78
a. Mergel 82
b. Kalkstein. Gebrannter Kalk 86
c. Thon 91

III. Düngemittel.

A. Der Hauptdünger oder Stallmist 92

B. Thierische Entleerungen in deren frischem Zustande.
1. Der Harn 98
2. Der Koth 109

C. Käufliche concentrirte Düngemittel.
1. Allgemeine Untersuchungsmethoden.
a. Prüfung der Düngemittel auf den Phosphorsäuregehalt . 109
b. Prüfung auf den Kaligehalt 112
c. Bestimmung des Stickstoffes 113
2. Knochenmehl 114
3. Knochenkohle. Knochenasche. Phosphorit 116
4. Peruguano. Bakerguano 118
5. Superphosphate 120
6. Stassfurter Abraumsalze und Kalipräparate. Kochsalz . . 123
7. Chilisalpeter 124
8. Gyps 126

IV. Die Asche von Pflanzen, von thierischen Stoffen und von Brennmaterialien.

Seite

1. Die Pflanzenasche 128
2. Die Asche thierischer Substanzen 136
3. Die Asche der Brennmaterialien.
   a. Holzasche 137
   b. Torfasche. Braun- und Steinkohlenasche 138

V. Futterstoffe und Nahrungsmittel.

1. Grünfutter und Rauhfutter 139
2. Rüben 151
3. Kartoffeln 157
4. Samenkörner 160
5. Milch 161
6. Butter. Käse 165

Anhang.
1. Untersuchung der Schafwolle 165
2. Bestimmung der Gerbsäure 168

VI. Getränke.

1. Wasser 172
2. Bier 182
3. Wein 186

Anhang.
   Aequivalente der einfachen Stoffe 191
   Factoren zur Berechnung der gesuchten Substanz aus der gefundenen 192

I. Ackererde und Bodenarten.

Im Folgenden habe ich die Methoden angedeutet, nach welchen eine vollständige Untersuchung des Bodens auszuführen ist und hierbei überall meinen »Entwurf zur Bodenanalyse«*) zu Grunde gelegt, welcher auf der Agrikultur-Chemiker-Versammlung zu Göttingen im J. 1864 eingehend besprochen, mit einigen Abänderungen, die auch hier Beachtung gefunden haben, genehmigt und zur allseitigen Befolgung empfohlen wurde. Natürlich handelt es sich für den erfahrenen Analytiker nicht um eine ängstliche Einhaltung aller derjenigen Methoden, welche behufs der Abscheidung und quantitativen Bestimmung einzelner Bestandtheile des Bodens von mir benutzt werden und in dieser allgemeinen Anleitung zunächst dem Anfänger in der chemischen Analyse zur Richtschnur dienen sollen; diese Methoden können vielmehr im Einzelnen Abänderungen erleiden, ohne dass dadurch die Genauigkeit der Bestimmung beeinträchtigt wird. Wohl aber ist es nothwendig, dass alle Chemiker, welche mit genauen Bodenanalysen sich

---

*) Vgl. meinen »Entwurf zur Bodenanalyse«. Begutachtet von den Mitgliedern der hierzu ernannten Commission: Dr. Bretschneider, Dr. Grouven, Professor Dr. Knop, Dr. Peters, Professor Dr. Stohmann und Professor Dr. Zöller. »Landw. Versuchsstationen«, Bd. VI. S. 141—171; auch abgedruckt in Fresenius, Zeitschrift für analytische Chemie, III. S. 85—115. Vollständige Untersuchungen nach dieser Methode sind bisher von mir veröffentlicht worden: »Der Hauptmuschelkalk und seine Verwitterungsproducte« in »Landw. Versuchsstationen«, Bd. VII. S. 272—302; auch in den »Württ. naturw. Jahresheften, 1866. Heft 1. Ferner: »Der bunte Sandstein nebst dem Verwitterungsboden der oberen plattenförmigen Ablagerungen«. Württ. naturw. Jahreshefte, 1867, Heft 1.

beschäftigen, in den Punkten, welche man als wesentliche bezeichnen muss, sich gleichsam verpflichten, nach einem gemeinsamen Plane zu arbeiten; denn nur in diesem Falle können die Resultate unter sich vergleichbar sein und für die wissenschaftliche Bodenkunde, wie für die Praxis des Ackerbaues einen bleibenden Werth erlangen.

Als derartige wesentliche Punkte, in welchen eine völlige Einigung unter den Agrikulturchemikern erzielt werden muss, sind hervorzuheben: die Art und Weise der Aufnahme der zu untersuchenden Bodenprobe, die Vorbereitung derselben zur Analyse, auch annähernd die in Arbeit zu nehmenden Erdmengen, ferner das Verfahren bei der mechanischen oder Schlämm-Analyse, die Methode der Bestimmung der Absorptions-Coëfficienten des Bodens bezüglich der wichtigeren Pflanzennährstoffe und vor Allem die Herstellung der Auszüge, welche einer vollständigen Analyse zu unterwerfen sind.

So wichtig ich es im Interesse der wissenschaftlichen Bodenkunde erachte, recht viele nach allen Richtungen hin vollständige Analysen auszuführen und so nothwendig es sein mag, auch die hier vorliegende Methode im Einzelnen noch weiter auszudehnen und zu vervollkommnen, — so wird doch für manche practische Zwecke ein wesentlich abgekürztes Verfahren den Vorzug finden können und müssen. Es wird oftmals genügend sein, z. B. den Boden auf seine in kalter oder in heisser concentrirter Salzsäure löslichen Bestandtheile allein zu untersuchen oder ausserdem noch der mechanischen Analyse zu unterwerfen etc.; nur muss auch in diesem Falle die Vorbereitung des Bodens und die Darstellung der betreffenden Auszüge desselben durchaus übereinstimmen mit dem von der Agrikulturchemiker-Versammlung genehmigten Entwurfe; so lange nämlich, bis der letztere durch neue gemeinsam gefasste Beschlüsse im Einzelnen oder im Ganzen eine Abänderung erleidet.

A. Vorarbeiten.

1. Die Aushebung der Erde bis zu einer bestimmten Tiefe findet in der Weise statt, dass man ein viereckiges Loch von 30 bis 50 Centimeter im Quadrat graben lässt, mit senkrechten Seitenwänden und möglichst horizontaler Bodenfläche und sodann von

der einen Seitenwand einen senkrechten, von oben nach unten gleich dicken Abstich als Bodenprobe nimmt.

Als Ackerkrume wird stets diejenige Bodenschicht betrachtet, welche von dem Pfluge umgebrochen wird und in der Regel durch physikalische Beschaffenheit und Humusgehalt von dem Untergrund sich deutlich abscheidet; die Tiefe derselben muss notirt werden. Der Untergrund ist für die Untersuchung ebenfalls in einer genau zu bezeichnenden Mächtigkeit durch einen senkrechten Abstich aufzunehmen.

2. Die Aufnahme des Bodens erfolgt, je nach dem Zweck der Untersuchung entweder

a. von einer einzigen oder von mehreren Stellen der betreffenden Fläche, um die einzelnen Proben einer gesonderten Analyse zu unterwerfen, — oder

b. in einer durchschnittlichen Probe, indem man auf dem Felde der Länge und der Breite nach oder in Diagonallinien in gewissen Zwischenräumen in der angegebenen Weise Einzelproben aushebt, diese sorgfältig mit einander mischt und schliesslich der ganzen Masse ein passendes Quantum entnimmt.

3. Behufs einer vollständigen Untersuchung müssen wenigstens 4 bis 5 Kilo des Bodens zur Verfügung stehen. Eine kleinere Portion dieser Probe wird sofort im frischen Zustande in eine Flasche gebracht und diese luftdicht verschlossen. Die Hauptmasse lässt man an der Luft austrocknen (d. h. im Sommer bei gewöhnlicher Temperatur, zur Zeit des Winters in einer geheizten Stube oder in einem mässig warmen Trockenschrank, stets gegen Staub etc. sorgfältig geschützt).

4. Es sind möglichst sorgfältige Notizen zu sammeln über

a. den geognostischen Ursprung des Bodens;

b. die Beschaffenheit der tieferen Schichten, wenigstens bis zu einer Tiefe von 1—2 Meter (Profil oder Querdurchschnitt der Ackerkrume und des Untergrundes);

c. die klimatischen Verhältnisse, — nach allgemeiner Erfahrung, wenn nicht sorgfältige und langjährige Beobachtungen vorliegen, — namentlich auch die Höhe des Feldes über der Nordsee;

d. die Art der Bestellung und Fruchtfolge in den vorhergehenden Jahren;

e. die Art und Menge der stattgehabten Düngung;

f. die in den zunächst vorausgehenden Jahren wirklich erzielten Ernteerträge und wo möglich auch über die Durchschnittserträge des betreffenden Feldes bei dem Anbau der wichtigeren Kulturpflanzen;

g. die practische Beurtheilung des Bodens, d. h. über die Art und Weise, wie derselbe von dem erfahrenen, in der Gegend ansässigen Landwirthe, von seinem Standpunkte aus, hinsichtlich der Güte und Ertragsfähigkeit im Allgemeinen beurtheilt wird.

5. Die grösseren Steine und Steinchen werden aus dem Boden ausgesammelt oder von demselben abgesiebt und deren mineralogische Beschaffenheit, Gewicht und ungefähre Grösse (Faustgrösse und darüber, Eigrösse, Wallnussgrösse, Haselnussgrösse, Erbsengrösse) ermittelt.

6. Die lufttrockne und unter mässigem Druck (durch Zerreiben zwischen den Händen oder in einer Reibschale) zertheilte Erde lässt man durch ein Blechsieb mit 3 Millimeter weiten Löchern hindurchgehen; die etwa zurückbleibenden Steinchen und Fasern werden mit Wasser abgespült, getrocknet, gewogen, mineralogisch bestimmt etc. und die auf solche Weise gewonnene Feinerde für alle weiteren Untersuchungen benutzt. Die Feinerde lässt man einige Tage an einem dunst- und staubfreien Orte bei mittlerer Temperatur, in möglichst dünnen Schichten ausgebreitet liegen und bringt sie sodann in gut verschliessbare Gläser.

Das oben erwähnte Blechsieb mit 3 Millimeter grossen Löchern ist hauptsächlich mit Rücksicht auf die in Süd- und Mitteldeutschland allgemein verbreiteten sog. Verwitterungsböden gewählt worden. Wo es sich um die Untersuchung von angeschwemmten Bodenarten handelt, namentlich wenn dieselben reich sind an sandigen und kiesigen Bestandtheilen, wird es sich oftmals empfehlen, zunächst eine noch weiter gehende Trennung mittelst Siebe vorzunehmen, die nur 2 oder 1 Millimeter weite oder noch kleinere Oeffnungen besitzen, — nämlich dann, wenn die so getrennten und mit Wasser sorgfältig abgespülten Massen hinsichtlich ihrer mineralogischen Natur sich deutlich erkennen lassen, z. B. als kleine Quarzkörner oder als abgerundete, glatte, noch völlig unverwitterte Trümmer bekannter Gebirgsarten. Bilden dieselben aber eckige Gesteinsbröckel mit rauher und durch Verwitterung zerfressener Oberfläche, so muss man gleichwohl zur Herstellung der für die weitere Untersuchung bestimmten Feinerde ein Blechsieb mit 3 Millimeter weiten Löchern anwenden.

B. Schlämm-Analyse.

1. Von der abgesiebten lufttrocknen Feinerde werden 30 Grm. abgewogen und zunächst längere Zeit mit Wasser gekocht. Während des Aufkochens muss man durch anhaltendes Umrühren und gelindes Zerdrücken der Erdmasse mit dem Glasstabe oder einem kleinen Pistill oder einem steifen Pinsel das vollständige Ablösen der Thontheilchen von den sandigen Bestandtheilen des Bodens zu befördern suchen. Das Aufkochen muss wenigstens 1 Stunde, bei reinen Verwitterungsböden und namentlich sehr thonigen Bodenarten, 2 bis 3 Stunden lang andauern und überhaupt sehr sorgfältig vorgenommen werden.

2. Nach vollendetem Aufkochen der Erdprobe mit Wasser wird das Ganze durch ein Blechsieb mit Löchern von 1 Millimeter Durchmesser hindurchgegossen und der etwaige Rückstand auf dem Siebe gut abgespült, getrocknet und gewogen.

3. Zum Abschlämmen der durch das Sieb hindurchgegangenen Masse bedient man sich des Nöbel'schen Schlämmapparates*) und verfährt dabei auf folgende Weise:

a. Als Wasserbehälter wird eine grosse Glasflasche von ungefähr 10 Liter Inhalt benutzt und in dem Hals derselben eine einfache Hebervorrichtung in der Form einer zweimal gebogenen Glasröhre mittelst eines durchbohrten Pfropfens so befestigt, dass der kürzere Arm der Röhre tief genug in die mit Wasser angefüllte Flasche hinabreicht, um das Ausfliessen von 9 Liter Wasser zu gestatten. Der längere Arm des Hebers, wenn derselbe mit der aufrecht stehenden Röhre des ersten oder kleinsten Trichters ver-

*) Der Nöbel'sche Apparat besteht im Wesentlichen aus 4 trichterförmigen, durch Glasröhren mit einander verbundenen Flaschen (Volumen annähernd = 1 : 8 : 27 : 64), durch welchen eine bestimmte Wassermasse in einem möglichst gleichförmigen Strome hindurchgeleitet wird. Die Schlämmtrichter sind stark und dauerhaft gearbeitet aus der Luhme'schen (W. J. Rohrbeck) Handlung chemischer und physikalischer Apparate in Berlin zu beziehen und zwar für die 4 Schlämmtrichter à Satz zu einem Preise von 2 Thlr. 5 Sgr. und für die Schlämmtrichter mit polirtem Holzgestell zu 5 Thlr. 5 Sgr. — Ueber die bei dem Abschlämmen des Bodens mit diesem Apparate zu beobachtenden Vorsichtsmassregeln etc. vgl. meine Mittheilungen in den «Landw. Versuchsstationen», Bd. VIII. 1866. S. 408–411.

bunden ist, hat bis zur Einmündung in den letzteren eine Länge von etwa 60 Centimeter. Der innere Durchmesser des Glashebers ist ungefähr gleich dem der zwischen den einzelnen Trichtern befindlichen Verbindungsröhren.

b. Zur weiteren Regulirung des Wasserstromes dient ein kleines Glasröhrchen, welches vorne an dem Ausflussrohr des letzten und grössten Trichters befestigt wird und dessen Spitze in der Weise ausgezogen und abgefeilt worden ist, dass bei nur mit Wasser gefüllten Trichtern in 40 Minuten genau 9 Liter Wasser aus dem Apparat ablaufen.

c. Der kleinste Trichter (Nr. 1) darf nicht die abzuschlämmende Masse aufnehmen, sondern vom Beginn der Schlämm-Operation an nur Wasser enthalten. Die durch Kochen etc. vorbereitete Substanz wird nebst der trüben Flüssigkeit in den Trichter Nr. 2 gespült; wenn dieser Trichter nicht die ganze Masse der Flüssigkeit zu fassen vermag, so bringt man vorher einen Theil des trüben Ueberwassers in den Trichter Nr. 3. Sobald nun die sämmtlichen Trichter mit Wasser möglichst angefüllt, die Verbindungsröhren zwischen denselben, sowie das Ausflussrohr in Nr. 4 rasch und gut eingesetzt sind, wird der Heber angeblasen und erst, wenn keine Luftblasen mehr hindurchgehen, mit dem aufstehenden Rohr des Trichters Nr. 1 luftdicht verbunden und damit die Schlämm-Operation begonnen. Man lässt nun genau 9 Liter Wasser durch den Apparat hindurchfliessen und schliesst dann rasch den Heber mittelst eines Quetschhahns von dem Trichter Nr. 1 ab, um zu verhindern, dass in den Apparat Luftblasen eintreten, welche übrigens nach vollendeter Operation keine wesentliche Störung mehr veranlassen.

d. Die Trichter mit ihrem Inhalt, nachdem die Verbindungsröhren gelöst worden sind, lässt man einige Stunden lang ruhig stehen, giesst dann das fast klare Ueberwasser ab und bringt den Bodensatz in Porzellanschalen oder Bechergläschen, in welchen das Eintrocknen der Masse vorgenommen wird. Die so erhaltenen Substanzen werden im Dampf- oder Luftbade bei 100° C. getrocknet und in diesem Zustande sowohl als auch nach dem Glühen gewogen, — die gefundenen Mengen aber auf den lufttrocknen oder den bei 100° getrockneten Zustand des Bodens berechnet.

Man findet unter Anwendung des hier beschriebenen Verfahrens in der Feinerde des Bodens:

1. Rückstand auf dem feinen Blechsiebe;
2. Schlämmmasse aus dem Trichter Nr. 2;
3. » aus dem Trichter Nr. 3;
4. » aus dem Trichter Nr. 4;
5. thoniger Absatz aus den 9 Litern Flüssigkeit, die aus dem Apparat abgelaufen sind;
6. feinste, nach mehreren Stunden noch im Wasser suspendirte Theilchen — aus dem Verlust berechnet.

Die unter 5 und 6 aufgeführten Bodentheilchen wird man passend zusammenfassen und mit einander aus dem Gewichtsverlust der abgeschlämmten Masse berechnen können.

C. Die chemische Analyse.

Der Boden ist stets in seinem natürlichen Zustande, d. h. lufttrocken und humushaltig für die chemische Untersuchung zu verwenden. Durch vorhergehendes Verkohlen oder Ausglühen erleidet derselbe, namentlich hinsichtlich der Löslichkeit einzelner Bestandtheile wesentliche, seiner natürlichen Beschaffenheit in keiner Weise entsprechende Veränderungen. Aus dem schwach geglühten Boden wird bei gleicher Behandlungsweise z. B. eine weit grössere, oft doppelt und dreifach grössere Menge von Alkalien gelöst als aus dem natürlichen, ungeglühten Boden.

Ueber die für die wissenschaftliche Beurtheilung des Bodens so wichtigen Löslichkeitsverhältnisse der Pflanzennährstoffe im Boden kann man hauptsächlich nur auf die Weise sich Aufklärung verschaffen, dass man denselben successive der Einwirkung mehr oder weniger kräftiger Lösungsmittel unterwirft und diese Behandlung stets nach ganz bestimmten, feststehenden Regeln vornimmt. Die Lösungsmittel müssen hinsichtlich der Stärke ihrer Einwirkung hinreichend verschieden sein und andrerseits in einem gewissen passenden Verhältniss zu einander stehen. Solchen Anforderungen entsprechen die folgenden Flüssigkeiten, welche in der angegebenen Reihenfolge bei ausführlichen Analysen des Bodens zur Darstellung der genau zu untersuchenden Lösungen nach einander in Anwendung zu bringen sind:

a. kaltes destillirtes Wasser, bis zu $1/4$ mit reiner Kohlensäure gesättigt;
b. kalte concentrirte Salzsäure von 1,15 sp. Gew. (entsprechend etwa 30 Proc. Chlorwasserstoff);
c. kochende concentrirte Salzsäure von gleichem Gehalt;
d. heisse concentrirte Schwefelsäure;
e. Fluorwasserstoffsäure.

Die durch successive Behandlung des Bodens mit diesen Flüssigkeiten erhaltenen Lösungen zeigen in ihren analytischen Resultaten die relativ grössten Differenzen und gestatten jedenfalls bezüglich der natürlichen Fruchtbarkeit des Bodens interessante Folgerungen. Bei weniger ausführlichen Bodenanalysen begnügt man sich mit der näheren Untersuchung einer einzigen Lösung und man hat für solche Fälle im Allgemeinen sich darüber geeinigt, dass auf die in kalter concentrirter Salzsäure in erster Linie Gewicht zu legen, nächstdem aber die mit heisser concentrirter Salzsäure dargestellte Lösung zu beachten sei. Wir betrachten daher hier zunächst die

a. Lösung mittelst kalter concentrirter Salzsäure.

Von dem lufttrocknen Boden (Feinerde, s. S. 4) werden 450 Grm. in einer mit Glasstöpsel versehenen, hinreichend geräumigen Flasche mit 1500 CC. concentrirter reiner Salzsäure (sp. Gew. = 1,15) übergossen. Man lässt die Erde mit der Salzsäure unter häufigem Umschütteln 48 Stunden lang bei gewöhnlicher Temperatur (14 bis 18° C.) in Berührung und giesst sodann von der Flüssigkeit 1000 CC. möglichst klar ab, welche also einer aus 300 Grm. Boden dargestellten Lösung entsprechen. Nach dem Verdünnen mit etwas Wasser wird filtrirt, das klare Filtrat, zuletzt unter Zusatz von einigen Tropfen Salpetersäure (um die aufgelöste Humussubstanz zu zerstören und das etwa vorhandene Eisenoxydul in Oxyd zu verwandeln), vorsichtig zur Trockne eingedampft, der etwas über 100° erhitzte Rückstand mit concentrirter Salzsäure angefeuchtet und dann im Wasserbade nochmals eingetrocknet, hieraufmit Wasser, unter Zusatz von etwas Salzsäure ausgekocht und nach Abscheidung der Kieselsäure die Lösung mit Wasser bis auf 1000 CC. verdünnt. Von dieser Flüssigkeit werden

1. 200 CC. (entsprechend 60 Grm. Boden) zur Bestimmung

von Eisenoxyd, Thonerde, Mangan, Kalk und Magnesia benutzt. Zu diesem Zweck

a. verdünnt man die Flüssigkeit stark mit Wasser (bis auf das drei- bis vierfache Volumen), sättigt dieselbe mit kohlensaurem Natron, bis einzelne Flocken eines Niederschlages sich bilden und die Lösung nur noch eine schwach saure Reaction zeigt, erhitzt bis zum Kochen, entfernt die Flüssigkeit vom Feuer, fügt dann sofort einen Ueberschuss von essigsaurem Natron hinzu und scheidet so die ganze Menge des Eisenoxyd's und der Thonerde nebst der Phosphorsäure aus.

b. Der Niederschlag wird rasch abfiltrirt, mit kochendheissem Wasser ausgewaschen und hierauf in verdünnter heisser Salzsäure wieder aufgelöst.

Auf dem Filter bleibt hierbei zuweilen ein kleiner Rückstand; man muss dann das gut ausgewaschene Filter trocknen, verbrennen und den Rückstand längere Zeit mit concentrirter Salzsäure digeriren, die so erhaltene Lösung der übrigen salzsauren Flüssigkeit zufügen und die geringe Menge der noch ungelöst gebliebenen, auch nach dem Glühen völlig farblosen Substanz als Kieselsäure mit in Rechnung bringen.

Die salzsaure Lösung theilt man in zwei Hälften, fällt jede derselben mit Ammoniak und wäscht den Niederschlag auf dem Filter mit heissem Wasser aus.

α. Die eine Portion dieses Niederschlages wird mit dem Filter getrocknet, verbrannt und der Rückstand gewogen (Gesammtmenge von Eisenoxyd, Thonerde und Phosphorsäure aus 30 Grm. Boden);

Die geglühte und gewogene Masse kann man durch längeres Digeriren mit concentrirter Salzsäure auflösen und so ermitteln, ob noch eine kleine Menge von Kieselsäure zugegen war.

β. die andere Portion wird in verdünnter heisser Schwefelsäure aufgelöst, das Eisenoxyd durch Erwärmen der Flüssigkeit in einem Glaskolben unter Zusatz von schwefeligsaurem Natron oder mit reinem Zinkmetall zu Oxydul reducirt und dann mit titrirter Chamäleonlösung bestimmt. Bringt man die Menge des so gefundenen Eisenoxyd's, sowie die der anderweitig bestimmten Phosphorsäure von dem Ammoniak-Niederschlage (*α*) in Abzug, so findet man als Rest die Thonerde aus 30 Grm. des lufttrocknen Bodens.

In der Lösung des Eisenoxyd's etc. sind oftmals Spuren von organischer Substanz enthalten, welche die Genauigkeit der Bestimmung mittelst der Chamäleonflüssigkeit beeinträchtigen. Es ist daher zu empfehlen, nach Zusatz des Chamäleons das dadurch gebildete Eisenoxyd nochmals mit schwefeliger Säure zu reduciren und diese Operation überhaupt so oft zu wiederholen, bis man zweimal genau dieselben Mengen des Chamäleons zur Titrirung des Eisens gebraucht. In derselben Weise verfährt man auch bei der vorläufigen Prüfung der Chamäleonlösung mit Eisendoppelsalz (krystallisirtes schwefelsaures Eisenoxydul-Ammoniak, welches genau $^1/_7$ des Gewichtes an metallischem Eisen enthält). Ueberall bei der Anwendung von schwefeliger Säure muss, nach erfolgter Reduction des Eisenoxyd's, die Flüssigkeit so lange gekocht werden, bis der Ueberschuss der schwefeligen Säure vollständig entfernt ist, bevor der Eisengehalt mittelst der titrirten Chamäleonlösung bestimmt werden kann. — Bei grösserem Eisengehalt wird die Hälfte oder ein Drittel der betreffenden Lösung zur Bestimmung des Eisens genügen.

c. In der von dem Eisen-Thonerde-Niederschlag abfiltrirten schwach essigsauren Flüssigkeit wird, nachdem dieselbe durch Eindampfen etwas, aber nicht zu stark concentrirt worden ist, das etwa vorhandene Mangan ermittelt, durch gelindes Erwärmen unter Zusatz von unterchlorigsaurem Natron oder indem man Chlorgas durch die mässig erwärmte Flüssigkeit bis zur Sättigung derselben hindurchleitet.

Die Flüssigkeit darf hierbei natürlich keine Spur von einem Ammoniaksalz (Chlorstickstoff!) enthalten. Wendet man unterchlorigsaures Natron an (bereitet durch Kochen von Chlorkalk mit kohlensaurem Natron und Filtriren der Flüssigkeit), so ist zu beachten, dass hierbei eine Neutralisation der Säure stattfinden kann, also oftmals ein weiterer Zusatz von freier Essigsäure nöthig ist. Das Mangan wird als voluminöses braunschwarzes Superoxydhydrat ausgeschieden; man filtrirt dasselbe ab, wäscht es gut aus, löst es nach dem Trocknen möglichst vollständig vom Filter ab, verbrennt das letztere, fügt die Asche desselben zu dem übrigen Mangansuperoxyd hinzu und behandelt das Ganze mit concentrirter Salzsäure. Die so dargestellte Lösung wird mit Wasser verdünnt und unter Erwärmen mit kohlensaurem Natron übersättigt, sodann das ausgefällte kohlensaure Manganoxydul abfiltrirt, rasch mit heissem Wasser ausgewaschen und nach dem Verbrennen des Filters und starkem Glühen des Rückstandes als Manganoxyduloxyd (für 60 Grm. Boden) in Rechnung gebracht.

d. Die von dem Mangansuperoxyd abfiltrirte Flüssigkeit neutralisirt man mit Ammoniak, erhitzt bis zum Sieden, fällt den Kalk mit oxalsaurem Ammoniak und hierauf nach dem Abfiltriren des Niederschlages, Eindampfen der Flüssigkeit auf ein kleineres Volumen und weiterem Zusatz von Ammoniak die Magnesia mit phosphorsaurem Natron; das phosphorsaure Magnesia-Ammoniak wird mit ammoniakhaltigem Wasser (1 : 5) ausgewaschen.

Der durch Verbrennen des oxalsauren Kalkes gebildete kohlensaure Kalk verliert bei schwachem Glühen keine Kohlensäure; es wird derselbe jedoch mit kohlensaurem Ammoniak behandelt, indem man kleine Stückchen desselben in den Tiegel hineinwirft und bei aufgelegtem Deckel verdampft, bis das Gewicht des kohlensauren Kalkes nach wiederholter Operation unverändert bleibt. Auch kann man den Kalk als schwefelsauren Kalk wiegen, wobei es anzurathen ist, die Schwefelsäure schon zu dem oxalsauren Kalk hinzuzusetzen und dann nach dem Verbrennen des Filters den Rückstand stark zu glühen. — Wenn neben dem Kalk viel Magnesia zugegen ist, so verfährt man besser auf folgende Weise. Die von dem Mangansuperoxyd abfiltrirte Flüssigkeit wird bis zur Trockne verdampft, durch schwaches Glühen der trocknen Masse der Salmiak entfernt, der Rückstand in wenig Wasser unter Zusatz von einigen Tropfen Salzsäure gelöst, die Flüssigkeit sodann mit starkem Weingeist versetzt und mit einem geringen Ueberschuss von concentrirter Schwefelsäure einige Stunden lang in der Kälte digerirt. Den ausgeschiedenen schwefelsauren Kalk wäscht man auf dem Filter zuerst mit fast absolutem Alkohol und dann mit 35—40 proc. Alkohol vollständig aus. Im Filtrat wird der Alkohol verjagt und die Magnesia in gewöhnlicher Weise bestimmt.

2. Von der ursprünglichen Lösung dienen 400 CC. (entsprechend 120 Grm. Boden) zur Bestimmung der Schwefelsäure und der Alkalien (ausserdem auch zur Wiederholung der Phosphorsäurebestimmung).

a. Die Flüssigkeit wird mit Wasser etwas verdünnt, bis zum Sieden erhitzt und die Schwefelsäure mit Chlorbariumlösung ausgeschieden, der gebildete Niederschlag jedoch erst nach vollständigem Erkalten der Flüssigkeit abfiltrirt und ausgewaschen.

Der schwefelsaure Baryt wird nach dem Verbrennen des Filters mit Salpetersäure angefeuchtet und nach dem Verdunsten derselben nochmals geglüht. Der Rückstand darf nicht basisch reagiren und durch Behandlung mit verdünnter Salzsäure etc. keine Gewichtsveränderung eintreten, wenn der Niederschlag aus reinem schwefelsaurem Baryt bestand.

b. Die von dem schwefelsauren Baryt abfiltrirte Flüssigkeit fällt man unter Erwärmen mit Ammoniak und kohlensaurem Ammoniak, digerirt längere Zeit, filtrirt und wäscht den Niederschlag mit kochend heissem Wasser gut aus. Dieser Niederschlag wird nach dem Auflösen in Salpetersäure zur Wiederholung der Phosphorsäure-Bestimmung (s. unter 3) benutzt, welche bei genauen Untersuchungen von Bodenarten stets doppelt ausgeführt werden muss.

Wenn eine grössere Menge von Kalk zugegen ist, so wird die Lösung passend zunächst nur mit Ammoniak gefällt, wovon man möglichst wenig anwendet und den Ueberschuss durch längeres Digeriren wieder entfernt. Der dadurch gebildete Niederschlag dient zur Wiederholung der Phosphorsäure-Bestimmung, während alsdann erst in dem Filtrat unter Erwärmen desselben der Kalk durch kohlensaures Ammoniak und unter Zusatz von etwas oxalsaurem Ammoniak ausgeschieden wird.

c. Das Filtrat von der Ausscheidung durch Ammoniak und kohlensaures Ammoniak verdampft man bis zur Trockne, der trockne Rückstand wird in ein kleines Platinschälchen gebracht und die Ammoniaksalze durch schwaches und vorsichtiges Glühen vollständig verjagt, hierauf die grössere Schale, in welcher das Eindampfen der Flüssigkeit vorgenommen wurde, mit möglichst wenig Wasser ausgespült, diese Lösung ebenfalls in dem Platinschälchen verdampft und dei ganze Rückstand schwach geglüht.

d. Um die Magnesia und etwa vorhandene kleine Mengen von Kalk, Baryt und Mangan (Thonerde, Kieselsäure) von den Alkalien zu trennen, übergiesst man den Rückstand im Platinaschälchen mit einer concentrirten Lösung von reiner Oxalsäure, dampft damit im Sandbade bis zur Trockne ein und glüht die trockne Masse; hierauf wird die letztere mit wenig Wasser ausgekocht, das darin Unlösliche abfiltrirt, noch mit etwas heissem Wasser ausgewaschen und endlich das Filtrat nach Uebersättigung mit Salzsäure wieder zur Trockne verdampft, der Rückstand schwach geglüht und als jetzt reine Chloralkalien gewogen.

Die Chloralkalien müssen in Wasser sich klar auflösen und die Lösung darf nicht basisch reagiren; wenn Letzteres der Fall ist, so dampft man nochmals unter Zusatz von etwas freier Oxalsäure ein und wiederholt die angegebene Operation.

e. Die Lösung der Chloralkalien wird mit genügend Platinchlorid versetzt, im Wasserbade zur Trockne verdampft, der Rückstand mit Alkohol übergossen und die alkoholische Flüssigkeit mit einem Tropfen der Platinalösung geprüft, ob dadurch keine weitere Ausscheidung erfolgt, hierauf der Niederschlag auf einem vorher im getrockneten Zustande genau gewogenen, möglichst kleinen Filter gesammelt, mit Alkohol ausgewaschen, nach dem Trocknen bei 90 bis 100° C. das Kaliumplatinchlorid gewogen und hieraus das Kali berechnet. Das Natron findet man aus der Gewichtsdifferenz zwischen dem direct bestimmten Chlorkalium und der Gesammtmenge der Chloralkalien.

3. Die letzten 400 CC. der ursprünglichen Lösung werden zur Bestimmung der Phosphorsäure (und Alkalien) benutzt.

a. Man erhitzt die salzsaure Lösung in einem Glaskolben oder einer Kochflasche bis zum Kochen, entfernt die Flamme der Lampe und setzt so lange eine Lösung von schwefligsaurem Natron zu der Flüssigkeit hinzu, bis diese fast ganz entfärbt ist und kohlensaures Natron einen beinahe rein weissen Niederschlag hervorbringt. Hierauf wird gekocht, bis der Geruch nach schwefeliger Säure verschwunden ist, die noch vorhandene freie Salzsäure mit kohlensaurem Natron beinahe gesättigt, sodann essigsaures Natron zugesetzt und das Ganze aufgekocht. Der dadurch gebildete Niederschlag enthält dann sehr wenig Eisenoxyd, dagegen Thonerde und die ganze Menge der vorhandenen Phosphorsäure.

Zuweilen wird es erwünscht sein, die in 2. beschriebene Bestimmung der Alkalien wiederholen oder, wenn eine nur sehr geringe Menge derselben zugegen ist, hierzu einen grösseren Antheil der ursprünglichen Lösung (nämlich 800 CC., entsprechend 240 Grm. Boden) verwenden zu können. In diesem Falle wird die ursprüngliche Lösung zunächst unter Erwärmen mit Ammoniak gefällt, der Niederschlag gut ausgewaschen und dann in Salzsäure gelöst, wie oben erwähnt, zur Phosphorsäure-Bestimmung verwendet, während man das Filtrat entweder mit der betreffenden Flüssigkeit (2. c.) vereinigt oder auch für sich auf den Alkaligehalt untersucht.

b. Der Niederschlag (a) wird rasch abfiltrirt und mit etwas heissem Wasser ausgewaschen, hierauf auf dem Filter in verdünnter Salpetersäure gelöst und im Bechergläschen nach Zusatz einer genügenden Menge von molybdänsaurem Ammoniak 24 bis 48 Stunden lang in mässiger Wärme auf dem Wasserbade digerirt. Es entsteht bei Gegenwart von Phosphorsäure ein citrongelber Niederschlag.

Das Reagens bereitet man gewöhnlich in der Weise, dass man 1 Th. reiner Molybdänsäure in 8 Thln. Ammoniakflüssigkeit auflöst und dann mit 20 Thln. reiner Salpetersäure übersättigt. Eine derartige Flüssigkeit, welche ungefähr 3 Proc. Molybdänsäure enthält, muss man vorräthig haben, weil dieselbe zum Auswaschen des gelben Niederschlages dient. Zur Ausscheidung der Phosphorsäure aus der stark salpetersauren Lösung ist es aber bequemer, eine Flüssigkeit zu verwenden, welche man durch Auflösen von reiner Molybdänsäure in einem mässigen Ueberschuss von Ammoniak darstellt und dann einfach mit Wasser so weit verdünnt, dass sie in 20 CC. etwa 1 Grm. Molybdänsäure enthält. Es ist nöthig, dass man über den Gehalt der Molybdänsäurelösung im Klaren ist, weil man so viel davon hinzusetzen muss, dass die Menge der Molybdänsäure ungefähr das 40-fache von der zu bestimmenden Phosphorsäure beträgt.

c. Den gelben Niederschlag sammelt man auf einem möglichst kleinen Filter und wäscht ihn mit der salpetersauren Lösung des Reagens mehrmals aus. Das Filtrat muss alsdann nochmals längere Zeit in mässiger Wärme digerirt werden, um zu ermitteln, ob auch wirklich die ganze Menge der Phosphorsäure ausgeschieden ist, ob also nach etwa 24stündiger wiederholter Digestion kein gelber Niederschlag mehr entsteht. Der Phosphorsäure-Niederschlag wird dann auf dem Filter mit wässerigem Ammoniak übergossen und darin aufgelöst.

Aus dem ammoniakalischen Filtrat scheidet sich zuweilen, namentlich nach Zusatz von etwas Salmiak und längerem Hinstehen eine kleine Menge von flockiger Kieselsäure aus. Man filtrirt dann nochmals durch dasselbe Filter, auf welchem der Phosphorsäure-Niederschlag gesammelt und mit Ammoniak aufgelöst worden war. Befürchtet man, dass der etwaige Rückstand auch phosphorsaure Thonerde und Eisenoxyd enthalte, so wird die auf dem Filter verbliebene kleine Masse mit verdünnter Salzsäure übergossen, die Lösung im Wasserbade zur Trockne verdampft, der Rückstand mit verdünnter Salzsäure behandelt, die so erhaltene Flüssigkeit nach dem Filtriren mit einem Tropfen Weinsäure, dann mit überschüssigem Ammoniak und etwas Magnesialösung versetzt und auf solche Weise vielleicht noch eine Spur von Phosphorsäure abgeschieden.

d. Aus dem klaren ammoniakalischen Filtrat fällt man die Phosphorsäure mit salmiakhaltiger Magnesialösung.

Sollte der Niederschlag ein etwas verdächtiges, d. h. ziemlich voluminöses Aussehen haben und auch nach längerem Hinstehen in der Flüssigkeit keine krystallinische Beschaffenheit annehmen, so wird es rathsam sein, denselben nach dem Abfiltriren und Auswaschen auf dem Filter in verdünnter Salzsäure wieder aufzulösen, die Lösung im Wasserbade bis zur völligen Trockne einzudampfen, den Rückstand in Salzsäure zu lösen, zu filtriren und in dem Filtrat die Phosphorsäure-Verbindung durch Uebersättigung mit Ammoniak wieder auszuscheiden.

e. Manche Chemiker bestimmen die Phosphorsäure mit molybdänsaurem Ammoniak direct in der salpetersauren Lösung des Ammoniak-Niederschlages (a. Anmerk.) oder in der salzsauren Bodenlösung, nachdem dieselbe zur Trockne verdampft und der Rückstand in Salpetersäure unter längerer Digestion aufgenommen worden ist. Es wird auch auf diese Weise die Phosphorsäure vollständig ausgefällt, aber die Ausscheidung erfolgt langsamer und wird leicht etwas eisenhaltig; ausserdem ist die gelbe Färbung der concentrirten Flüssigkeit bei Gegenwart einer grossen Menge Eisen oft störend. Es ist daher besser, zunächst das Eisen (s. a) von der Thonerde und der Phosphorsäure zu trennen und die letztere also für die weitere Behandlung in der betreffenden Flüssigkeit zu concentriren.

Bemerkung zu dem Auszuge des Bodens mit kalter Salzsäure. Zur vollständigen Analyse des Bodens gehört auch die Bestimmung der Kieselsäure, welche nach erfolgter Einwirkung der kalten Salzsäure in einer concentrirten Auflösung von kohlensaurem Natron auflöslich ist. Zu diesem Zwecke ist es räthlich, eine besondere kleinere Portion des Bodens (25 Grm.) zu verwenden. Man behandelt diese Portion mit der dreifachen Menge der concentrirten Salzsäure 48 Stunden lang in der Kälte. Der Rückstand wird auf einem Filter gesammelt, zuerst anhaltend mit kaltem und zuletzt mit heissem Wasser ausgewaschen; hierauf wird mehrmals mit concentrirter Lösung von kohlensaurem Natron ausgekocht und in der filtrirten Flüssigkeit durch Uebersättigung mit Salzsäure, Eindampfen etc. die Kieselsäure bestimmt. Ferner muss man in einer ähnlichen Portion des lufttrocknen Bodens ermitteln, ob und wie viel Kieselsäure schon vor der Behandlung mit kalter Salzsäure durch kohlensaures Natron aufgelöst wird, wobei jedoch, auch bei grösserem Humusgehalt, der Boden nicht vorher geglüht oder verkohlt werden darf. Die gefundene Differenz in der löslichen Kieselsäuremenge gibt einen Anhalt zur Beurtheilung, in wiefern die kalte Salzsäure zersetzend auf die vorhandenen Silikate eingewirkt hat.

b. Behandlung des Bodens mit kohlensäurehaltigem Wasser.

Um einfach die Gesammtmenge der in kohlensäurehaltigem Wasser löslichen organischen und unorganischen Substanz zu ermitteln, übergiesst man 500 Grm. des lufttrocknen Bodens in einer gut verschliessbaren Flasche mit der vierfachen Menge, also 2000 CC. Wasser (minus derjenigen Menge Wasser, welche in dem lufttrocknen Boden schon vorhanden ist und bei 100 ° C. verflüchtigt wird). Das Wasser muss, ehe es zu dem Boden in die Flasche gebracht wird, mit reiner Kohlensäure zu ¼ gesättigt worden sein, d. h. man nimmt auf 500 CC. Wasser, welches man vorher bei gewöhnlicher Temperatur und mittlerem Luftdruck mit Kohlensäure vollkommen beladen hat, — 1500 CC. reines destillirtes Wasser.

Ich wende nur ¼ gesättigtes kohlensaures Wasser an, theils um dasselbe dem im Boden circulirenden oder absorbirten Wasser ähnlicher zu machen, theils auch, weil bei grösserem Kohlensäuregehalt freilich weit mehr kohlensaurer Kalk, namentlich bei hohem Kalkgehalt des Bodens in die Lösung übergeht, ohne jedoch dass gleichzeitig eine entsprechend grössere Menge der übrigen Bestandtheile, besonders der Alkalien, aufgenommen wird.

Man lässt den Boden mit dem Wasser 3 Tage lang, unter häufigem und starkem Umschütteln der ganzen Masse, in Berührung, giesst sodann 1000 CC. (entsprechend 250 Grm. Boden) der Flüssigkeit möglichst klar ab und filtrirt durch ein doppeltes Filter, indem man den Trichter mit einer Glasplatte bedeckt hält. Das klare Filtrat wird unter der Kochhitze in einer passenden Platinschale und zwar zuletzt unter Benutzung eines Dampfbades, eingedampft, der Rückstand bei 125 ° C. getrocknet, sodann gewogen, geglüht und nach mehrmaliger Behandlung mit kohlensaurem Ammoniak und schwachem Glühen abermals gewogen.

In dem Glührückstand ist auf geeignete Weise (s. unten f. 5.) die Menge der Kohlensäure zu ermitteln.

Handelt es sich um eine genauere Untersuchung des wässerigen Auszuges, so sind wenigstens 1500 Grm. des lufttrocknen Bodens in Arbeit zu nehmen und diese mit der vierfachen Menge, nämlich mit 6000 CC. des mit Kohlensäure zu ¼ gesättigten Wassers in derselben Weise, wie angegeben wurde, zu behandeln. Nach Verlauf von 3 Tagen giesst man zwei Drittel der Flüssigkeit, also 4000 CC. (entsprechend 1000 Grm. des lufttrocknen Bodens) möglichst klar ab, lässt dieselbe in luftdicht verschlossenen Flaschen noch etwa 24 Stunden lang ruhig stehen und filtrirt durch ein doppeltes Filter und bei bedecktem Trichter klar ab, ohne den etwa gebildeten Bodensatz in der Flüssigkeit aufzurühren.

Gewöhnlich gelingt es auf diese Weise ein klares Filtrat zu erhalten. Sollte dieses aber nicht der Fall sein, so muss man die Flüssigkeit bis auf ein kleineres Volumen (400—500 CC.) eindampfen, noch heiss mit Salzsäure ganz schwach übersättigen und dann die geringe Menge des unlöslichen Thones abfiltriren.

Das klare Filtrat wird unter Zusatz von etwas Salzsäure, zuletzt auch einiger Tropfen Salpetersäure (um die in der Lösung vorhandene Humussubstanz zu zerstören) zur Trockne verdampft. Nachdem man den Rückstand mit Wasser, unter Zusatz von etwas Salzsäure ausgekocht und die abgeschiedene Kieselsäure abfiltrirt hat, bestimmt man in der Flüssigkeit, ohne eine Theilung derselben vorzunehmen, die etwa vorhandenen kleinen Mengen von Eisenoxyd nebst Thonerde und Phosphorsäure, ferner den Kalk, die Magnesia, das Kali und Natron, — und verfährt hierbei auf folgende Weise.

1. Die Lösung wird mit einem kleinen Volumen einer sehr verdünnten, genau titrirten Eisenchloridlösung versetzt, dann erwärmt und durch schwache Uebersättigung mit Ammoniak gefällt, der Niederschlag nach dem Auswaschen auf dem Filter sofort wieder in verdünnter Salzsäure gelöst und mit Ammoniak abermals aus dieser Lösung ausgeschieden, gut ausgewaschen, nach dem Trocknen und Glühen gewogen, der Rückstand durch Behandlung mit concentrirter Salzsäure gelöst, die Lösung vorsichtig zur Trockne verdampft, die trockne Masse bis zum Verschwinden des Chlorgeruches mit Salpetersäure digerirt und zur Bestimmung der Phosphorsäure unter Anwendung von molybdänsaurem Ammoniak (s. a. 3. b—d) benutzt.

Die Menge des im wässerigen Auszug der Ackererde enthaltenen Eisenoxyds und der Thonerde ist meistens so unbedeutend, dass es kaum nöthig sein möchte, diese Stoffe quantitativ zu ermitteln (ausgenommen jedoch, wenn der zu untersuchende Boden eine saure und stark humose Beschaffenheit hat); man wird daher häufig den Ammoniak-Niederschlag nicht zu glühen und zu wägen brauchen, sondern sofort in Salpetersäure auflösen und zur Bestimmung der Phosphorsäure verwenden können. Die letztere kann auch mit Hülfe der Weinsäure etc. (s. a. 3. c. Anm.) ermittelt werden. Der Zusatz von Eisenchlorid zu der betreffenden Flüssigkeit erfolgt, um sicher zu sein, dass jedenfalls die ganze Menge der etwa vorhandenen Phosphorsäure in den Ammoniak-Niederschlag übergeht; sollte in einzelnen Fällen schon durch Wasser eine nicht unbedeutende Menge Eisen aus dem Boden gelöst worden sein, dann ist natürlich ein weiterer Zusatz von Eisen unnöthig. Eine wiederholte Auflösung des Ammoniak-Niederschlages in Salzsäure muss vorgenommen werden, weil bei der ersten Bildung derselbe leicht eine kleine Menge von Schwefelsäure und namentlich von kohlensaurem Kalke enthalten kann, ein Zusatz von Essigsäure aber bezüglich der später in derselben Flüssigkeit vorzunehmenden Alkali-Bestimmung mit Unbequemlichkeiten verbunden ist.

2. Die Filtrate des Ammoniak-Niederschlages nebst Waschwasser vereinigt man und scheidet daraus unter Erwärmen der Flüssigkeit den Kalk mit reinem oxalsaurem Ammoniak vollständig aus.

Das anzuwendende oxalsaure Ammoniak muss auf seine Reinheit besonders geprüft werden; es darf nach der Verflüchtigung keinen feuerfesten Rückstand hinterlassen und namentlich keine Spur von Schwefelsäure und fixen Alkalien enthalten.

3. Nach der Abscheidung des Kalkes wird die Flüssigkeit durch Eindampfen auf ein kleineres Volumen gebracht, hierauf mit Salzsäure schwach angesäuert und durch Chlorbariumlösung die vorhandene Schwefelsäure kochend gefällt, der Niederschlag jedoch erst nach dem Erkalten der Flüssigkeit abfiltrirt und ausgewaschen.

4. Das Filtrat sättigt man mit Ammoniak und versetzt mit kohlensaurem Ammoniak, digerirt in mässiger Wärme, entfernt den gebildeten Niederschlag, dampft bis zur Trockne ein und behandelt den Rückstand behufs der Trennung der Magnesia von den Alkalien, wie oben (a. 2. c—e) angegeben ist.

Die nach Behandlung des schwach geglühten Rückstandes mit Oxalsäure etc. erhaltene, in Wasser unlösliche Masse wird in Salzsäure gelöst, aus der Lösung die immer noch vorhandenen kleinen Mengen von Baryt mit Schwefelsäure abgeschieden, dann mit Ammoniak übersättigt (vielleicht Spuren von Thonerde), mit ein wenig oxalsaurem Ammoniak versetzt (vielleicht Spuren von Kalk) und endlich durch phosphorsaures Natron die vorhandene Magnesia gefällt. Aus dem letzteren Niederschlag berechnet man, nach dem Auswaschen desselben mit ammoniakhaltigem Wasser, Glühen und Wägen, die Menge der Magnesia.

Bemerkung zur Darstellung und Untersuchung wässeriger Auszüge des Bodens. Häufig wird es von Interesse sein, nicht allein den nach oben angegebener Methode dargestellten ersten Auszug einer näheren chemischen Untersuchung zu unterwerfen, sondern dieselbe Bodenprobe noch weiter mit Wasser zu behandeln und so zu ermitteln, in welchem Verhältniss die wichtigeren Nährstoffe in einem zweiten, dritten, vierten etc. Auszuge zugegen sind. Zu diesem Zwecke werden die 4000 CC., welche man von dem ersten wässerigen Auszuge abgegossen hat, durch ein gleiches Quantum reinen, mit Kohlensäure zu $1/4$ gesättigten Wassers ersetzt; man lässt wiederum 3 Tage lang unter häufigem Umschütteln stehen, giesst nach Verlauf dieser Zeit abermals 4000 CC. ab und wiederholt diese Operation zum dritten und vierten Male, nach Umständen noch öfter. Auf ähnliche Weise, nur dass reines, destillirtes und nicht kohlensäurehaltiges Wasser benutzt wurde, hat Ulbricht*) bei der Untersuchung von 4 Bodenarten gefunden, dass, wenn auch der erste Auszug fast immer beträchtlich grössere Quantitäten der Nährstoffe (in Folge des mehr oder weniger kräftigen Düngungszustandes oder der augenblicklichen Fruchtbarkeit des Bodens) enthält, als die späteren Auszüge, so doch gewöhnlich schon mit dem dritten und vierten Auszuge, bei Anwendung stets gleicher Wassermengen, hinsichtlich der Menge der aufgelösten Stoffe eine beinahe constante Grösse erreicht wird, die mit der chemischen Constitution der Erde und seinem Gehalt an absorbirten Stoffen im Zusammenhange zu stehen scheint und möglicherweise einen Massstab bilden kann für die bleibende oder länger anhaltende Fruchtbarkeit des Bodens. Es wird meistens genügend sein, wenn man den ersten, dritten, fünften und siebenten wässerigen Bodenauszug quantitativ auf seine Bestandtheile untersucht.

Auch Fr. Schulze**) betrachtet die successive Extraction des Bodens mit Wasser nach einer unter den Agrikulturchemikern zu verabredenden Norm und die gesonderte Untersuchung der einzelnen Extractportionen als einen in vielfacher Hinsicht wichtigen Theil jeder Bodenuntersuchung. Er bemerkt wörtlich: »Ausser den in Aussicht gestellten allgemeinen Aufschlüssen über die Natur der löslichen Bodenbestandtheile und ihrer Beziehungen zu der ganzen Erdmischung, würde practisch wichtige Ausbeute für Bonitirungszwecke sich ergeben, wenn das von mir vielfach beobachtete Verhältniss sich bestätigen sollte, wonach die Mengen der für die Pflanzenernährung wichtigen Bodenbestandtheile, besonders Phosphorsäure und Kali, in den Wasserauszügen nicht nur im Allgemeinen einen Ausdruck für den Reichthum des Bodens geben, son-

*) Vgl. »Ein Beitrag zur Methode der Boden-Analyse«. Landw. Versuchsstationen. Bd. V. S. 200—209. 1863.

**) Siehe ebds. Bd. VI. S. 409—412. 1864.

dern daneben auch die besondere Zusammensetzung der einzelnen Extracte einer Erde massgebend ist für die Beurtheilung des gegenwärtigen Fruchtbarkeitszustandes (soweit dieser überhaupt durch den Gehalt an pflanzenernährenden Stoffen bedingt ist) gegenüber dem dauernden. Eine stark hervortretende Abnahme der folgenden Extractportionen an werthvollen Bestandtheilen gegen das erste extrahirte Flüssigkeitsquantum bezeichnet einen Fruchtbarkeitszustand, von welchem anzunehmen ist, dass er durch die nächsten Ernten erschöpft sein werde; zeigen umgekehrt die Flüssigkeiten bis zum fünften Extracte noch keinen bedeutend verminderten Gehalt an jenen Stoffen, so ist der Gegensatz der nachhaltigen Fruchtbarkeit zu der gegenwärtigen gering. In beiderlei Fällen darf der Procentgehalt der auf die ersten Auszüge folgenden Extractportionen als Mass für den Bodenreichthum gelten.«

Zur Extraction mit Wasser bedient sich Schulze eines Apparates, bestehend in einer dreihalsigen Flasche von 2 Liter Inhalt, in deren mittleren Tubulus ein am unteren Ende stark trichterartig verjüngter Glascylinder luftdicht eingeschliffen ist; die untere Mündung des Cylinders wird mit einem Stück reinen Badeschwamms lose verstopft, auf diesen kommt eine Schicht grober Sand, auf letzteren in der Feinheit abstufend noch mehrere Schichten, so dass die oberste aus feinstem (ausgeglühtem und mit Salzsäure ausgekochtem) Braunkohlensande besteht. 1000 Grm. der zu extrahirenden Erde werden lufttrocken und mässig zerkrümelt auf die Sandschichten geschüttet; die Flasche steht mittelst eines in den zweiten Tubulus luftdicht eingepassten Korkes mit einer Handluftpumpe in Verbindung, der dritte Tubulus wird mit einem Kork verschlossen und dient dazu, um die Flasche, wenn sich eine hinreichende Menge Extract darin befindet, ohne Lösung der anderen Tubuli entleeren zu können. Ist der Apparat zusammengefügt und die Verbindung mit der Luftpumpe hergestellt, so übergiesst man die Erde mit Wasser, wartet ab, bis sie nach unten ganz durchfeuchtet ist und setzt nun die Luftpumpe in Thätigkeit, sofern die Extraction, namentlich in der ersten Zeit, nicht schon ohne Hilfe des luftverdünnten Raumes erfolgt. Da es für die Concentration des zu erzielenden Extractes nicht gleichgültig ist, wie schnell das Wasser die Erde durchsickert, so erscheint es wünschenswerth, in dieser Beziehung bestimmte Normen zu befolgen. Es kann z. B.

so eingerichtet werden, dass man ungefähr in je 24 Stunden 1 Liter Extract erhält und dass man jede einzelne Portion von je 1 Liter für sich gesondert untersucht.

Obgleich dieses Verfahren zur Darstellung der Wasserauszüge sich den natürlichen Verhältnissen des Bodens ziemlich anschliesst und auch wohl erwarten lässt, dass die Flüssigkeit sofort klar von der Erde abläuft, so halte ich es doch für schwierig, das Durchsickern des Wassers fortwährend genügend zu reguliren, ein allmähliges Verschlämmen des Bodens zu verhüten und namentlich zu bewirken, dass die Einwirkung des Wassers in allen Schichten und Theilen der Erde eine durchaus gleichmässige ist. Ich ziehe daher die weiter oben beschriebene, an sich auch weit einfachere und leichter auszuführende Methode vor und empfehle dieselbe zur allgemeinen Anwendung. Man hat also die zu prüfende lufttrockne Erde mit dem vierfachen Quantum Wasser zu übergiessen, das letztere unter häufigem Umschütteln der ganzen Masse 3 Tage lang einwirken zu lassen und sodann zwei Drittel der Flüssigkeit für die chemische Untersuchung zu verwenden etc. Auch ist bei dem letzteren Verfahren, unter Anwendung von luftdicht verschlossenen Flaschen, die gleichmässige Einwirkung von Wasser, welches einen constanten Kohlensäuregehalt hat, mehr gesichert.

c. Lösung mittelst heisser concentrirter Salzsäure.

Der Rückstand von der Behandlung des Bodens mit kalter Salzsäure (S. 8 ff.) lässt sich gewöhnlich nicht ohne grosse Umstände und Schwierigkeiten auswaschen und überhaupt weiter verarbeiten; es ist daher in den meisten Fällen zu empfehlen, für die Darstellung der Lösung mittelst heisser Salzsäure eine neue Probe des lufttrocknen Bodens zu verwenden.

Eine Ausnahme hiervon wird man wohl nur bei sehr kalkreichen Bodenarten und Gesteinen machen, bei deren Behandlung mit kalter Salzsäure schon so viel gelöst wird, dass der Rückstand ein verhältnissmässig geringer ist und daher auch leicht auf einem Filter gesammelt und zuerst mehrmals mit kaltem, zuletzt mit heissem Wasser vollständig ausgewaschen werden kann. In diesem Falle wird auch der ganze mit kalter Salzsäure erhaltene Auszug (und nicht bloss zwei Drittel desselben) zur chemischen Untersuchung verwendet und ebenso der ganze Rückstand von 450 Grm. des lufttrocknen Bodens, nachdem derselbe mit dem Filter bei 100° getrocknet und gewogen und vielleicht, wenn die vorhandene Menge des Materiales genügt, in einem Theile (5—10 Grm.) der Glühverlust, in einem anderen Theile die Menge der in kohlensaurem Natron löslichen Kieselsäure bestimmt worden ist, — mit der kochenden Salzsäure weiter behandelt.

Da durch kochende Salzsäure durchschnittlich eine fast fünfmal grössere Menge von Alkalien und auch weit mehr Thonerde und Eisenoxyd gelöst wird, als durch die kalte Salzsäure, so genügen zur Darstellung der betreffenden Lösung im Allgemeinen 150 Grm. der lufttrocknen Erde. Diese werden in einem geräumigen Glaskolben mit 300 CC. concentrirter Salzsäure übergossen, die Flüssigkeit unter häufigem Umschütteln der ganzen Masse bis zum Kochen erhitzt und genau eine Stunde lang in mässigem Kochen erhalten, hierauf mit etwa dem doppelten Volumen heissen Wassers verdünnt und nach kurzem Hinstehen auf ein hinreichend geräumiges, in seinem unteren Theile doppeltes Filter gegossen. Den ungelösten Rückstand behandelt man im Kolben wenigstens dreimal mit kochend heissem Wasser, filtrirt die Flüssigkeit jedesmal ab und bringt dann die unlösliche Masse auf das gleiche Filter, um dieselbe hier noch weiter mit heissem Wasser vollständig auszuwaschen.

Das Filtriren der heissen salzsauren Lösung erfolgt in der Regel rasch und ohne alle Schwierigkeit. Nur zuweilen scheint sich eine schleimige organische Substanz in der Flüssigkeit aufzulösen und die letztere geht alsdann langsam und auch wohl etwas getrübt durch das Filter hindurch. In jedem Falle ist das rasche und klare Abfiltriren der Flüssigkeit mehr gesichert, wenn man gleich anfangs zu der concentrirten Salzsäure einige Tropfen reiner Salpetersäure hinzusetzt, nur so viel als nöthig ist, um die Spuren jener schleimigen Substanz zu zerstören oder zu verändern, während man die Hauptmasse der vorhandenen Humusstoffe keineswegs vollständig zu oxydiren braucht.

Die Gesammtmenge der salzsauren Lösung, also vereinigt mit dem sämmtlichen Waschwasser, wird unter Zusatz von etwas Salpetersäure gegen Ende der Operation, bis zur Trockenheit verdampft, der völlig trockne Rückstand mit concentrirter Salzsäure stark angefeuchtet und sodann nochmals auf dem Wasserbade eingetrocknet, hierauf mit Wasser, unter Zusatz von etwas Salzsäure bis zum Kochen erhitzt und die so abgeschiedene Kieselsäure abfiltrirt, das Filtrat aber auf ein Volumen von 1000 CC. gebracht und in ähnlicher Weise untersucht, wie bereits bezüglich der mit kalter Salzsäure dargestellten Lösung (a) ausführlich angegeben wurde. Man bestimmt nämlich

1. in 200 CC. das Eisenoxyd, die Thonerde, das Mangan, den Kalk und die Magnesia;

2. in 400 CC. die Schwefelsäure und die Alkalien;

3. in 400 CC. die Phosphorsäure.

Um jedoch für die Phosphorsäure- und auch für die Schwefelsäure-Bestimmung eine grössere Menge Material (entsprechend 120 Grm. des lufttrocknen Bodens) zu gewinnen, ist es sehr zweckmässig, Nr. 2 u. 3 zu vereinigen, d. h. in 800 CC. der Lösung zunächst die Schwefelsäure zu bestimmen und sodann den gesammten Ammoniak-Niederschlag zur Ermittelung des Phosphorsäuregehalts zu verwenden, während in der Regel die Hälfte der von dem Ammoniak-Niederschlage abfiltrirten Flüssigkeit zur Bestimmung der Alkalien genügen wird.

d. Untersuchung des Rückstandes von der Behandlung des Bodens mit heisser concentrirter Salzsäure.

Der ausgewaschene Rückstand wird mit dem Filter im Dampfbade oder Trockenschrank getrocknet, sodann möglichst vollständig vom Filter abgenommen, das letztere für sich verbrannt, die Asche desselben mit der trocknen, aber nicht geglühten Masse des Rückstandes gut gemischt und das Ganze gewogen. Hierauf nimmt man sofort drei verschiedene, ihrem Gewichte nach genau bestimmte Portionen;

1. Eine Portion von etwa 10 Grm. wird geglüht und dient also zur Ermittelung der in concentrirter heisser Salzsäure unlöslichen Mineralmasse des Bodens (einschliesslich der in kohlensaurem Natron auflöslichen Kieselsäure).

2. Eine zweite Portion des getrockneten, nicht geglühten Rückstandes von 10—15 Grm. wird mit einer concentrirten Lösung von reinem (kieselsäurefreiem) kohlensaurem Natron unter Zusatz von wenig Aetznatron etwa ½ Stunde lang ausgekocht, die concentrirte Flüssigkeit sodann mit kochendheissem Wasser verdünnt und möglichst klar vom Rückstande abgegossen und filtrirt. Den Rückstand behandelt man noch zwei Mal in ähnlicher Weise mit kohlensaurem Natron (ohne Zusatz von Aetznatron), bringt ihn auf's Filter und wäscht mit heissem Wasser aus.

Sobald das kohlensaure Natron aus dem Rückstande grossentheils ausgewaschen ist, geht die Flüssigkeit leicht trüb durch das Filter hindurch; es wird dies verhindert, wenn man zu dem Waschwasser etwas salpetersaures Ammoniak hinzusetzt.

Das Filtrat übersättigt man mit Salzsäure und dampft bis zur Trockne ein; die dadurch in kochendem, mit etwas Salzsäure versetztem Wasser unlöslich gewordene Kieselsäure wird abfiltrirt, gut ausgewaschen und dem Gewichte nach bestimmt. Auch kann man den in kohlensaurem Natron unlöslichen Rückstand mit dem Filter verbrennen und nach dem Ausglühen wägen.

3. Eine dritte Portion von 15 bis 20 Grm. wird mit dem fünffachen Gewichte concentrirter reiner Schwefelsäure übergossen und damit erhitzt, bis die überschüssige Säure verdampft ist und der Rückstand die Form eines trocknen und lockeren Pulvers angenommen hat. Das Erhitzen muss unter häufigem Umrühren vorsichtig und das Verdampfen der Schwefelsäure langsam erfolgen, so dass die ganze Operation etwa in 6 bis 8 Stunden beendigt ist. Die trockne Masse wird mit concentrirter Salzsäure stark angefeuchtet und diese Säure durch längeres Erhitzen im Wasserbade wieder entfernt, das Ganze sodann wiederholt mit Wasser, unter Zusatz von wenig Salzsäure ausgekocht, die Lösung filtrirt und nach dem vollständigen Auswaschen der ungelösten Substanz auf ihre Bestandtheile untersucht.

a. Die Lösung wird mit Ammoniak schwach übersättigt und dadurch das Eisenoxyd und die Thonerde ausgefällt. Den Niederschlag löst man nach dem Abfiltriren und Auswaschen in Salzsäure wieder auf, theilt die Lösung in zwei Hälften und scheidet aus jeder derselben durch möglichst schwache Uebersättigung und unter gelindem Erwärmen das Eisenoxyd und die Thonerde abermals aus. Die beiden Niederschläge werden, jeder für sich, abfiltrirt und ausgewaschen und die Filtrate mit der von dem ersten Ammoniak-Niederschlag abfiltrirten Flüssigkeit vereinigt. Von den beiden zuletzt erhaltenen Niederschlägen wird der eine mit dem Filter verbrannt und gewogen, der andere aber noch nass auf dem Filter mit heisser, stark verdünnter Schwefelsäure übergossen und in der so erhaltenen Lösung, wie oben (S. 9) angegeben wurde, das Eisen mit titrirter Chamäleonlösung bestimmt.

Wenn die Menge des Ammoniak-Niederschlages keine beträchtliche und namentlich nur wenig Eisenoxyd darin enthalten ist, so wird es räthlich sein, die salzsaure Lösung desselben nicht zu theilen, sondern sofort wieder mit Ammoniak zu übersättigen und den ganzen Niederschlag zu glühen. Derselbe muss dann nach dem Wägen in concentrirter Salzsäure wieder gelöst, nach dem Verdampfen bis auf ein kleines Volumen, die Salzsäure durch Zusatz von Schwefelsäure und längeres Digeriren entfernt und nach dem Verdünnen mit Wasser und Filtriren in der schwefelsauren Lösung das Eisen bestimmt werden. Es ist auch zu beachten, dass der Ammoniak-Niederschlag eine kleine Menge von Kieselsäure enthalten kann.

b. Das Filtrat des Ammoniak-Niederschlages ist zunächst auf ein kleineres Volumen einzudampfen, hierauf in der Porzellanschale mit einigen Tropfen Salzsäure schwach anzusäuern, und nachdem der beim Eindampfen etwa ausgeschiedene kohlensaure Kalk wieder aufgelöst worden ist, mit Ammoniak zu übersättigen, bevor man den vorhandenen Kalk unter Digeriren in der Wärme mit oxalsaurem Ammoniak fällt.

Die Menge des Kalkes ist in dem schwefelsauren Auszuge des Bodens, wenn derselbe vorher mit concentrirter Salzsäure ausgekocht worden ist, fast immer sehr unbedeutend.

c. Die von dem oxalsauren Kalke abfiltrirte Flüssigkeit verdampft man bis zur Trockne, verjagt die Ammoniaksalze durch gelindes Glühen in dem Platinaschälchen, löst den Rückstand in verdünnter Salzsäure und filtrirt die etwa hierbei ausgeschiedene kleine Menge von Kieselsäure ab. Das Filtrat wird mit Ammoniak übersättigt und im Fall dadurch ein flockiger Niederschlag von Thonerde entsteht, diese abfiltrirt und nach dem Ansäuern der Flüssigkeit mit Salzsäure die Schwefelsäure mit Chlorbariumlösung kochend ausgefällt.

d. Nach dem Abfiltriren der schwefelsauren Baryterde wird zunächst mit Ammoniak und kohlensaurem Ammoniak gefällt und dann behufs der Trennung und Bestimmung der Magnesia und der Alkalien ganz so verfahren wie bei der Untersuchung der mit kalter Salzsäure und mit kohlensäurehaltigem Wasser dargestellten Auszüge des Bodens mitgetheilt worden ist.

Bemerkung zur Untersuchung des Schwefelsäure-Auszuges des Bodens. Die Behandlung des Bodens mit concentrirter Schwefelsäure dient bekanntlich dazu, um den vorhandenen Thon der chemischen Untersuchung zugänglich zu machen und ich habe mich vielfach überzeugt, dass die auf diese Weise bewirkte Zersetzung des Thones im Boden, bei sorgfältiger Ausführung der ganzen Operation, eine fast vollständige ist. Uebrigens ergibt sich auch aus der weiteren Untersuchung des Rückstandes, ob vielleicht eine kleine Menge der thonigen Substanz unter dem Einfluss der concentrirten Schwefelsäure unzersetzt geblieben ist. Ich bin der Ansicht, dass jedenfalls die, wenn auch nur annähernd richtige Bestimmung des Thones auf chemischem Wege einen erwünschten Anhalt gewährt für die Beurtheilung der bei Untersuchung verschiedener Bodenarten durch die Schlämm-Analyse erhaltenen Resultate und dass ausserdem die weitere Prüfung des schwefelsauren Auszuges über den mehr oder weniger löslichen Zustand der übrigen Bestandtheile, namentlich der Alkalien, wichtigen Aufschluss zu geben im Stande ist. Die ganze Behandlung mit Schwefelsäure liefert ein sehr gutes Mittelglied zwischen den Resultaten der Behandlung der betreffenden Masse mit Salzsäure und mit Flusssäure und ist als solches behufs einer vollständigen Beurtheilung des Bodens, wie mir scheint, unentbehrlich.

e. Untersuchung des Rückstandes von der Behandlung mit Schwefelsäure.

Die in concentrirter Schwefelsäure unlösliche erdige Masse wird bei etwa 100 ^{0} getrocknet und nebst der Asche des für sich verbrannten Filters gewogen.

1. Eine Portion, etwa die Hälfte dieses Rückstandes, dient zur Bestimmung der Kieselsäure, indem man dieselbe mit einer concentrirten Lösung von kohlensaurem Natron auskocht und aus dem Filtrat die Kieselsäure abscheidet (s. oben S. 23).

Die so gefundene Kieselsäure nebst der im salzsauren und schwefelsauren Auszuge gelösten kleinen Menge, gibt in Verbindung mit der in diesen Auszügen vorher bestimmten Thonerde annähernd die Menge des reinen, wasserfreien Thones im Boden. Die gefundene Menge der Kieselsäure ist in der Regel im Verhältniss zur Thonerde eine zu grosse, da meistens ein Theil der ersteren entweder im freien Zustande oder an andere basische Stoffe, wie Eisenoxyd, Kalkerde, Alkalien etc. gebunden zugegen ist, und zwar ist die schon durch Salzsäure zersetzte Thonsubstanz fast immer anscheinend procentisch reicher an Kieselsäure, als die Thonmasse, welche erst durch die Einwirkung der Schwefelsäure aufgeschlossen wird; die Zusammensetzung der letzteren ist mehr derjenigen des normalen Thones ähnlich.

2. Die zweite Hälfte des betreffenden Rückstandes wird zunächst geglüht und so die Menge der in concentrirter Salz-

säure und Schwefelsäure unlöslichen Mineralmasse (einschliesslich der in kohlensaurem Natron auflöslichen Kieselsäure) ermittelt. Diese geglühte Masse benutzt man, um über die Beschaffenheit der sandigen Bestandtheile des Bodens durch die weitere chemische Untersuchung Aufschluss zu erhalten.

Es ist also dies eine Masse, welche weder nach der Behandlung des Bodens mit Salzsäure, noch auch nach Darstellung des Schwefelsäure-Extractes mit kohlensaurem Natron ausgekocht worden ist; man hat daher eine um so grössere Sicherheit, dass die bei der Analyse gefundenen Alkalimengen der wirklichen Constitution des Bodens angehören und nicht etwa in Folge einer nicht ganz vollständigen Auswaschung etc. in ihrem Verhältniss irgend eine Veränderung erlitten haben.

Die geglühte Substanz wird in einem Achatmörser auf's Feinste zerrieben und mit destillirtem Wasser nach und nach vollständig abgeschlämmt, die geschlämmte Masse nebst der Flüssigkeit eingetrocknet, der Rückstand schwach geglüht und davon 3—4 Grm. abgewogen, in einem Platinaschälchen flach ausgebreitet, mit concentrirter reiner Schwefelsäure angefeuchtet und im Bleikasten bei einer Temperatur von etwa 60° C. der Einwirkung von flusssaurem Dämpfen so lange ausgesetzt, bis eine vollständige Aufschliessung der Masse erfolgt ist.

Von allen Methoden, welche man anwendet, um die in gewöhnlichen Säuren unlöslichen Silikate der chemischen Analyse zugänglich zu machen, erscheint mir die Aufschliessung im Bleikasten als die einfachste und bequemste. Der Bleikasten muss hinreichend geräumig und so eingerichtet sein, dass man schon durch Auflegen und Beschweren des Deckels einen genügend dichten Verschluss bewirkt, ohne hierbei eine besondere Verkittung nöthig zu haben. Wenn der ganze Apparat ziemlich constant auf einer Temperatur von 50—70° C. erhalten wird, so sind 4 Grm. der betreffenden Substanz gewöhnlich in etwa 48 Stunden fast vollständig aufgeschlossen, wenn man nur von Zeit zu Zeit den Kasten öffnet und dafür Sorge trägt, dass die Entwicklung der Flusssäure, welche in einer flachen neben das Platinschälchen gestellten Bleischale vorgenommen wird, nicht aufhört. Nach 48 Stunden nimmt man das Platinschälchen heraus, verdampft die überschüssige Schwefelsäure, kocht den Rückstand mit verdünnter Salzsäure aus, filtrirt, wenn noch etwas Unlösliches vorhanden ist, dieses ab, wäscht gut aus und verbrennt es mit dem Filter. Der noch nicht aufgeschlossene Rest der Substanz wird wieder in dem Platinschälchen ausgebreitet, mit concentrirter Schwefelsäure angefeuchtet und nochmals dem Einfluss der flusssauren Dämpfe ausgesetzt. Nach 24—48 Stunden ist alsdann in der Regel Alles bis auf höchstens einige

Milligramme, die man von dem ursprünglichen Gewichte der Substanz in Abzug bringt und ausser Rechnung lässt, aufgeschlossen.

3. Die Lösung, welche man auf die angegebene Weise erhalten hat, untersucht man auf ihre Bestandtheile genau ebenso, wie den unter d beschriebenen schwefelsauren Auszug des Bodens. Die Bestimmung des Eisenoxyd's wird jedoch nur dann nöthig sein, wenn der Ammoniak-Niederschlag durch ein mehr oder weniger gelbliches Aussehen die Gegenwart von Eisen zu erkennen gibt.

Wenn in dieser Lösung, wie ganz gewöhnlich der Fall ist, nur geringe Spuren von Magnesia und namentlich von Kalk nachweisbar sind, so kann man aus der gefundenen Menge der Alkalien (Kali und Natron) den Gehalt der sandigen Bestandtheile des Bodens an feldspathartigen Mineralien und reinem Quarzsand berechnen und aus der durch die Analyse ermittelten Thonerdequantität beurtheilen, ob durch die vorausgegangene Behandlung des Bodens mit concentrirter Schwefelsäure eine vollständige Aufschliessung des ursprünglich vorhandenen Thones erfolgt ist oder nicht.

Bemerkung zur Analyse der mit Säuren extrahirten Bodenrückstände. Nach A. Müller*) hat man in der Digestion mit Phosphorsäurehydrat bei bestimmter Temperatur ein geeignetes Mittel, direct den Quarzgehalt der Ackererden und gemischten Gesteine quantitativ zu bestimmen, indem hierbei alle Silikate unter gallertartiger Abscheidung der Kieselsäure zersetzt werden, der Quarzsand aber keine Veränderung erleidet, wenn die Digestion nicht eine zu lange und die Temperatur nicht eine zu hohe ist.

Man bedient sich am besten einer syrupartigen Phosphorsäure, welche durch Abdampfen auf 33—37 Proc. aus officineller Säure von 1,13—1,18 sp. Gew. dargestellt wird und daher 40—45 Proc. wasserfreie Phosphorsäure enthält. Säure, welche über diesen Gehalt eingedampft ist, hat das Unangenehme an sich, dass sie bei gewöhnlicher Temperatur krystallinisch erstarrt und also vor der Anwendung erwärmt werden muss.

Das aufzuschliessende Material muss fein gepulvert werden, braucht jedoch nicht geschlämmt zu sein. Je nach dem Gehalt an Silikaten bedarf es einer verschieden grossen Menge Phosphorsäurehydrat, für 0,5 bis 1 Grm. des Boden-Rückstandes wenigstens 15 bis 20 Grm. Sonst verdickt sich die Masse zu sehr durch die

*) S. »Ueber die Bestimmung des Quarzgehaltes in Silikatgemengen«. Journ. f. pract. Chemie. Bd. XCVIII. 14—23.

abgeschiedene kleisterartige Kieselsäure. Man erhitzt die Masse in einem Platinaschälchen in einem geeigneten Apparate (Luftbad etc.) bis auf 190 bis 200° C. und digerirt bei dieser Temperatur unter fleissigem Umrühren mit einem Platinaspatel 5 bis 6 Stunden lang. Hierauf wird die erkaltete Schmelze successive und unter wiederholter Sedimentation und Decantirung, mit Wasser und einprocentiger Natronlauge ausgekocht, der Bodensatz auf einem Filter gesammelt und der Quarz mit Säure, Alkali, Säure und Wasser rein gewaschen.

Bei eisen- und thonreichen Objecten ist es gut, der ersten Natronlauge etwas Seignettesalz zuzusetzen. Das Trübfiltriren verhindert man durch Auswaschen der kieselsäurehaltigen Natronlauge mit reiner Sodalösung, der (Salpeter-)Säure mit einer Lösung von salpetersaurem Ammoniak. Der Quarzrückstand nimmt bei einer wiederholten mehrstündigen Digestion mit Phosphorsäure nur sehr unbedeutend an Gewicht ab. Derselbe wird mittelst Mikroskop und Verflüchtigung im Flusssäureapparat auf Reinheit geprüft.

Natürlich wird man auf dieselbe Weise auch den Rückstand einer Bodenprobe, welche einfach durch Extraction mit Salzsäure und Sodalösung von den zeolithartigen Mineralien, sowie durch Glühen von den organischen Substanzen befreit worden ist und ausserdem auch die einfach geglühte Ackererde auf den Gehalt an Quarzsand untersuchen können. Nur ist in diesem Falle zu empfehlen, eine noch etwas grössere Menge von Phosphorsäurehydrat zu verwenden, weil sonst leicht eine zu dicke Gallerte von der alsdann noch reichlicher ausgeschiedenen Kieselsäure entsteht.

f. Bestimmung einzelner Bestandtheile des Bodens.

1. Hygroskopisch und mechanisch absorbirtes Wasser. Wenn ein Boden, welcher in einem mehr oder weniger feuchten Zustande sich befindet, in Arbeit genommen werden soll, so ist es von Wichtigkeit, die Menge des Wassers zu bestimmen, welche derselbe über den lufttrocknen Zustand hinaus aufgenommen hat. Zu diesem Zweck wird eine kleine Portion der gut gemischten Erde, z. B. 20 Grm., in einer dünnen, etwa drei Millimeter starken Schicht in einem flachen Zinkkästchen gleichmässig ausgebreitet und sodann mehrere Tage hindurch die Gewichtsveränderung genau beobachtet, die bei mittlerer Zimmer-

temperatur, deren Schwankungen zu notiren sind, an einem vor Luftzug und directem Sonnenlicht geschützten Orte stattfindet. Sobald das Gewicht constant bleibt oder je nach der Tageszeit eine nur höchst unbedeutende Zu- oder Abnahme erleidet, wird aus den letzten Wägungen das Mittel genommen und die Erdprobe als normal lufttrocken betrachtet.

Die völlig lufttrockne Erde wird ferner im Luft- oder Dampfbade mehrere Stunden lang einer Temperatur von 100° C. ausgesetzt, bis das Gewicht wiederum constant bleibt und somit das von der Erde im lufttrocknen Zustande noch zurückgehaltene hygroskopische Wasser ermittelt worden ist.

In meinem »Entwurf zur Bodenanalyse« habe ich vorgeschlagen, die lufttrockne Bodenprobe bei 125° C. weiter auszutrocknen; manche Chemiker halten zu diesem Zwecke eine Temperatur von 110° für die geeignetste. Ich gebe jetzt einer Temperatur von 100° C. den Vorzug, hauptsächlich weil es am bequemsten ist, bei der Kochhitze des Wassers, also in einem Apparate, welcher zu jeder Zeit im Laboratorium zur Verfügung steht, das Austrocknen vorzunehmen, namentlich dann, wenn eine grössere Bodenmasse oder eine Anzahl von verschiedenen Bodenproben getrocknet werden soll, wie Letzteres so häufig bei den Schlämm-Analysen vorkommt. Uebrigens ist auch die Differenz in der Gewichtsabnahme zwischen 100 u. 125° C. meist nur eine unbedeutende, dagegen zwischen 15 u. 100° C. verhältnissmässig beträchtlich und eine sehr verschiedene, je nach dem Gehalt des Bodens an Thon und Humussubstanz.

2. In der bei 100° C. getrockneten Bodenprobe von etwa 20 Grm. bestimmt man den Gesammt-Glühverlust. Die Erde ist nach dem Glühen mehrmals mit kohlensaurem Ammoniak zu behandeln, bis nach Wiederholung dieser Operation keine weitere Gewichtsveränderung beobachtet wird.

Bei Bodenarten, welche arm sind an kohlensauren Erden, kann diese Behandlung der geglühten Masse mit kohlensaurem Ammoniak unterbleiben. Sind dagegen reichliche Mengen von kohlensauren Erden vorhanden, so ist es nöthig, den Gehalt des Bodens an Kohlensäure vor und nach dem Glühen desselben zu bestimmen und nach der etwa gefundenen Differenz den Gesammt-Glühverlust zu corrigiren. Eine weitere Correction kann erforderlich sein, wenn vielleicht im lufttrocknen Boden eine grössere Menge von Eisenoxydul enthalten ist und dieses durch anhaltendes Glühen und mehrfaches Auflockern der Masse in Eisenoxyd sich verwandelt.

3. Kohlenstoff in organischer Verbindung — Wasserfreier Humus — Chemisch gebundenes Wasser. Der

Glühverlust umfasst bekanntlich nicht allein die im Boden enthaltene organische Substanz, sondern immer auch eine grössere oder geringere Menge von chemisch oder überhaupt fest gebundenem Wasser, welches bei 100° und selbst bei 125 und 150° C. nicht vollständig aus dem Boden entfernt werden kann. Da es aber jedenfalls von Interesse ist, die Menge der wirklich vorhandenen organischen, humusartigen Substanz zu ermitteln, so muss zu diesem Zwecke auch eine directe Bestimmung des in organischer Verbindung vorhandenen Kohlenstoffes vorgenommen werden und zwar, wie mir scheint, im vorliegenden Falle am zweckmässigsten nach folgendem Verfahren auf nassem Wege.

a. Eine abgewogene Probe der lufttrocknen Erde von 5 bis 10 Grm. wird in einem Kochfläschchen mit 20 CC. Wasser und sodann mit 30 CC. concentrirter Schwefelsäure übergossen und das Ganze vorsichtig umgeschüttelt; hierauf lässt man unter mehrmaligem Ausziehen der Luft aus dem Fläschchen stehen, bis das Gemenge erkaltet und die im Boden vorhandene fertig gebildete Kohlensäure vollständig entfernt ist.

b. Man bringt alsdann 7 bis 8 Grm. von grob zerstossenem saurem chromsaurem Kali (besser noch etwa 5 Grm. reine Chromsäure oder auf 1 Theil vermuthlich vorhandener organischer Substanz 17 Theile freie Chromsäure) in das Fläschchen und verbindet dieses rasch mit einem geeigneten Apparat, in welchem die durch Oxydation der organischen Substanz entstehende völlig getrocknete Kohlensäure mittelst concentrirter Kalilauge aufgefangen und also dem Gewichte nach genau bestimmt werden kann.

c. Nach erfolgter Zusammensetzung des Apparates erwärmt man die Mischung des Bodens mit Schwefelsäure und Chromsäure anfangs, so lange eine lebhafte Bildung und Entwicklung von Kohlensäure beobachtet wird, nur sehr schwach, zuletzt aber bis zum Kochen und erhält die Flüssigkeit etwa 5 Minuten lang in der Kochhitze. Hierauf wird die Lampe entfernt und längere Zeit kohlensäurefreie atmosphärische Luft durch den ganzen Apparat hindurch geleitet*) und endlich die Gewichtszunahme des Kaliapparates und des damit verbundenen Kalirohrs ermittelt.

---

*) Um Luft durch einen derartigen Apparat hindurchzuleiten, ist namentlich der so einfach construirte Tropf-Aspirator vorzüglich geeignet (s. Landw.

Die Kohlenstoff-Bestimmung muss wenigstens zweimal vorgenommen werden und wenn die erhaltenen Resultate unter einander nur wenig differiren, so berechnet man daraus das Mittel. — Wenn man 10 Grm. trockne Erde mit 4—5 Grm. doppelt chromsaurem Kali innig mengt, das Gemenge in eine gewöhnliche Probirröhre bringt und diese mit einer Absorptionsröhre verbindet, so kann man nach F. Mohr *) durch stellenweises Erhitzen mit einer einfachen Weingeistlampe die ganze Menge der organischen Substanz in Kohlensäure überführen, ohne dass sich organische pyrogene Substanzen bilden. Die Absorptionsröhre ist ein knieförmig gebogenes Glasrohr, welches zur Hälfte mit einer klaren Lösung von Aetzbaryt in verdünnter Kalilauge angefüllt ist. Den gebildeten kohlensauren Baryt bestimmt man durch Filtration, Auswaschen und Titriren mit Normalsalpetersäure und Normalkali. Die erhaltene Kohlensäure besteht also aus der in der Erde schon fertig gebildet vorhandenen und der durch Verbrennung der organischen Substanz neu entstandenen. Wenn man die erstere für sich allein bestimmt hat, so erfährt man die letztere aus der Differenz.

Um aus dem Kohlenstoffgehalt des Bodens die Menge der wasser- und stickstofffreien Humussubstanz wenigstens annähernd genau zu berechnen, nehme ich im Humus durchschnittlich 58 Proc. Kohlenstoff an und multiplicire also den analytisch ermittelten Kohlenstoff mit der Zahl 1,724 oder die direct gefundene Kohlensäure mit 0,471.

Die Differenz im Gewichte des so berechneten Humus (plus dem direct bestimmten Gesammt-Stickstoff im Boden) und des Glühverlustes des bei 100° C. getrockneten Bodens bezeichne ich als chemisch oder überhaupt als fest gebundenes Wasser, welches bei 100° C. nicht zu verflüchtigen ist.

4. Die Beschaffenheit der organischen Substanz im Boden ergibt sich zum Theil schon aus dem Verhältniss, in welchem der Kohlenstoff und Stickstoff zugegen sind. Jedoch ist ferner nicht selten auch Folgendes zu berücksichtigen:

a. Indem man die einzelnen bei der mechanischen Analyse des Bodens erhaltenen Schlämm-Rückstände mikroskopisch untersucht und in denselben den Glühverlust ermittelt, erhält man einige

---

Versuchsstationen, Bd. VI. S. 396 u. Fresenius »Zeitschrift für analytische Chemie« III. S. 198).

*) »Lehrbuch der Titrirmethode«, 2. Aufl. S. 484.

Auskunft über die physikalische Beschaffenheit der organischen Substanz, über den Grad ihrer Zertheilung und Vermoderung.

b. Die Reaction der Humussubstanz oder des Bodens überhaupt wird auf die Weise geprüft, dass man ein mässig feuchtes Klümpchen der Erde auf empfindliches blaues und rothes Lackmuspapier legt und beobachtet, ob im nächsten Umkreise der feuchten Erdprobe eine Farbenveränderung stattfindet.

Es ist zu beachten, dass bei der Prüfung der frisch vom Acker genommenen oder in einer luftdicht verschlossenen Flasche aufbewahrten Bodenprobe schon die oftmals vorhandene freie Kohlensäure eine Röthung des blauen Lackmuspapiers bewirken kann, welche aber beim Trocknen des letzteren wieder verschwindet. Auch wird die freie Kohlensäure aus dem Boden entfernt, wenn man die Probe vorher mit etwas Wasser aufkocht. Eine quantitative Bestimmung der Säure im Boden ist schwierig auszuführen. Vielleicht lässt sich hierzu eine titrirte und sehr verdünnte Kalk- oder Barytlösung benutzen, indem man dieselbe in kleinen Portionen zu der vorher mit Wasser aufgekochten Bodenprobe (etwa 50 Grm.) hinzumischt, bis eine schwach alkalische Reaction des Bodens sichtbar wird.

c. Man schüttelt nach Knop*) 100 Grm. Erde mit 200 CC. einer ammoniakalischen Lösung von salpetersaurem Kalk, welche so bereitet und titrirt ist, dass sie in diesem Quantum 1 Grm. Kalk (CaO) und die der Salpetersäure äquivalente Menge Aetzammoniak enthält. Nach öfterem Umschütteln im Verlauf von 24 Stunden filtrirt und misst man einen Theil der ammoniakalischen Flüssigkeit ab und bestimmt darin den noch vorhandenen Kalk.

Der fehlende Kalk ist, wie Knop bemerkt, fast ganz von der Humussubstanz des Bodens gebunden und drückt theils die vorhandene Menge, theils auch gewisse Eigenschaften derselben aus.

d. Es scheint ferner von Wichtigkeit zu sein, dass man den Absorptions-Coëfficienten des Bodens für Sauerstoffgas ermittelt, worauf Fr. Schulze**) aufmerksam gemacht hat. Man mischt etwa 25 Grm. des möglichst frischen Bodens mit ziemlich concentrirter Kalilauge und bringt diese Masse rasch in einen Apparat, worin die Absorption von Sauerstoffgas im Verlaufe von mehreren Tagen beobachtet werden kann.

Man benutzt hierzu am besten den Dietrich'schen Azotometer, in welchem ein gewisses Volumen atmosphärischer Luft mit Quecksilber ab-

*) S. »Landw. Versuchsstationen«. Bd. VIII. S. 40. 1866.

**) Bericht der Versammlung deutscher Land- und Forstwirthe in Schwerin.

gesperrt ist, und den man mit einem Gläschen (von etwa 200 CC. Inhalt) luftdicht verbindet, worin man die Mischung der Erde mit der Kalilauge vorgenommen hat und, während die Absorption des Sauerstoffes stattfindet, wiederholt umschüttelt. Die Verminderung des im ganzen Apparat enthaltenen Luftvolumens ergibt die Menge des absorbirten Sauerstoffes. Es wird genügend sein, die Erde 4 Tage lang im Apparat zu lassen und die von 24 zu 24 Stunden stattfindende Absorption zu notiren.

e. Die mit Wasser oder alkalischen Flüssigkeiten aus dem Boden extrahirten Humussubstanzen lassen sich aus der Lösung nicht vollständig wieder abscheiden und direct durch Wägung bestimmen. Dagegen hat Fr. Schulze eine Bestimmungsmethode vorgeschlagen, welche darauf beruht, dass die Humusstoffe in alkalischer Lösung durch übermangansaures Kali (dieses im gehörigen Ueberschusse angewandt) schnell und vollständig zu Kohlensäure und Wasser oxydirt werden. Die Menge Sauerstoff, welche die vorhandene oxydirbare Substanz in Beschlag genommen hat, ergibt sich aus dem Quantum einer titrirten Oxalsäurelösung, welches man zu der mit Schwefelsäure angesäuerten Flüssigkeit hinzusetzen muss, um eine klare und farblose Flüssigkeit zu erhalten.

Befürchtet man hierbei einen Ueberschuss von Oxalsäure zugesetzt zu haben, so lässt sich derselbe durch Zurücktitriren mittelst Chamäleonlösung leicht ermitteln.

Aus der so gefundenen Sauerstoffmenge berechnet man nach der mittleren Zusammensetzung der Humussubstanz die Menge der letzteren. Man kann bei obiger Methode mit kleinen Mengen Substanz operiren. Es genügen z. B. 10 Grm. Erde, welche man mit 100 CC. Wasser, oder 5 Grm. Erde, welche man mit 100 CC. einer ½procentigen Kalilösung ¼ Stunde lang kocht; die Flüssigkeit wird sodann bis auf ein bestimmtes Volumen (150 oder 200 CC.) verdünnt und das Gemisch auf ein unbenetztes Filter (statt des Papiers dient ausgeglühter feinkörniger Sand, womit die Spitze des Trichters angefüllt ist) gebracht. Von dem Filtrat wird ein beliebiges, genau abgemessenes Volumen zur Untersuchung verwendet.

Selbstverständlich kann man die Humussubstanz in dem Filtrat, nachdem man das letztere mit Schwefelsäure versetzt und im Wasserbade auf ein kleineres Volumen eingedampft hat, auch in der weiter oben angegebenen Weise mit Chromsäure oxydiren und die gebildete Kohlensäure dem Gewichte nach, oder nach erfolgter Absorption von Barytwasser durch Titration, sowie auf gasvolumetrischem Wege bestimmen.

5. Um die fertig gebildete Kohlensäure im Boden zu ermitteln, benutzt man einen passenden Apparat, wie er für diesen oder einen ähnlichen Zweck vielfach construirt worden ist. Bei Gegenwart von nur kleinen Mengen kohlensaurer Salze ist es am besten, einen Apparat anzuwenden, bei welchem man die Entwicklung der Kohlensäure durch Wärme befördern und nach erfolgter Zersetzung der betreffenden Verbindungen kohlensäurefreie Luft durch den Apparat hindurchleiten kann. Es kann hierbei ein ganz ähnlicher Apparat benutzt werden, wie zur Bestimmung der organischen Substanz im Boden (s. S. 31). Ferner kann man auch die mit Salzsäure ausgetriebene Kohlensäure nach Mohr*) in eine filtrirte klare Lösung von Aetzbaryt in verdünnter Kalilauge leiten oder mit Aetzammoniak unter späterem Zusatz von Chlorbarium (Chlorcalcium) unter den nöthigen Vorsichtsmassregeln in Berührung bringen und den rasch abfiltrirten und mit heissem Wasser gut ausgewaschenen kohlensauren Baryt mit Salpetersäure und Kali titriren oder die Kohlensäure darin dem Volumen nach ermitteln. Zur volumetrischen Bestimmung der Kohlensäure im kohlensauren Baryt und anderen kohlensauren Salzen, wie auch direct im Boden, wenn die Menge der Kohlensäure eine nicht gar zu unbedeutende ist, leistet der Knop'sche Azotometer mit der Abänderung von Dietrich**), wobei Quecksilber anstatt Wasser als Sperrflüssigkeit angewandt wird, vorzügliche Dienste. Bei directer Bestimmung im letzteren Apparat nimmt man, je nach dem grösseren oder geringeren Kohlensäuregehalt, 1 bis 5 Grm. Erde und zur Zersetzung derselben 5 CC. Salzsäure von 1,125 spec. Gew. Es sind hierbei für Absorption von Kohlensäure durch die Zersetzungsflüssigkeit, sowie für Temperatur und Barometerstand nach den von Dietrich entworfenen Tabellen die nöthigen Correctionen vorzunehmen.

---

*) Fr. Mohr, Lehrbuch der chemisch-analytischen Titrirmethode, 2. Aufl. S. 92 ff.

**) Vgl. Fresenius, Zeitschrift für analytische Chemie, III. S. 162—169 u. IV. S. 141—151. Der Dietrich'sche Apparat, welcher auch für gasvolumetrische Bestimmungen des Ammoniak's etc. sehr zu empfehlen ist, kann von der Firma J. H. Büchler in Breslau bezogen werden. Der vollständige Apparat, incl. Verpackung, Kühler und Tabellen, jedoch ohne Quecksilber, kostet 12 Thlr.

Es ist wünschenswerth, dass man die Kohlensäure sowohl im geglühten als in dem ungeglühten Boden bestimmt; nach dem Glühen ist alsdann die Probe mit kohlensaurem Ammoniak zu behandeln, bis das Gewicht constant bleibt. Die Differenz im Kohlensäuregehalt vor und nach dem Glühen lässt annähernd die Menge des in organischer, humusartiger Verbindung ursprünglich vorhandenen Kalkes erkennen. — Ueber die Bestimmung kleiner Mengen von Kohlensäure im Boden vgl. auch A. Müller in Landw. Versuchsstationen, IV. 229—234 u. Fresenius, Zeitschrift, I. S. 147.

6. Die Gesammtmenge des Stickstoffes im Boden muss durch Verbrennen von 5—10 Grm. der lufttrocknen Substanz mit Natronkalk ermittelt werden, indem man das dadurch gebildete Ammoniak in titrirter Schwefelsäure oder Oxalsäure auffängt und die Menge desselben durch Titriren der nicht gesättigten Säure mit sehr verdünnter Natronlauge bestimmt. Einen noch höheren Grad von Genauigkeit erzielt man nach Dietrich*), wenn man das beim Verbrennen mit Natronkalk entwickelte Ammoniak von verdünnter Salzsäure absorbiren lässt, die saure Flüssigkeit im Wasserbade gerade zur Trockne eindampft, den Rückstand in wenig Wasser aufnimmt, mit Wasser nachspült, bis die Lösung in dem betreffenden Gläschen ein Volumen von 10 CC. hat, und dann mit 50 CC. bromirter Javelle'scher Lauge das Ammoniak zersetzt, den freien Stickstoff aber dem Volumen nach im Azotometer bestimmt. Bei letzterer Methode sind wiederum kleine Correctionen vorzunehmen für Temperatur und Barometerstand, so wie für den, von der Entwicklungs-Flüssigkeit (im Ganzen 60 CC.) absorbirten Stickstoff.

Die Lösung des unterchlorigsauren Natron's wird durch Zersetzung von gutem Chlorkalk mit kohlensaurem Natron dargestellt, stark alkalisch gemacht und pro Liter mit 2—3 Grm. Brom versetzt. Die Lauge ist sehr brauchbar, wenn 50 CC. derselben die Fähigkeit haben 0,200 Grm. Stickstoff zu entwickeln. Zur Zersetzung werden immer 50 CC. Lauge verwendet und die zu zersetzende Substanz entweder in 10 CC. Wasser aufgelöst oder damit angerührt, im Fall sie unlöslich ist.

Zur Bestimmung des Gesammtstickstoffes im Boden ist zu bemerken, dass durch Verbrennen mit Natronkalk bei Gegenwart von salpetersauren Salzen der Stickstoff der letzteren nur dann vollständig in Ammoniak verwandelt wird, wenn eine genügend grosse Menge von organischer Substanz zugegen ist. Handelt es sich daher um Untersuchung eines

*) S. Fresenius, Zeitschr. f. anal. Ch. V. S. 36—45.

humusarmen und verhältnissmässig salpeterreichen Bodens, so wird man sicherer verfahren, wenn man eine kleine Menge (0,2—0,4 Grm.) von reinem Rohrzucker, der dann durch besondere Analyse auf seinen etwaigen Stickstoffgehalt zu prüfen ist, der Bodenprobe vor dem Verbrennen beimischt.

7. Die Menge des im Boden fertig gebildet vorhandenen Ammoniaks ist fast immer eine sehr geringe und auch veränderliche, weil oft leicht und rasch eine Oxydation desselben zu Salpetersäure stattfindet. Dennoch aber kann es in manchen Fällen von Interesse sein, eine möglichst genaue Bestimmung des Ammoniaks auszuführen; ich erwähne zu diesem Zwecke hier dreierlei Methoden, von denen die beiden letzten allerdings nicht absolut richtige, aber doch bei Untersuchung verschiedener Bodenarten unter sich vergleichbare Resultate liefern.

a. Die Methode von Knop und W. Wolf*) unter Anwendung des Azotometers, erfordert leider einen sehr geräumigen Zersetzungsapparat (man verwendet zu jedem Versuch 200 Grm. Boden) und ausserdem eine besonders grosse Sorgfalt bei der Ausführung. Um befriedigende und bei der Wiederholung übereinstimmende Resultate zu erhalten, ist es nothwendig, genau das Verfahren einzuhalten, wie dasselbe von Knop beschrieben worden ist, namentlich die Erde stets mit einem gleichen Volumen der kalt gesättigten Boraxlösung und der bromirten Javelle'schen Lauge und zwar immer gleich lange Zeit, nämlich 5 Minuten lang, zu schütteln. Die Boraxlösung ist auf einen etwaigen Ammoniakgehalt vorher zu prüfen.

Ob es möglich ist, exactere Resultate zu erzielen, indem man zunächst einen salzsauren Auszug des Bodens darstellt, diesen bis auf ein kleines Volumen eindampft, gerade neutralisirt und dann erst im Apparat mit der Javelle'schen Lauge das etwa vorhandene Ammoniak zersetzt**), — darüber müssen erst directe Versuche entscheiden. Bei der grossen Masse von Kalk und namentlich von Eisenoxyd und Thonerde in einem solchen salzsauren Bodenextracte scheint die Anwendbarkeit einer alkalischen Zersetzungsflüssigkeit kaum denkbar. Eher würde es möglich sein, das Ammoniak nach Uebersättigung der Lösung mit Kalilauge durch Abstilliren zu verflüchtigen und in titrirter Schwefelsäure anzusammeln.

---

*) Chem. Centralblatt, 1860.

**) S. Dietrich in Fresenius' Zeitschrift, V. S. 44.

b. Bisher hat man meistens den Boden einfach mit **gebrannter Magnesia** und Wasser abdestillirt und es scheint mir passend, diese Methode der Ammoniak-Bestimmung, vielleicht neben der Knop'schen, wenigstens vorläufig noch beizubehalten. Da hierbei ein übereinstimmendes Verfahren wünschenswerth ist, so schlage ich vor, jedesmal 100 Grm. des lufttrocknen Bodens mit 500 CC. Wasser, worin 5 Grm. frisch ausgeglühte Magnesia aufgeschlämmt sind, zu übergiessen, das Ganze gut umzuschütteln und hiervon bei gleichmässiger Kochhitze und unter Anwendung des Liebig-schen Kühlrohr's etwa 200 CC. der Flüssigkeit abzudestilliren.

Das Destillat mischt sich in der Vorlage mit einem abgemessenen passenden Volumen von titrirter Schwefelsäure. Bei sehr geringer Ammoniakmenge ist es räthlich, das Destillat zunächst im Wasserbade zu concentriren. Auch kann man das Destillat mit etwas Salzsäure vermischen, im Wasserbade bis zur Trockne verdampfen und den Rückstand in einer wässerigen Lösung von 10 CC. in dem Dietrich'schen Azotometer mit 50 CC. der bromirten Javelle'schen Lauge zersetzen.

c. Noch eine dritte Art der Ammoniak-Bestimmung möchte ich der Beachtung empfehlen, welche sehr leicht auszuführen ist und in sofern scharfe Resultate liefert, als man leicht zu einem Punkte gelangt, wo die Ammoniakentwicklung so gut wie vollständig aufhört, was bei dem Abdestilliren des Bodens mit Magnesia kaum möglich ist. Es ist nämlich die bekannte, von Schlössing herrührende Methode, welche darin besteht, dass man etwa 50 Grm. des Bodens auf ein grosses Uhrglas flach ausbreitet, mit 40 CC. **kalter, aber völlig concentrirter** Natronlauge gleichmässig anfeuchtet, dann schnell einen gläsernen Dreifuss mit einem Schälchen, worin ein gemessenes Volumen von titrirter Schwefelsäure enthalten ist, in die Erde hineinstellt und das Ganze unter eine mit Quecksilber gesperrte oder sonstwie luftdicht verschliessbare Glasglocke bringt. Nach 48 Stunden ist fast immer die ganze Menge des auf diese Weise zu erhaltenden Ammoniak's aus der Erde ausgetrieben und von der Säure absorbirt worden. Nachdem das Ammoniak durch Titriren der Säure mit Natronlauge bestimmt worden ist, wird die Erde mittelst eines Glasstabes oder Spatels aufgerührt, dann eine neue Portion der titrirten Säure in den Apparat gebracht und die Säure nach wiederum 48 Stunden auf einen etwaigen geringen Ammoniakgehalt geprüft.

8. Die scharfe Bestimmung der Salpetersäure im Boden hat keine besondere Schwierigkeit, weil diese Säure in salzartiger Verbindung schon mit Wasser leicht und vollständig extrahirt werden kann. Man übergiesst 1000 Grm. des lufttrocknen Bodens mit so viel Wasser, dass die Menge des letzteren mit der im Boden schon vorhandenen Feuchtigkeit 2000 CC. beträgt. Unter häufigem Umschütteln lässt man 48 Stunden lang stehen, giesst und filtrirt dann 1000 CC. möglichst klar ab und concentrirt diese Flüssigkeit, unter Zusatz von etwas kohlensaurem Natron, durch Eindampfen im Wasserbade auf ein kleines Volumen. Die Flüssigkeit wird, um die Salpetersäurebestimmung zweimal, entweder nach gleicher oder verschiedener Methode vornehmen zu können, in zwei gleiche Hälften getheilt. Jede Portion entspricht also einem Quantum von 250 Grm. des lufttrocknen Bodens.

a. Methode von W. Wolf*). Die salpeterhaltige, bis auf etwa 100 CC. eingedampfte Flüssigkeit wird mit soviel Aetzkali oder Natron versetzt, dass sie davon ziemlich genau 14 Proc. enthält, und hierauf eine Spirale von zusammengelöthetem Zink-Eisenblech in dieselbe hineingelegt. In Folge der alsdann schon bei gewöhnlicher Temperatur stattfindenden Wasserstoffentwicklung wird die vorhandene Salpetersäure im Verlaufe von einigen Stunden vollständig in Ammoniak verwandelt, welches nach dem Schütteln mit etwa 50 CC. der bromirten Javelle'schen Lauge als Stickstoffgas im Azotometer bestimmt wird.

Das Wasserstoffgas lässt man hierbei durch einen Trichter entweichen, in welchen man einige mit verdünnter Salzsäure angefeuchtete Glassplitter hineingebracht hat; nach erfolgter Reduction der Salpetersäure werden die Glassplitter mit Wasser abgespült und dieses mit der alkalischen Flüssigkeit vermischt. Natürlich darf das Aetzkali keine Spur von Salpeter enthalten und muss hierauf besonders geprüft worden sein. Um das Ammoniak nach dem Dietrich'schen Verfahren (S. 36) noch genauer bestimmen zu können, muss man von der obigen alkalischen Flüssigkeit etwa ein Drittel abdestilliren, das Destillat, welches in der Vorlage mit ein wenig Salzsäure sich vermischt, im Wasserbade bis zur Trockne eindampfen, den Rückstand in 10 CC. Wasser auflösen, dann im Azotometer das Ammoniak mit 50 CC. der Javelle'schen Lauge zersetzen und das Stickstoffgas dem Volumen nach ermitteln.

b. Methode von Fr. Schulze**). Die salpeterhaltige Flüssigkeit

*) Chem. Centralblatt, 1863, S. 651 u. Journ. f. prakt. Chem., Bd. 89. S. 93.

**) Fresenius, Zeitschrift für anal. Chem. II. S. 305—315.

wird auf ein kleines Volumen (etwa 20 CC.) eingedampft und darin die Salpetersäure durch das Wasserstoffdeficit ermittelt, welches durch Auflösen einer gewogenen kleinen Quantität von Aluminium-Feile (auf 1 Theil des etwa vorhandenen salpetersauren Kali nicht weniger als 2 Theile Aluminium) in der schwach alkalischen, salpeterhaltigen Flüssigkeit (gegenüber einer gleichen Menge derselben Aluminiumsorte in einer salpeterfreien Flüssigkeit) sich ergibt, unter Anwendung des Azotometers. Diese Methode hat vor der Wolf'schen den Vorzug, dass man es mit einem weit grösseren Gasvolumen (resp. Gasdeficit) zu thun hat, also auch die Salpetersäurebestimmung um so schärfer ausfallen muss.

Da 1 Aeq. Salpetersäure 8 Aeq. Wasserstoff gebraucht, um in Ammoniak verwandelt zu werden, so verhält sich die Menge der Salpetersäure zu dem Gewichte des unter ihrem Einfluss weniger entwickelten Wasserstoffes wie 6,75 : 1 (= 54 : 8). Zu beachten ist, dass die Wasserstoffentwicklung eine sehr langsame und 3—4 Stunden lang andauernde sein muss; man darf daher die Alkalilauge (im Ganzen 5 CC.), namentlich anfangs, nur tropfenweise zu dem Aluminiumpulver und zu der salpeterhaltigen Flüssigkeit hinzulassen, so dass wenigstens eine Stunde lang die Auflösung des Aluminiums mit kaum bemerkbarer Wasserstoffentwicklung erfolgt. Die in Anwendung kommende Aluminiumsorte muss vorher hinsichtlich der Menge des Wasserstoffes, welche sie für sich entwickelt, sowie überhaupt auf ihre Güte und Brauchbarkeit durch Versuche mit bekannten kleinen Mengen von reinen salpetersauren Salzen sorgfältig geprüft worden sein.

c. Methode von Schlössing*). Sie besteht darin, dass man die Salpetersäure mittelst einer salzsauren Lösung von Eisenchlorür zu Stickstoffoxyd reducirt, das letztere durch Kochen austreibt, über Quecksilber und etwas Kalkmilch auffängt und alsdann die Menge der mittelst Sauerstoff in feuchter Atmosphäre regenerirten Salpetersäure durch titrirte Natronlösung bestimmt.

Diese Methode ist namentlich bei Gegenwart grösserer Mengen organischer Substanz in der wässerigen Bodenlösung sehr zu empfehlen und die Ausführung ist eine rasche und zuverlässige, wenn der betreffende Apparat zusammengestellt und die nöthigen Vorbereitungen (reines Wasserstoffgas, Sauerstoffgas, frisch ausgekochte Kalkmilch etc.) einmal gemacht sind, besonders wenn mehrere Salpetersäurebestimmungen hinter einander ausgeführt werden sollen.

9. Das Chlor bestimmt man auf die Weise, dass man

*) Vgl. Fresenius' Anleitung zur quantitativen chemischen Analyse, 4. Aufl. S. 367 ff.

300 Grm. des Bodens mit so viel destillirtem Wasser, dass einschliesslich der schon im Boden vorhandenen Feuchtigkeit, im Ganzen 900 CC. Wasser zugegen sind, unter häufigem Umschütteln 48 Stunden lang in Berührung lässt, sodann 450 CC. abgiesst, filtrirt und das Filtrat unter Zusatz von ein wenig kohlensaurem Natron bis auf etwa 200 CC. eindampft, wieder filtrirt, die Flüssigkeit mit Salpetersäure übersättigt, endlich das Chlor mit salpetersaurem Silberoxyd ausfällt. Der gebildete Niederschlag entspricht also einem Quantum von 150 Grm. des lufttrocknen Bodens.

Es kann nach vorliegenden Untersuchungen*) nicht zweifelhaft sein, dass auf diese Weise die ganze Menge des Chlor's im Boden gelöst wird. Zweckmässig ist es jedoch, vorher die in der Lösung vorhandene Schwefelsäure durch salpetersauren Baryt auszuscheiden; die so erhaltene schwefelsaure Baryterde muss, wenn sie quantitativ bestimmt werden soll, nach dem Glühen und nachdem sie mit Salpetersäure angefeuchtet und nochmals schwach geglüht worden ist, mit verdünnter Salzsäure ausgekocht und nach dem Filtriren und Glühen gewogen werden.

Eine andere Methode der Chlorbestimmung, welche gleichfalls Beachtung verdient, hat Mohr**) vorgeschlagen. Etwa 50 Grm. des Bodens bringt man in ein Platinschälchen, befeuchtet die Masse mit einer concentrirten Lösung von chlorfreiem Kalisalpeter, lässt eintrocknen und erhitzt allmählig bis zum Glühen. Es findet unter schwachem Verglimmen eine vollständige Verbrennung aller organischen Stoffe statt. Nach dem Erkalten feuchtet man mit Wasser an und spült die ganze Masse in ein Becherglas, worin die Flüssigkeit sich leicht klärt und nach dem Abgiessen der letzteren der Rückstand noch weiter mit Wasser ausgewaschen wird. Die klare Flüssigkeit wird mit Essigsäure übersättigt, vorsichtig zur Trockne abgedampft und nach dem Lösen, Filtriren und Zusatz von etwas Salpetersäure das Chlor durch Silberlösung ausgefällt.

10. Gesammtmenge des Schwefels und der Schwefelsäure. Die Bestimmung der mit Wasser, mit kalter und heisser Salzsäure ausziehbaren Schwefelsäure wird bei der ausführlichen Untersuchung dieser Bodenlösungen, wie früher erwähnt worden ist, vorgenommen. Man findet aber nicht selten, dass aus dem

---

*) Siehe z. B. Ulbricht in Landw. Versuchsstationen, Bd. V. S. 204.

**) »Titrirmethoden«, 2. Aufl. S. 482.

vorher geglühten Boden eine verhältnissmässig weit grössere Menge von Schwefelsäure, als aus dem humushaltigen Boden mit denselben Lösungsmitteln extrahirt wird, so dass oftmals eine nicht unbeträchtliche Menge von Schwefel entweder in organischer Verbindung oder als Schwefelmetall im Boden enthalten zu sein scheint. Es möchte daher zu empfehlen sein, noch eine besondere Bestimmung der Gesammtmenge des Schwefels vorzunehmen, zu welchem Zweck ich die folgende, der obigen Chlorbestimmung nach Mohr entlehnte Methode vorschlage. Etwa 50 Grm. des lufttrocknen Bodens werden in einem Platinaschälchen mit einer concentrirten Lösung von reinem Kalisalpeter angefeuchtet; man lässt eintrocknen und erhitzt allmählig bis zum Glühen. Nach dem Erkalten wird die Masse mit verdünnter Salzsäure unter Zusatz von etwas Salpetersäure ausgekocht, in der Lösung durch Eindampfen etc. zuerst die Kieselsäure abgeschieden und dann in bekannter Weise die Schwefelsäure bestimmt.

Noch sicherer verfährt man, wenn man den Boden mit 1—2 Grm. Salpeter innig mischt, dann das Gemenge in der Platinschale mit reiner (schwefelsäurefreier) Kali- oder Natronlauge anfeuchtet und vorsichtig bis zum Glühen erhitzt.

11. Eisenoxydhydrat und Thonerdehydrat. Man übergiesst, nach Knop's*) Vorschlag 100 Grm. Erde mit 200 CC. einer heissgemachten Lösung von Weinsäure und von Oxalsäure in Aetzammoniak, schüttelt damit im Verlauf einer Viertelstunde mehrmals, filtrirt und bestimmt in einem abgemessenen Theile des Filtrats Thonerde und Eisenoxyd.

Die Lösung wird bereitet, indem man 100 Grm. Weinsäure, 10 Grm. Oxalsäure mit einem mässigen Ueberschuss von Aetzammoniak versetzt und das Ganze mit Wasser bis auf 1 Liter auffüllt. Der Zusatz von Oxalsäure erfolgt, weil bei kalkhaltigen Erden auch der Kalk in der neutralweinsauren Flüssigkeit sich auflöst und dadurch die Kraft der letzteren schwächt. Von der Knop'schen Flüssigkeit wird, wie ich bestätigen kann, aus der Ackererde neben dem Eisenoxyd stets auch Thonerde extrahirt. A. Müller**) vermuthet aber, dass eine gemischte Lösung von Ammontartrat und -oxalat beim Erhitzen wie eine verdünnte Säure wirken und Thonerde aus leicht zersetzbaren Zeolithsilikaten ausziehen kann. Er wendet daher eine Auflösung von Seignettesalz an und

---

*) Landw. Versuchsstationen, VIII, S. 41.

**) Landw. Versuchsstationen, IV. 226 u. Journ. f. pr. Ch. XCVIII. 4.

bemerkt, dass mit dieser Lösung nur ganz ausnahmsweise neben Eisenoxydhydrat auch bemerkenswerthe Mengen von Thonerdehydrat im Boden nachweisbar seien. Es ist wünschenswerth, dass hierüber weitere Untersuchungen angestellt werden.

12. Die Gesammtmenge des im Boden enthaltenen Eisenoxydul's kann man auf folgende Weise ermitteln. Man übergiesst etwa 30 Grm. Erde in einer passenden Kochflasche (mit aufgesetztem engerem Glasrohr) mit 60 CC. heisser concentrirter Salzsäure, nachdem man vorher einige Sodakrystalle oder Stückchen von reinem Marmor in die Flasche geworfen hat, wenn der Boden nicht vielleicht schon viel kohlensauren Kalk enthält und kocht eine Zeitlang. Hierauf versetzt man die Flüssigkeit, ohne zu filtriren, mit einer reichlichen Menge Salmiaklösung, wodurch die Umwandlung des Eisenoxydul's in Eisenoxyd wesentlich verlangsamt wird*), verdünnt stark mit kochend heissem Wasser, neutralisirt die Säure beinahe mit Ammoniak und fällt dann mit möglichst wenig essigsaurem Natron. Man bringt rasch den ganzen noch heissen Inhalt der Kochflasche auf ein hinreichend grosses Filter von grobem Papier und wäscht mehrmals mit kochendem Wasser aus. Das Filtrat erhitzt man zum Sieden, fügt etwas Salzsäure hinzu, oxydirt das Eisenoxydul durch einige Stückchen chlorsaures Kali, entfernt die Flüssigkeit vom Feuer und fällt von Neuem mit essigsaurem Natron.

Die Gegenwart von organischen Substanzen in den Bodenlösungen lässt überall nur eine annähernd richtige Bestimmung des Eisenoxyduls erwarten. Auch zeigt bekanntlich das Eisenoxydul ein sehr verschiedenes Verhalten zum Wachsthum der Kulturpflanzen, je nachdem dasselbe an Kieselsäure, Kohlensäure oder an Humussubstanzen im Boden gebunden ist. Um hierüber einigen Aufschluss zu erhalten, muss man den Boden mit verschiedenen Lösungsmitteln behandeln, mit Wasser, verdünnter Essigsäure, neutralen weinsauren Salzen, mit kalter und heisser Salzsäure und diese verschiedenen Extracte wenigstens qualitativ auf die Gegenwart grösserer oder geringerer Mengen von Eisenoxydul prüfen.

g. Bestimmung der Absorptions-Coëfficienten des Bodens für die wichtigeren Pflanzennährstoffe.

1. Es werden jedesmal 125 Grm. des lufttrocknen Bodens mit je 500 CC. einer $^1/_{10}$ atomigen Lösung (in 1 Liter $^1/_{10}$ Atom des

*) Vgl. Reichardt in Fresenius Zeitschr. f. anal. Ch. V. S. 64.

betreffenden Salzes in Grammen berechnet) von Chlorammonium, Chlorkalium, Chlormagnesium, Chlorcalcium, Chlornatrium, gewöhnlichem phosphorsaurem Natron und kieselsaurem Natron (NaO, SiO^2) 24 Stunden lang unter häufigem Umschütteln in Berührung gelassen, sodann ein möglichst grosses Quantum der Flüssigkeit abfiltrirt und auf den Gehalt an sämmtlichen Bestandtheilen oder wenigstens an demjenigen Stoff untersucht, auf dessen Absorptionsfähigkeit man den Boden prüfen will.

2. Von Knop *) ist ein anderes Verfahren vorgeschlagen worden, welches neben dem soeben angedeuteten oder bei weniger ausführlichen Bodenuntersuchungen vorzugsweise zu befolgen ist. Man löst nämlich Kalisalpeter, Kalksalpeter, schwefelsaure Magnesia und phosphorsaures Kali (KO, 2 HO, PO^5) mit einander in solchen Mengen in 1 Liter Wasser auf, dass dieses von jedem Salze (wasserfrei gedacht) 1 ½ Grm., d. i. 1 ½ pro Mille enthält. Man schüttelt 500 CC. dieser Salzlösung im Verlaufe von 24 Stunden möglichst oft mit 125 Grm. Erde, filtrirt hierauf 300 oder 400 CC. der Flüssigkeit ab und bestimmt darin die sämmtlichen Bestandtheile ihrer Menge nach.

Knop schreibt vor, 5 Grm. von jedem der 4 Salze in einem Liter Wasser aufzulösen und von dieser Lösung 200 CC. mit 100 Grm. Erde zu schütteln. Bei dieser Concentration der Flüssigkeit (20 Grm. im Liter und darunter 3,33 Grm. Schwefelsäure und 1,7 Grm. Kalk) wird leicht etwas Gyps sich ausscheiden und dem Boden als krystallinisches Pulver sich beimischen können. Ich halte daher die oben angegebenen geringeren Salzmengen für passender, nehme aber auf 125 Grm. Erde 500 CC. der Salzflüssigkeit.

h. Berechnung und Zusammenstellung der analytischen Resultate.

1. Die directen Ergebnisse der Analyse werden sämmtlich sowohl auf den völlig lufttrocknen, als auch auf den bei 100° C. getrockneten, die Gesammtmenge der einzelnen Bestandtheile ausserdem auch auf den geglühten Zustand des Bodens und zwar auf Procente des letzteren berechnet.

2. Es ist wünschenswerth, dass die procentische Berechnung sich möglichst nahe an die directen Ergebnisse der Analyse anschliesst. Da für die Auszüge mit Wasser, kalter und heisser

---

*) Landw. Versuchsstationen, VIII. 42.

Salzsäure gewöhnlich für jeden Auszug besondere Proben des frischen Bodens genommen werden, so sind die gefundenen Mengen der Bestandtheile auch jedesmal in Procenten des unveränderten Bodens aufzuführen und nicht etwa das in Wasser Lösliche von dem in kalter Salzsäure Löslichen oder das Letztere von dem in heisser Salzsäure Löslichen in Abzug zu bringen. Dagegen sind die Bestandtheile der mit Schwefelsäure und mit Flusssäure aufgeschlossenen Masse auf Procente des vorher schon mit heisser Salzsäure behandelten Bodens zu berechnen.

3. Man hat ferner die Menge des auf chemischem Wege ermittelten reinen Thones und zwar die Menge der Kieselsäure und der Thonerde für sich und für den salzsauren und schwefelsauren Auszug getrennt in Procenten des Bodens aufzuführen.

4. Die sandigen Bestandtheile des Bodens, d. h. der Rückstand von der Behandlung desselben mit Salzsäure und Schwefelsäure, nach Abzug der in alkalischen Flüssigkeiten löslichen Kieselsäure, erfordern noch eine besondere Berechnung.

a. Der gewöhnliche Fall ist, dass dieser sandige Rückstand, welcher mit Flusssäure aufgeschlossen wird, fast ausschliesslich aus Alkalien, Thonerde und Kieselsäure besteht und nur sehr geringe Mengen von Kalk und Magnesia enthält. Es wird dann einfach aus dem gefundenen Kali der Kalifeldspath, aus dem Natron der Natronfeldspath berechnet und die kleinen Mengen von Kalk und Magnesia den basischen Bestandtheilen des Feldspathes zugezählt oder für sich in Rechnung gebracht. Bleibt hierbei noch ein Ueberschuss von Thonerde, so ist dieser in Verbindung mit der entsprechenden Kieselsäure als thonige Substanz anzusehen, welche der aufschliessenden Wirkung der Schwefelsäure sich entzogen hat. Der Rest endlich der Kieselsäure gibt den Gehalt des Bodens an reinem Quarzsand.

b. Findet man eine beträchtlichere Menge von Magnesia, ohne gleichzeitig von entsprechenden Quantitäten von Kalk und Eisenoxyden begleitet zu sein, so hat man zunächst die Magnesia als Magnesiaglimmer zu berechnen, namentlich wenn in dem sandigen Rückstande Glimmerblättchen auch dem Auge deutlich sichtbar sind. Die Berechnung des Feldspathes und der übrigen Gemengtheile wird hierauf wie in a vorgenommen. Allerdings wird der Magnesiaglimmer durch Kochen mit concentrirten Säuren grossentheils zersetzt; jedoch ist die Zersetzung selten eine vollständige. Der Kaliglimmer, welcher qualitativ dieselben Bestandtheile enthält, wie der Feldspath, lässt sich, wenn der letztere gleichfalls vorhanden ist, aus den Resultaten der Analyse nicht direct berechnen.

c. Hat endlich die Analyse auch Kalk und Eisenoxyde neben der Magnesia in nicht unbedeutender Menge nachgewiesen und insbesondere, wenn man bei der mineralogischen Untersuchung des Rückstandes dunkel gefärbte Gesteinssplitter, dagegen wenige oder gar keine Glimmerblättchen findet, so hat man jene drei Bestandtheile (das Eisen als Oxydul) einer Rechnung auf Augit und Hornblende zu Grunde zu legen und diese Mineralien als neben Feldspath und Quarzsand vorhanden anzunehmen.

5. Bei der Zusammenstellung der auf Procente des Bodens berechneten Resultate der chemischen Analyse hat man die einzelnen Bestandtheile (basische und saure Stoffe) für sich getrennt anzugeben, ohne zunächst auf deren muthmassliche Verbindung unter einander Rücksicht zu nehmen. Die auf chemischem Wege und durch Rechnung gefundenen Mengen von reinem Thon und der mineralischen Gemengtheile der sandigen Substanz im Boden, werden in einem besonderen Anhang der chemischen Analyse beigefügt.

6. Die speciellen analytischen Belege sind der leichteren Uebersicht wegen in derselben Reihenfolge aufzuführen, wie die daraus abgeleiteten procentischen Verhältnisse der Bestandtheile des Bodens.

Die Zusammenstellung der auf Procente des Bodens berechneten Ergebnisse der Analyse wird nach dem folgenden Schema vorgenommen.

A. Mechanische Analyse.

1. Gemengtheile des Bodens, durch Siebe und mittelst der Schlämm-Analyse getrennt, im lufttrocknen Zustande.
   a. Rückstand auf dem Blechsiebe mit Löchern von 3 Millimeter Durchmesser;
   b. Rückstand auf dem Blechsiebe mit Löchern von 1 Mill. Durchmesser;

c. Schlämmmasse aus dem Trichter Nr. 2;
d. Schlämmmasse aus dem Trichter Nr. 3;
e. Schlämmmasse aus dem Trichter Nr. 4;
f. Abgeschlämmte thonige Masse.

2. Die Gemengtheile bei 100° getrocknet.
3. Die Gemengtheile geglüht (Glühverlust).
4. Gehalt der Gemengtheile an kohlensaurem Kalk, aus der direct bestimmten Kohlensäure berechnet.

B. Chemische Analyse.

1. Gesammt-Glühverlust des lufttrocknen Bodens.
   a. Wasser bei 100° C. verflüchtigt;
   b. Reiner Humus, aus dem gefundenen Kohlenstoffgehalt berechnet;
   c. Gesammtmenge des Stickstoffes:
      α. Stickstoff in der Form von Ammoniak;
      β. Stickstoff als Salpetersäure;
      γ. Stickstoff in organischer Verbindung.
   d. Fest gebundenes Wasser (Differenz von a + b + c und Gesammt-Glühverlust).

Besonders aufzuführen ist ferner:
   a. Reaction des Bodens;
   b. Kalk aus einer ammoniakalischen Lösung von salpetersaurem Kalk von dem Boden absorbirt;
   c. Sauerstoff vom Boden bei Gegenwart von Kalilauge absorbirt;
   d. Humussubstanz in Wasser auflöslich;
   e. Humussubstanz in verdünnter Kalilauge löslich.

2. Auszug des lufttrocknen Bodens mit kohlensäurehaltigem Wasser.
3. Auszug des lufttrocknen Bodens mit kalter concentrirter Salzsäure. Kieselsäure im Rückstand von (3), löslich in kohlensaurem Natron (in einer besonderen Bodenprobe bestimmt).
4. Auszug des lufttrocknen Bodens mit heisser concentrirter Salzsäure. Kieselsäure im Rückstand von (4), löslich in kohlensaurem Natron.

Ausser den im salzsauren Auszuge direct gefundenen Stoffen sind noch als Bestandtheile des Bodens besonders aufzuführen:

a. Chlor;
b. Schwefel in metallischer und organischer Verbindung (Gesammtmenge der Schwefelsäure im Boden);
c. Fertig gebildete Kohlensäure;
d. Eisenoxydul (vorherrschend an Humussäure, Schwefelsäure, Kohlensäure oder Kieselsäure gebunden?);
e. Eisenoxydhydrat;
f. Thonerdehydrat;
g. Kieselsäure des lufttrocknen Bodens, in kohlensaurem Natron löslich.

5. Rückstand von (4) mit concentrirter Schwefelsäure behandelt. Kieselsäure im Rückstand von (5), löslich in kohlensaurem Natron.
6. Rückstand von (5) mit Flusssäure aufgeschlossen.
7. Gesammtmenge der einzelnen Bestandtheile, berechnet in Procenten des lufttrocknen, bei 100° getrockneten und des geglühten Bodens.

Anhang.

1. Gesammtmenge des Thones, aus der chemischen Analyse (Kieselsäure und Thonerde getrennt aufgeführt) in Procenten des Bodens berechnet.
   a. Thon, durch heisse Salzsäure zersetzt;
   b. Thon, durch concentrirte Schwefelsäure zersetzt.
2. Sandige Bestandtheile, in Procenten des Bodens und für sich auf 100 Thle. berechnet.
   a. Kalifeldspath, aus dem gefundenen Kali berechnet;
   b. Natronfeldspath, aus dem gefundenen Natron berechnet;
   c. Etwa unzersetzter Thon, aus der überschüssigen Thonerde berechnet;
   d. (Magnesiaglimmer, Augit und Hornblende);
   e. Reiner Quarzsand, aus dem Rest der Kieselsäure berechnet. Derselbe, direct gefunden durch Behandlung des Rückstandes von (5) mit Phosphorsäurehydrat.
3. Gesammtmenge der in Säuren löslichen Stoffe, ausser Thon und den sandigen Bestandtheilen des Bodens.

i. Anhaltspunkte für die Beurtheilung der Güte des Bodens aus den Ergebnissen der mechanischen und chemischen Analyse.

Die Fruchtbarkeit oder die Güte des Bodens kann man vom wissenschaftlichen, zunächst chemischen Standpunkte aus betrachten, insofern sie

1. eine rasch vorübergehende (Kraft- oder Düngungszustand des Bodens),
2. eine lange Zeit andauernde (natürliche Fruchtbarkeit des Bodens),
3. eine absolute, d. h. einfach durch den Gesammtgehalt des Bodens bedingte ist.

1. Die absolute Fruchtbarkeit des Bodens ergibt sich aus der Gesammtmenge der einzelnen Bestandtheile, wenn man also den Boden der chemischen Analyse unterwirft, als ob derselbe ein einfaches Mineral oder ein Gemenge von wenigen unverwitterten, ihrer Zusammensetzung nach bekannten Mineralien wäre. Man kann aus einer derartigen Analyse allerdings berechnen, für wie viel hundert oder tausend Ernten der Boden möglicherweise die nöthige Nahrung zu liefern im Stande ist; man hat aber hierbei nicht den geringsten Anhalt für die Beantwortung der Frage, ob irgend etwas und wie viel von den Bestandtheilen des Bodens sofort oder im Verlaufe der nächsten Jahre den Pflanzen zugänglich, zur Ernährung derselben verwendbar sein mag. Eine derartige Bodenanalyse, wie sie in früheren, glücklicherweise längst vergangenen Zeiten fast allgemein üblich war, hat so gut wie gar keinen practischen Werth.

2. Die rasch vorübergehende oder augenblickliche Fruchtbarkeit des Bodens bezieht sich zunächst auf den sog. Kraft- oder Düngungszustand desselben; es können hierbei aber noch allerlei Fragen in Betracht kommen, welche in Verbindung stehen mit eigenthümlichen und thatsächlichen Erscheinungen im Wachsthum der Kulturpflanzen, z. B. die Frage: wesshalb ein Boden trotz reichlicher Düngung eine nur sehr geringe Ertragsfähigkeit zeigt und ferner: wesshalb gewisse Düngmittel auf dem betreffenden Boden eine auffallend günstige oder auch gar keine Wirkung äussern etc.

a. Es ist klar, dass ein wässeriger Auszug des Bodens

über den gerade vorhandenen Kraftzustand des Bodens einige Auskunft geben muss. Dies ist ganz entschieden mit Bezug auf die Salpetersäure, also eine wichtige Stickstoffnahrung der Pflanze, der Fall, weil dieser Stoff leicht und vollständig schon mit Wasser dem Boden entzogen wird; ein ähnliches Verhalten ist hinsichtlich der Schwefelsäure und des Chlor's anzunehmen. Aber auch die Phosphorsäure und die basischen Nährstoffe, also Kali, Natron, Kalk und Magnesia sind fast immer im ersten Auszuge des Bodens mit Wasser in beträchtlich grösserer Menge zugegen, als in den späteren wässerigen Auszügen. Man hat daher in dem qualitativen und quantitativen Gehalt des ersten Wasserauszuges, wenn man denselben vergleicht mit dem der nachfolgenden Auszüge, einen anscheinend brauchbaren Maassstab für die Beurtheilung des augenblicklichen Kraftzustandes des Bodens.

b. Es wird aber ausserdem noch nöthig sein, diejenigen Mengen der Nährstoffe in Betracht zu ziehen, welche durch Behandlung des Bodens mit kalter concentrirter Salzsäure in Lösung übergehen, namentlich indem man diese Mengenverhältnisse mit dem Gehalt der wässerigen Auszüge vergleicht. Es ist unzweifelhaft, dass ein gewisser Theil der in kalter Salzsäure löslichen Stoffe sofort für die Pflanzen aufnehmbar ist. Je grösser daher die absolute und relative (mit Bezug nämlich auf die sonstige, namentlich auch mechanische Beschaffenheit des Bodens — s. unten) Menge der Nährstoffe in dem betreffenden Auszuge ist, eine desto grössere augenblickliche Ertragsfähigkeit wird der Boden zeigen. Man hat hierbei die Menge der Kieselsäure, welche durch kohlensaures Natron dem lufttrocknen Boden vor und nach der Behandlung desselben mit kalter Salzsäure entzogen wird, — wohl zu beachten. Die Differenz nämlich der beiderseitigen Kieselsäuremenge lässt erkennen, in welchem Grade unter der Einwirkung der Salzsäure eine Zersetzung von Silikaten stattgefunden hat, und ob daher die in der Lösung gefundenen Alkalien etc. in einem mehr oder weniger fest gebundenen Zustande zugegen gewesen sind.

c. Dass auch die Absorptions-Coëfficienten des Bodens und mehr noch die Menge und Beschaffenheit der für die absorbirten Stoffe an die Lösung wieder abgegebenen Bestandtheile desselben in einem gewissen Zusammenhange mit dem Kraft- und Düngungszustande stehen, lässt sich mit Bestimmtheit vermuthen, und es ist sehr wünschenswerth, dass hierüber weitere und ausführlichere Untersuchungen angestellt werden.

d. Auffallende Erscheinungen im Wachsthum der Kulturpflanzen sind bedingt, — wenn wir hier absehen von dem mechanischen Zustand des Bodens, sowie von Witterungs- und klimatischen Einflüssen, — hauptsächlich durch die Gegenwart von allerlei leichtlöslichen Salzen, durch eine eigenthümliche Beschaffenheit des Humus und durch die gegenseitigen Verhältnisse der activen Nährstoffe, oft gleichsam durch eine Entmischung des Bodens. Auch hier sind zunächst wieder die in Wasser löslichen Stoffe in's Auge zu fassen. Es kann unter denselben als ein dem Gedeihen der Pflanzen nachtheiliger Körper eine verhältnissmässig reichliche Menge von schwefelsaurem Eisenoxydul vorkommen; Kochsalz wird höchstens in der Nähe der Meeresküste oder in der Umgegend von Salzquellen und Salinen der Vegetation besonders nachtheilig oder auch förderlich werden und noch weniger wird in unserem Klima zu viel Soda oder Salpeter im Boden eine schädliche Wirkungen ausüben. Saurer Humus gibt schon durch die Reaction des Bodens sich zu erkennen, oder dadurch, dass der wässerige Auszug besonders dunkel gefärbt ist, namentlich wenn derselbe gleichzeitig namhafte Mengen von Eisenoxyden enthält. Auch das Verhalten des Bodens gegen Kalklösungen, seine Absorptionsfähigkeit für Sauerstoff, die Menge der in verdünnten Alkalien löslichen Humussubstanz etc. kann massgebend sein für die Beurtheilung von allerlei auffallenden Vegetationserscheinungen. Ferner ist zuweilen die Gegenwart von leicht oxydirbaren Schwefelmetallen gefährlich für das Gedeihen der Pflanze, es ist also schon bedenklich, wenn man bei der Behandlung des Bodens mit Salzsäure einen deutlichen Geruch nach Schwefelwasserstoffgas bemerkt. Sehr häufig wird die beobachtete Abnahme in der Fruchtbarkeit eines Kulturbodens oder die geringe Wirkung des Stallmistes und anderer Düngmittel bedingt sein durch eine Art Entmischung des Bodens, welche veranlasst ist theils durch eine natürlich ungünstige Zusammensetzung des letzteren, theils aber und besonders durch einen nicht rationellen Betrieb des Ackerbaues. Die Untersuchung der wässerigen und namentlich der salzsauren Auszüge des Bodens werden zur Beurtheilung und hinsichtlich der Mittel zur Besserung eines solchen Zustandes manche practisch brauchbare Anhaltspunkte liefern, wenn man nämlich die Ergebnisse der Untersuchung vergleicht mit den Resultaten der Analyse anderer und zwar fruchtbarer Bodenarten. Wenn erst eine grössere Anzahl von genauen und nach übereinstimmenden Methoden ausgeführten Bodenanalysen vorliegt, dann wird unzweifelhaft daraus auch eine festere Norm für die vergleichende Beurtheilung des Bodens und eine sichere Grundlage für die Beurtheilung aller auf denselben bezüglichen, practisch wichtigen Fragen zu entnehmen sein.

3. Die eigentliche oder entschieden wichtigste Aufgabe der Bodenanalyse besteht meiner Ansicht nach darin, mit Hülfe derselben ein klares Bild zu erlangen von der natürlichen Fruchtbarkeit des Bodens, welche der letztere ohne alle Düngung oder zur Unterstützung der im Dünger zugeführten Pflanzennährstoffe eine längere Reihe von Jahren unter dem Einfluss des überall und stets thätigen Verwitterungs- und Verwesungsprozesses zu äussern vermag. Es ist in dieser Hinsicht zunächst darauf aufmerksam zu machen, dass der durch die Analyse ermittelte Gehalt an mehr oder weniger löslichen Nährstoffen keineswegs einen directen Schluss ziehen lässt auf den höheren oder geringeren Grad der natürlichen Fruchtbarkeit des Bodens. Das eigentlich Bedingende für die Thätigkeit der Nährstoffe ist die mechanische Beschaffenheit des Bodens, seine Durchdringbarkeit für die Pflanzenwurzeln, für Wasser und die Bestandtheile der atmosphärischen Luft; man hat daher bei der Beurtheilung des Bodens ausser auf seinen Gehalt an Nährstoffen und die durch eine passende Methode ermittelte Löslichkeit derselben, ein grosses Gewicht zu legen auf das Verhältniss der vorherrschenden Bestandtheile, namentlich von Thon und Sand (Humus, Kalk). Die absolute Menge des in kalter oder heisser Salzsäure löslichen Kali's z. B. ist gewöhnlich eine grössere in einem zähen Thonboden, als in einem lockeren Lehmboden, und dennoch wird der letztere oft alljährlich, wenigstens für die nächsten Jahrhunderte, den Pflanzen eine grössere Menge von aufnehmbarem Kali liefern, derselbe überhaupt eine grössere natürliche Fruchtbarkeit äussern, als der erstere. Es ist daher von grosser Wichtigkeit, dass man die absolute Menge von löslichem Kali mit der Quantität des durch dasselbe Lösungsmittel zersetzbaren Thones vergleicht. Das Ver-

hältniss von Thon und Sand ergibt sich aus der mechanischen, noch bestimmter aber oftmals aus der chemischen Analyse des Bodens. Ein Boden, in welchem die chemische Analyse 5—20 Proc. reinen Thon (kieselsaure Thonerde) nachgewiesen hat, kann als ein sandiger oder sandig-lehmiger Boden bezeichnet werden; bei einem Gehalt von 20—35 Proc. reinem Thon ist derselbe ein lehmiger oder lehmig-thoniger Boden; wenn die Menge des reinen Thones über 35 Proc. steigt, so hat man einen entschieden thonigen Boden. Da der Thon fast in jedem Boden eine besondere Zusammensetzung hat, d. h. das Verhältniss zwischen Thonerde und Kieselsäure bedeutend wechselt, so halte ich es für passend, die gefundene Menge der Alkalien etc. nicht mit dem Thon, sondern mit dem einen Bestandtheil desselben, nämlich mit der Thonerde in Vergleich zu stellen. Als Anhaltspunkte für die Beurtheilung der natürlichen Fruchtbarkeit des Bodens will ich die folgenden nur kurz andeuten, ohne hier auf eine nähere Begründung derselben einzugehen:

a. Menge der Humussubstanz und namentlich das gegenseitige Verhältniss, in welchem Kohlenstoff und Stickstoff im Humus zugegen sind. Im Mittel ist dieses Verhältniss ungefähr = 1 : 10. Ein saurer und adstringirender Humus ist gewöhnlich verhältnissmässig stickstoffarm. Je grösser der Stickstoffgehalt ist, desto leichter unterliegt in der Regel der Humus dem Verwesungsprocess. Eine Ausnahme hievon bildet der sog. kohlige Humus, welcher zuweilen, und zwar hauptsächlich in trocknen Kalkböden, vorkommt (auch in Böden, deren ursprünglicher Kalkgehalt durch allmähliges Auslaugen fast vollständig verschwunden ist); der kohlige Humus gibt sich dadurch schon zu erkennen, dass er in einem verhältnissmässig weit geringeren Grade die Fähigkeit besitzt, den Boden dunkel zu färben, als die anderen Modifikationen der Humussubstanz.

b. Verhältniss der Humussubstanz und des darin enthaltenen Stickstoffes zum reinen Thon oder zur Thonerde.

c. Menge der im 2. bis 5. wässerigen Auszuge des Bodens enthaltenen Pflanzennährstoffe, insofern vorliegende Untersuchungen andeuten, dass die späteren Auszüge unter sich eine ziemlich constante, mit der natürlichen Fruchtbarkeit des Bodens in Verbindung stehende Zusammensetzung haben.

d. Menge und Verhältniss der in kalter und in heisser Salzsäure löslichen Phosphorsäure.

e. Verhältniss der Phosphorsäure zu der in der gleichen Lösung vorhandenen Thonerde.

f. Verhältniss der Gesammtmenge der Phosphorsäure zur Gesammtmenge der Humussubstanz, des Thones und der Kalkerde.

g. Menge und Verhältniss des in kalter und heisser Salzsäure, sowie in Schwefelsäure und Flusssäure löslichen Kali's.

h. Verhältniss des Kali's zu der von dem gleichen Lösungsmittel aufgenommenen Thonerde.

i. Verhältniss des Kali's zum Natron in den verschiedenen Auszügen des Bodens und der Gesammtmenge der Alkalien zur Thonerde.

k. Menge und Verhältniss des in den einzelnen Extracten enthaltenen Eisenoxyds; Zustand und Verbindung des Eisens im Boden.

l. Verhältniss der in kohlensaurer und kieselsaurer Verbindung vorhandenen alkalischen Erden und der letzteren unter sich.

m. Menge der Schwefelsäure und deren Verhältniss zu den übrigen Pflanzennährstoffen im Boden.

n. Beschaffenheit der sandigen Bestandtheile des Bodens und deren aus der chemischen Analyse zu berechnender Gehalt an Kalifeldspath, Natronfeldspath und Quarzsand (Magnesiaglimmer, Augit und Hornblende).

D. Die physikalischen Eigenschaften des Bodens.

Bei der genaueren Ermittelung der physikalischen Eigenschaften verschiedener, mit einander zu vergleichenden Bodenarten ist es nöthig, dass die letzteren in einem möglichst gleichmässigen Zustande der Trockenheit und der mechanischen Zertheilung sich befinden, und dass die Beobachtungen unter Verhältnissen angestellt werden, welche den natürlichen, auf dem Felde etc. vorherrschenden ähnlich sind. Ausserdem ist es bezüglich mancher der physikalischen Eigenschaften allerdings wünschenswerth, dass zu den betreffenden Bestimmungen grössere Quantitäten Boden Verwendung finden; jedoch ist es meistens kaum möglich, dieser Anforderung zu genügen, und es muss daher gerade das Bestreben darauf gerichtet sein, die wichtigeren physikalischen Eigenschaften auch in kleineren Bodenproben mit hinreichender Genauigkeit festzustellen und hierbei practisch brauchbare Resultate zu erzielen. Ich habe mit Rücksicht hierauf sehr zahlreiche Versuche, namentlich über das so wichtige Verhalten des Bodens zum Wasser, ausgeführt und kann aus eigener Erfahrung die im Folgenden angedeuteten Methoden zur allgemeinen Anwendung empfehlen. Es ist zu beachten, dass der zu untersuchende Boden völlig lufttrocken, durch gelindes Zerreiben zwischen den Händen oder in der Reibschale gleichförmig gepulvert und durch Absieben (Blechsieb mit Löchern von 3 Millimetern Durchmesser) von Steinen und Steinchen befreit sein muss. Man hat also zu allen Bestimmnngen, wie bei der chemischen Analyse, ganz lufttrockne Feinerde zu verwenden.

1. Die Fähigkeit des Bodens, aus der umgebenden Luft Feuchtigkeit zu absorbiren, Wasserdämpfe in sich zu verdichten, kann nach 4 verschiedenen Richtungen mit gegenseitig vergleichbaren Resultaten ermittelt werden.

a. Schon oben (S. 29) wurde erwähnt, dass man mit einer kleineren Probe des Bodens (10—20 Grm.) Beobachtungen über den lufttrocknen Zustand des letzteren und über die bei verschiedenen Temperaturgraden der umgebenden Luft stattfindenden Gewichts-Schwankungen anzustellen hat. Zu diesem Zweck wird die genau abgewogene Probe in einem flachen, quadratförmigen Zinkkästchen über eine Fläche von 25 □ Cent. gleichförmig ausgebreitet und im Verlaufe von einigen Tagen unter Beobachtung der jedesmaligen Lufttemperatur durch mehrfache Wägungen die etwaigen Gewichtsveränderungen ermittelt, bis das Gewicht bei ziemlich gleicher Temperatur fast ganz constant bleibt. Durch Trocknen der Probe bei 100° C. erfährt man sodann, wie viel hygroskopisches oder mechanisch absorbirtes Wasser die Erde im lufttrocknen Zustande bei mittlerer Temperatur zurückzuhalten vermag. Von Interesse wird es auch sein, das Verhalten der lufttrocknen Erde bei mässig erhöhter Temperatur, unter dem Einfluss des directen Sonnenlichtes oder besser auf die Weise zu ermitteln, dass man die Gewichtsabnahme bei künstlich erhöhter, aber gleichmässig andauernder Lufttemperatur, z. B. bei 20°, bei 30° und bei 40° C. genau beobachtet.

Zu einem fast gleichen Resultate wird man gelangen, wenn man die abgewogene Bodenprobe in dem Zinkkästchen zunächst bei 100 ° C. vollständig austrocknet und dann die Gewichtszunahme beobachtet, welche bei mittlerer Lufttemperatur durch Absorption von Feuchtigkeit aus der umgebenden Luft bedingt ist.

Bei ziemlich gleichem Humusgehalt verschiedener Bodenarten steht die Menge des absorbirten und von der lufttrocknen Erde zurückgehaltenen Wassers im nahen Zusammenhange mit der Menge des vorhandenen Thones. Durch Zunahme der Humussubstanz erhöht sich die in Rede stehende Eigenschaft des Bodens beträchtlich, so dass ein humusreicher Sandboden oft ebenso viel und mehr Feuchtigkeit im lufttrocknen Zustande zurückhält, als ein humusarmer Thonboden. Die Mengen der von verschiedenen Bodenarten bei gleicher Lufttemperatur absorbirten oder zurückgehaltenen Feuchtigkeit differiren sehr bedeutend und bewegen sich im Allgemeinen in den Grenzen von $^1/_2$ und 7 Proc. des wasserfreien Bodens.

b. Die völlig lufttrockne Erde vermag in einem mit Wasserdünsten gesättigten Raum bei constanter mittlerer Temperatur noch mehr Feuchtigkeit aufzunehmen. Um hierüber Auskunft zu erhalten, wird dieselbe völlig lufttrockne Probe von (a) in dem flachen Zinkkästchen über ein Gefäss gestellt, dessen Boden mit Wasser bedeckt ist und das Ganze mittelst einer Glasglocke luftdicht abgeschlossen. Man bestimmt alsdann drei- bis viermal nach jedesmal 24 Stunden die Gewichtszunahme der Bodenprobe. Gleichzeitig muss man unter dieselbe Glasglocke auch ein leeres Zinkkästchen von genau gleicher Grösse stellen und beobachten, ob und wie viel dieses an Gewicht zunimmt.

Sandige und lehmige Bodenarten sättigen sich auf diese Weise schon im Verlaufe der ersten 24 Stunden fast vollständig mit Feuchtigkeit und bleiben dann im Gewicht unverändert oder nehmen nur überaus langsam noch weiter an Gewicht zu, wenn nicht vielleicht ungewöhnlich grosse Mengen von leicht löslichen und zerfliesslichen Salzen zugegen sind, wodurch überhaupt die Eigenschaft des Bodens, Feuchtigkeit aus der Luft zu absorbiren, sehr wesentlich verändert und erhöht wird. Sehr thonige aber und auch humusreiche Bodenarten müssen, selbst in der kleinen, zu diesem Versuche zu verwendenden Probe von etwa 10 Grm., wenigstens 3—4 Tage unter der Glasglocke stehen, bis sie mit Feuchtigkeit ziemlich gesättigt sind. Natürlich ist stets auch die Temperatur der mit Wasserdünsten beladenen Luft im Apparate zu beobachten und zu notiren. Die Menge der von den völlig lufttrocknen Bodenarten absorbirten Feuchtigkeit ist wiederum hauptsächlich durch deren Thon- und Humusgehalt bedingt, jedoch sind die Schwankungen bei verschiedenen Bodenarten im Allgemeinen nicht so beträchtlich, als bezüglich der von der lufttrocknen Erde unter gewöhnlichen Verhältnissen zurückgehaltenen Feuchtigkeit; sie bewegen sich meistens nur zwischen 0,2 und 2,5 Proc. des wasserfreien Bodens.

c. Dieselben Zinkkästchen und dieselben Bodenproben, wie in (a) und (b), kann man auch benutzen zu Beobachtungen über die Absorption von Feuchtigkeit, wenn man den Boden über Nacht im Freien dem Einfluss eines mehr oder weniger starken Thaufalles aussetzt. Man hat hierbei möglichst sorgfältige Notizen zu sammeln über die Stärke des Thaufalles, die Lufttemperatur und über die Klarheit oder theilweise Bedeckung, überhaupt den Zustand des Himmels. Auch hat man das Verhalten des Bodens zu beobachten, indem man die Kästchen mit gleichen Gewichtsmengen der Erde und unter sonst ganz gleichen Verhältnissen theils auf eine freie, vegetationsleere, dem frisch bestellten Acker ähnliche Fläche, theils aber auf einen mit dichter Grasnarbe überzogenen Platz stellt.

Nach meinen Beobachtungen wurden hierbei, je nach der chemischen und mechanischen Beschaffenheit des Bodens, bei mittlerem Thaufalle von 0,4 bis zu 1,8 Proc. vom Gewichte der wasserfreien Erde und über den völlig lufttrocknen Zustand der letzteren hinaus an Feuchtigkeit absorbirt.

d. Endlich ist noch darauf aufmerksam zu machen, dass die Beobachtungen in (b) und (c) hauptsächlich dann ein practisches Interesse gewinnen, wenn man dieselben nicht allein mit ganz kleinen und im Zustande der grössten Auflockerung befindlichen Bodenproben anstellt, sondern die Versuche gleichzeitig ausdehnt auf das Verhalten mehr oder weniger mächtiger Schichten des Bodens im mit Wasserdämpfen gesättigten Raume oder im Freien während der Nacht unter dem Einfluss der atmosphärischen Abkühlung und der Thauniederschläge. Zu diesem Zweck kann man Zinkkästchen von gleichem Durchmesser und gleicher Flächenausdehnung wie in (a), (b) und (c), aber von grösserer Tiefe benutzen, so dass die Bodenschicht eine Dicke erhält, in verschiedenen Kästchen von etwa ½—1 ½—3 und 6 Centimetern. Der Boden muss überall im völlig lufttrocknen und in einem gleichförmig feinerdigen Zustande zugegen sein, und es wird genau ermittelt, theils wie viel Feuchtigkeit von den verschieden dicken Bodenschichten innerhalb einer bestimmten Zeit aufgenommen wird, theils wie tief die Feuchtigkeit in dem gleichen Zeitraum in den Boden eindringt, theils endlich, wie lange Zeit erforderlich ist (bei Beobachtungen in dem mit Wasserdünsten gesättigten Raume), um die verschieden dicken Bodenschichten mit der unter den vorhandenen Verhältnissen zu absorbirenden Feuchtigkeit ziemlich vollständig zu sättigen.

2. Mit Bezug auf die Bestimmung der wasserfassenden (wasserhaltenden) Kraft des Bodens, der Fähigkeit desselben, eine gewisse Menge von flüssigem Wasser in seine Poren aufzunehmen, will ich zweierlei Methoden erwähnen, die aber von sehr verschiedenem practischem Werthe sind.

a. Wenn man, wie bisher gewöhnlich geschah, diese Eigenschaft des Bodens durch Sättigung einer gewissen Menge desselben in einem Trichter mit Wasser, Abtropfen etc. bestimmt, so erhält man sehr unzuverlässige und ganz verschiedene, bei einem und demselben, namentlich thonigen Boden nicht selten von 30 bis 90 Procent wechselnde Resultate, je nachdem zu diesem Versuche eine grössere oder geringere Menge des Bodens genommen wurde und der letztere in einem mehr oder weniger aufgelockerten oder gar mit Wasser völlig aufgeschlämmten Zustande sich befand. Um auf diese Weise einigermassen vergleichbare, obgleich auf die natürlichen Verhältnisse durchaus nicht zu beziehende Resultate zu erhalten, muss man stets eine gleiche Menge, etwa 50 Grm., des Bodens abwägen, die Substanz in einer Schale mit überschüssigem Wasser anrühren und sodann das Ganze auf einen vorher gewogenen Trichter bringen, dessen Spitze mit einem kleinen Filter geschlossen ist. Der Trichter wird mit einer Glaspatte bedeckt, und wenn kein Abtropfen mehr stattfindet, das Gewicht des von dem Boden aufgenommenen Wassers durch Wägung des ganzen Apparates ermittelt. Die Menge des vom Boden zurückgehaltenen Wassers hat man, wie bei allen Eigenschaften des Bodens geschieht, die auf das Verhalten desselben zum Wasser sich beziehen, theils auf den völlig lufttrocknen, theils auf den wasserfreien oder vielmehr auf den bei 100° C. getrockneten Zustand des Bodens zu berechnen.

Nach dem obigen Verfahren findet man die wasserhaltende Kraft des Bodens, weil der letztere in dem Zustande der relativ höchsten Auflockerung vorhanden ist, stets verhältnissmässig sehr hoch und zwar bei thonigen Bodenarten absolut und relativ weit höher, als bei mehr sandigen Erden. Ein grosser Uebelstand ist, dass der Boden, wenn er in den Trichter gleichsam hineingeschlämmt worden ist, das überschüssige Wasser oft fast gar nicht abtropfen lässt, so dass man genöthigt ist, dasselbe nach einiger Zeit von der Oberfläche des Bodens mittelst einer Pipette zu entfernen. Ausserdem hört das Abtropfen des Wassers bei einem thonigen Boden schon vollständig auf, wenn derselbe noch in einem breiigen, sogar halbflüssigen Zustande sich befindet. Noch weniger vergleichbare Resultate erhält man, wenn man den Boden trocken und in Pulverform einfach in den Trichter einschüttet und sodann mit Wasser übersättigt, weil man alsdann durchaus kein sicheres Maass dafür hat, dass der Boden stets im Zustande relativ gleicher Auflockerung dem Versuche unterworfen wird. Es muss der Boden hinsichtlich seiner wasserhaltenden Kraft nothwendig unter Verhältnissen geprüft werden, welche seinem natürlichen Zustande auf dem Felde, namentlich in den tieferen Schichten der Ackerkrume, möglichst ähnlich sind und auch bei der Untersuchung verschiedener Bodenarten leicht in der nöthigen Uebereinstimmung hergestellt werden können. Ich verfahre daher auf folgende Weise.

b. Ein Kästchen von dünnem Zinkblech, 17 Centimeter (reichlich 6 Zoll) hoch und im quadratförmigen Durchschnitt ungefähr 3 Cent. weit, ist am Boden mit zahlreichen feinen Löchern versehen. Auf den Boden des Gefässes wird zunächst ein Stückchen feiner, vorher angefeuchteter Leinewand gelegt und damit die Löcher bedeckt, hierauf das Kästchen gewogen. Der betreffende Boden (die Feinerde desselben, s. oben) muss **vollständig lufttrocken** sein (bei einem grösseren Wassergehalt erhält man ganz andere, zu hohe Resultate, weil dann die Theilchen des Bodens sich nicht so dicht neben einander legen, die Zwischenräume oder Poren also mehr Wasser aufzunehmen vermögen); er wird in einer Reibschale vorher unter gelindem Druck so fein und gleichförmig zerrieben, als möglich ist, ohne die etwa vorhandenen kleinen Steinchen zu zerstossen. Die Erde wird sodann in kleinen Portionen in das Zinkkästchen geschüttet und jedesmal durch gelindes Aufklopfen des Kästchens auf eine weiche Unterlage ein dichtes und gleichförmiges Zusammensitzen der Bodentheilchen bewirkt, bis zuletzt das ganze Kästchen mit Erde angefüllt ist. Man stellt nun das Kästchen, nachdem es gewogen worden ist, mit seinem durchlöcherten Boden 3 bis 4 Millimeter tief in Wasser und lässt die Erde von unten her mit Wasser sich vollsaugen. Die Feuchtigkeit erscheint je nach der Beschaffenheit des Bodens in kürzerer oder längerer Zeit an der Oberfläche desselben; man lässt den Apparat im Wasser stehen, bis nach wiederholtem Wägen nur noch höchst unbedeutende Gewichtsveränderungen zu bemerken sind. Die gesammte Gewichtszunahme ergibt die Menge des absorbirten Wassers, welche in Procenten des lufttrocknen sowohl als des völlig wasserfreien Bodens berechnet wird.

Da der gleiche Apparat mit derselben feuchten Erde zu Austrocknungs- oder Verdunstungsversuchen benutzt wird, so stellt man, nachdem das Austrocknen der Erde erfolgt ist, den Apparat später nochmals in Wasser, beobachtet die Gewichtszunahme und berechnet die wasserhaltende Kraft. Diese zweite Bestimmung ergibt für einige (namentlich humusarme thonige und sehr feinkörnige lehmig-sandige) Bodenarten, welche beim Austrocknen sich zusammenziehen und durch die dann erfolgende Sättigung mit Wasser nicht immer in gleichem Grade sich wiederum ausdehnen, — etwas, aber nur wenig niedrigere Zahlen. Man sollte daher stets die Resultate beider Bestimmungen aufführen, einmal die wasserhaltende Kraft der feinpulverigen lufttrocknen Erde und dann die Menge des Wassers, welche dieselbe Erde nach erfolgtem Austrocknen wiederum aufzunehmen vermag.

Fast ganz dieselben Resultate, wie bei dem Vollsaugen des lufttrocknen, feinpulverigen Bodens von unten her, erhält man, wenn man eine gleich dicke Schicht der Erde (16 bis 17 Centimeter) in ein ähnliches, mit Trichterrohr versehenes Zinkkästchen unter ganz gleichen Verhältnissen einfüllt, sodann von oben mit Wasser vorsichtig übersättigt und den Ueberschuss des Wassers durch das Trichterrohr abtropfen lässt.

Bei der Bestimmung der wasserfassenden Kraft ist es besonders wichtig, diese Eigenschaft des Bodens auf den lufttrocknen Zustand desselben zu berechnen, weil die procentischen Verhältnisse der Wasseraufnahme nur in diesem Falle eine deutliche Uebersicht gewähren, dagegen bei der bezüglichen Vergleichung sehr verschiedener Bodenarten sich oft fast vollständig ausgleichen oder sogar umkehren, wenn man das Gewicht des bei 100° getrockneten Bodens der Rechnung zu Grunde legt. Es ist nämlich die wasserfassende Kraft, auf den lufttrocknen Zustand des Bodens bezogen, unter den oben angedeuteten, den natürlichen möglichst nahe entsprechenden Verhältnissen für thonige, humusarme Bodenarten eine entschieden geringere als für ebenfalls humusarme lehmige und sandige Bodenarten, während bei grösserem Humusgehalt überall die Porosität des Bodens und damit zugleich die Menge des absorbirten Wassers deutlich zunimmt. Ein sehr thoniger Boden vermochte z. B. 27,3 Proc., drei ziemlich thonige Bodenarten 30,5—30,6 und 31,4, zwei sandig-lehmige Bodenarten 33,0 und 36,4, und ein schwarzer, humusreicher, sandiger Lehmboden 41,2 Proc. Wasser über den lufttrocknen Zustand hinaus aufzunehmen; dagegen gestalteten sich diese Zahlen, wenn man überall das Gewicht des ganz wasserfreien Bodens der Rechnung zu Grunde legte, in derselben Reihenfolge: 36,7; 37,4—36,1—37,3; 36,0—39,0; 48,4 —, Zahlenverhältnisse, welche die charakteristischen Eigenthümlichkeiten der verschiedenen Bodenarten grossentheils gar nicht deutlich hervortreten lassen. Ich will hier noch bemerken, dass die wirkliche wasserfassende Kraft des Bodens in der natürlichen Lage des letzteren auf dem Felde eine noch etwas geringere zu sein scheint, als dieselbe nach der oben beschriebenen Methode ermittelt wird; denn nach fast 14tägigem, grossentheils sehr starkem und anhaltendem Regen, also im vollständig durchnässten Zustande fand ich in Proben der obigen thonigen Bodenarten, welche in einer Tiefe von $^1/_2$ bis zu 12 Zoll aufgenommen und direct vom Felde auf ihren Wassergehalt geprüft wurden, durchschnittlich nur 21,3 bis 22,4 Proc., in dem mehr sandig-lehmigen Boden 24,4 Proc. Feuchtigkeit, überall auf den lufttrocknen Zustand des Bodens berechnet.

3. Die Verdunstung der Feuchtigkeit aus dem Boden. Bei gewöhnlicher Zimmertemperatur im Schatten haben alle Bodenarten, selbst wenn sie in ziemlich dicken Schichten dem Versuch unterworfen werden, — wenigstens, so lange noch eine reichliche Menge von Feuchtigkeit zugegen ist —, ein beinahe gleiches Verdunstungsvermögen, d. h. die absolute Menge des in einer bestimmten Zeit verdunsteten Wassers ist fast nur bedingt durch die Grösse der Oberfläche des die Feuchtigkeit ausdunstenden Bodens und durch die Temperatur der umgebenden Luft. Ausserdem ist die Verdunstung in diesem Falle eine so überaus langsame, dass man Monate gebraucht, bis nur 100—150 Grm. der mit Wasser gesättigten Erde in einer 4—6 Centimeter mächtigen Schicht den völlig lufttrocknen Zustand wieder angenommen haben.

Es wurden z. B. 6 in ihrem Humus-, Thon- und Sandgehalt sehr verschiedene Erden in Mengen von ungefähr 30 (A), 60 (B) und 150 (C) Grm. und in Schichten von resp. $1^1/_2$, 3 und $5^1/_2$ Cent. Mächtigkeit mit Wasser gleichförmig und vollständig gesättigt und während ihrer Aufbewahrung an einem zug- und sonnefreien Platze von Zeit zu Zeit auf ihre durch Verdunstung des Wassers bedingte Gewichtsabnahme geprüft. Im Verlaufe von 96 Stunden waren verdunstet:

	1.	2.	3.	4.	5.	6.	
A . . .	7,689	6,854	6,545	6,523	7,145	7,191	Grm.
B . . .	6,833	6,068	6,046	5,920	6,037	6,018	„
C . . .	6,81	5,96	5,92	6,16	6,40	6,67	„

Ferner in einer noch kleineren Quantität von nur 10 Grm. des lufttrocknen Bodens:

Stunden.	1.	2.	3.	4.	5.	6.	Wasser.
24 . . .	1,751	1,734	1,644	1,610	1,588	1,428	1,576
49 . . .	3,609	3,732	3,411	3,396	3,264	3,009	3,220

Die Differenz in den sehr verschiedenartigen und andererseits die Uebereinstimmung unter den unter sich ziemlich gleichartigen Böden (2 und 4; 3 und 6) tritt hier offenbar nicht scharf genug hervor.

Nur wenn man die natürlichen Verhältnisse möglichst nachahmt, indem man den Boden in hinreichend dicken Schichten im Freien dem wechselnden Einfluss des directen Sonnenlichtes und des Schattens aussetzt, werden die charakteristischen Eigenthümlichkeiten der verschiedenen Bodenarten deutlich bemerkbar. Es ist wünschenswerth, dass hierbei immer eine oder zwei schon früher in dieser Richtung untersuchte Bodenarten gleichzeitig mit dem neu zu prüfenden Boden zu dem Versuche benutzt werden, weil man auf solche Weise bessere Anhaltspunkte zur Beurtheilung der betreffenden Eigenschaft erhält.

Man benutzt zu derartigen Versuchen die oben beschriebenen 17 Cent. hohen Zinkkästchen, in welchen man die sorgfältig eingefüllte Erde von unten her mit Wasser sich vollsaugen lässt, steckt jedes derselben in eine eng anschliessende Hülse von dicker Pappe und stellt hierauf die Kästchen mit den verschiedenen Bodenarten neben einander in ein Holzkistchen, welches mit dem Deckel gerade die Höhe der Zinkkästchen hat. Das Holzkistchen wird mit einem Deckel verschlossen, welcher entsprechend dem Durchmesser der Zinkkästchen Ausschnitte hat, so dass, wenn das Ganze vor ein nach Süden ausgehendes Fenster oder auch ganz in's Freie gestellt wird, die directen Sonnenstrahlen nur auf die Oberfläche der Erden einwirken können.

Alle 24 Stunden (oder nach Umständen nur von 3 zu 3 Tagen) werden die Zinkkästchen aus den Hülsen herausgenommen, der Gewichtsverlust ermittelt, und diese Wägungen je nach der Witterung 14 Tage bis 4 Wochen fortgesetzt, auch mehrmals täglich die Temperatur der Luft in der Nähe des Apparates, sowie die Beschaffenheit des Himmels beobachtet. Anfangs wird man bemerken, dass die Verdunstung bei allen mit Wasser völlig gesättigten Bodenarten, auch in der heissen Sonne, eine ziemlich gleiche ist, bald aber wird die Schnelligkeit der Verdunstung bei den thon- und humusreichen Bodenarten weit geringer, als bei den sandigen, überhaupt denjenigen Erden, welche eine grosse Capillarkraft besitzen und die Feuchtigkeit aus den tieferen Schichten rasch an die Oberfläche steigen lassen. Es tritt ein Punkt ein, wo die Differenzen in der Verdunstung am grössten sind, von welchem Punkte an sie wiederum abnehmen, bis die verschiedenen Bodenarten unter gleichen äusseren Verhältnissen eine Zeitlang ziemlich gleich viel Feuchtigkeit ausdunsten und von diesem Punkte an abermalige Differenzen sich einstellen, so aber, dass von jetzt an die thon- und humusreichen Böden schneller ausdunsten als die Sandböden, weil die letzteren bereits fast bis auf den lufttrocknen Zustand ausgetrocknet sind, die ersteren aber noch eine beträchtliche Menge Feuchtigkeit enthalten. Da die Menge der Erde und des ursprünglich aufgenommenen Wassers in jedem Kästchen bekannt ist, so kann leicht die jedem Zeitpunkte entsprechende Menge des verdunsteten Wassers in Procenten der lufttrocknen Erde oder des ursprünglich vorhandenen Wasserquantums berechnet werden.

Um den beschriebenen Verlauf der Verdunstung noch besser zu verdeutlichen, will ich hier die bei einer derartigen Versuchsreihe mit 6 Bodenarten von sehr verschiedener Zusammensetzung erhaltenen Resultate kurz mittheilen. Nr. 1 ist ein schwarzer, humusreicher und kalkhaltiger Lehmsandboden, die übrigen Bodenarten sind sämmtlich humusarm, und zwar Nr. 2 und 4 sehr feinkörnig, sandig-lehmig, Nr. 3 und 6 ziemlich thonig, Nr. 5 sehr thonig. Es ist zu bemerken, dass die Erden am Tage bei heissem hellem Wetter 8 Stunden lang (½8 Uhr Morgens bis ½4 Uhr Nachmittags) von dem directen Sonnenlichte (August 1862) getroffen wurden, während der übrigen Zeit des Tages aber im Schatten, theils im Freien vor dem Fenster, theils im Zimmer standen.

	1.	2.	3.	4.	5.	6.	
Lufttrockne Erde .	166,9	181,8	192,5	194,7	207,7	196,8	Grm.
Absorbirtes Wasser	68,71	66,13	60,54	64,31	56,68	59,95	„
do. in Proc. der lufttr. Erde	41,2	36,4	31,4	33,0	27,3	30,6	Proc.
Es verdunsteten von dem							
1. bis 3. Tage . .	16,18	19,58	17,97	19,46	15,78	21,52	Grm.
3. bis 6. Tage . .	11,66	17,20	10,36	14,63	6,81	11,58	„
6. bis 12. Tage . .	9,59	12,52	8,32	11,52	7,24	7,69	„
4. Periode . . .	8,56	8,58	9,31	8,69	8,84	8,01	„
5. Periode . . .	7,26	5,34	8,22	6,30	9,08	7,14	„
Also verdunsteten in den ersten 12 Tagen an Wasser:	37,43	49.24	36.65	45,61	30,01	39,59	Grm.

oder in Procenten des ursprünglich vorhandenen Wassers:

1.	2.	3.	4.	5.	6.
54,5	74,5	60,5	70,9	52,9	66,0

oder in Procenten der lufttrocknen Erde:

1.	2.	3.	4.	5.	6.
22,4	27,1	19,0	23,4	14,4	20,2

Man wird also die Verdunstung vorzugsweise von dem Punkte an, wo das Charakteristische bei der Verdunstung in den einzelnen Erden deutlich hervortritt, bis zu dem Punkte, wo dasselbe wiederum verschwindet, zu verfolgen haben und zwar, wo möglich, stets im Vergleich mit zwei Normal-Bodenarten, einem recht sandigen und einem thonreichen Boden von mittlerem Humusgehalte.

4. Das Durchsickern des Wassers durch den Boden oder das Wasser-durchlassende Vermögen des Bodens. Um diese Eigenschaft quantitativ zu bestimmen, wird ein viereckiges, ungefähr 25 Centimeter hohes und 3 Centimeter im Quadrat weites Zinkkästchen, welches unten mit einem trichterförmigen Ansatz und engem Abflussrohr versehen ist, zuerst am unteren Ende mit lockerer Baumwolle verschlossen, so dass die Baumwolle durch das Trichterrohr hindurch geht und noch aus demselben ein wenig hervorragt. Hierauf wird etwas grober Quarzsand auf die Baumwolle geschüttet und damit die trichterförmige Vertiefung des Apparates ausgefüllt; man feuchtet den Sand und die Baumwolle mit Wasser an und wägt den Apparat. Dann füllt man unter gelindem Aufklopfen lufttrockne feinpulverige Erde hinein, bis die ganze Erdschicht eine Mächtigkeit von etwa 16 Centimetern erreicht hat; der Apparat mit der lufttrocknen Erde wird wieder gewogen, um das Gewicht der eingefüllten Erde zu ermitteln und die letztere sodann durch vorsichtiges und successives Uebergiessen mit Wasser gesättigt. Nach dem Abtropfen des überschüssigen Wassers bestimmt man durch Wägen des ganzen Apparates die Menge des aufgenommenen Wassers und somit die wasserhaltende Kraft des Bodens, welche man nach dieser Methode fast genau übereinstimmend findet mit derjenigen, die durch Vollsaugen des Bodens mit Wasser (s. 2 b. S. 59) ermittelt wird.

Man giesst nun vorsichtig, ohne den Boden an der Oberfläche aufzuwühlen, 8 Centimeter hoch (welche Wassersäule in dem betreffenden Apparat 60 bis 70 Grm. wiegt) Wasser auf die nasse Erde und beobachtet, wie lange Zeit verfliesst, bis das Abtropfen ganz aufhört oder auch bis genau 50 CC. Wasser durch die Erde hindurchgesickert sind, während welcher Zeit man die obere Oeffnung des Zinkkästchens mit einer kleinen Glasplatte bedeckt hält. Das Abtropfen beginnt augenblicklich nach dem Aufgiessen des Wassers auf den mit Feuchtigkeit gesättigten Boden und hört sofort auf, sobald die Flüssigkeit an der Oberfläche des Bodens vollständig verschwunden ist. Bei der Wiederholung der Operation wird fast immer mehr Zeit zum Durchsickern des Wassers erfordert, als das erste Mal. Man kann daher den Versuch etwa dreimal wiederholen und aus den erhaltenen Resultaten das Mittel ziehen.

Bei den oben genannten 6 Bodenarten dauerte z. B. das Durchsickern einer 8 Cm. hohen Wassersäule durch eine 16 Cm. mächtige Erdschicht nach Stunden:

	1.	2.	3.	4.	5.	6.
1 . . .	23	19	153	22½	100	60½
2 . . .	30	20	193	26	143	77
3 . . .	40	22	218	29	156	89
Mittel	31,0	20,3	188,0	25,8	133,0	75,8

Die zum Versuche benutzten Bodenarten waren überaus feinkörnig und zum Verschlämmen sehr geneigt. Bei mehr grobkörnigen Erden und wenn das jedesmalige Aufgiessen des Wassers mit äusserster Vorsicht geschieht, sind die Differenzen bei der Wiederholung des Versuches weniger gross.

5. Das Aufsaugungsvermögen (Capillaranziehung) des Bodens für Wasser, wenn das letztere von unten her in den Boden aufsteigen muss. Glasröhren von 80 Cm. Höhe und 1½ bis 2 Cm. Durchmesser, in ihrer ganzen Länge in Centimeter eingetheilt, werden am unteren Ende mit feiner Leinwand verschlossen (die mit einem Kautschuk-Ring befestigt wird) und unter gelindem Aufklopfen nach und nach mit der feinpulverigen Erde angefüllt, dann mit dem unteren Ende 3 bis 4 Millimeter tief in Wasser gestellt und ermittelt, wie lange Zeit erforderlich ist, bis die Feuchtigkeit von unten her bis zu einer gewissen Höhe (30—50—70 Cm.) in die Erde aufsteigt oder auch wie hoch die erstere im Verlaufe einer gewissen Zeit (24—48 etc. Stunden) sich erhebt.

Dieselben 6 Bodenarten, von denen schon mehrfach die Rede war, verhielten sich hierbei in der Weise, dass die Feuchtigkeit innerhalb der angegebenen Zeit die folgende Höhe erreichte:

	1.	2.	3.	4.	5.	6.
24 Stunden	27,3	38,0	16,7	36,3	8,0	28,8
48 „	35,9	50,8	24,5	49,2	11,9	40,5
72 „	41,5	59,5	30,0	57,9	15,2	49,1
96 „	44,4	66,2	33,5	63,8	17,5	55,2
120 „	46,7	70	36,3	68,5	19,2	60,5

Man sieht hieraus sehr deutlich, dass ein grösserer Thongehalt und theilweise auch der Humus das Aufsteigen der Feuchtigkeit aus dem Untergrunde in die oberen Schichten des Bodens sehr verlangsamt. In der That hatte das Wasser die Höhe von 70 Cm. in dem Boden Nr. 2 nach 5 Tagen erreicht, in Nr. 4 nach 6 Tagen, in Nr. 6 nach 8 Tagen, in Nr. 3 dagegen erst nach 72 Tagen, in Nr. 1 nach etwa 100 und in Nr. 5 gar erst nach 175 Tagen.

6. Dieselben Apparate, wie in (5), oder auch etwas kürzere, 40 Cm. lange Glasröhren kann man benutzen, um zu beobachten, bis zu welcher Tiefe und wie schnell eine gewisse Wassersäule (z. B. von 4 oder 8 Cm.) von oben her in die völlig lufttrockne Erde eindringt. Bezüglich der Tiefe des Eindringens hat man zwei Beobachtungsmomente zu unterscheiden:

a. den Augenblick, wo das flüssige Wasser von der Oberfläche des Bodens verschwunden, also soeben in denselben eingedrungen ist, und dann

b. die Tiefe, bis zu welcher die Feuchtigkeit überhaupt anscheinend in den Boden eindringt, also den Zeitpunkt, wo ein Stillstand im weiteren Versinken des Wassers eintritt, wenn nämlich die tieferen Schichten noch vollkommen lufttrocken sind.

Bei Versuchen mit den obigen Bodenarten ergab sich, dass eine 4 Cm. hohe Wassersäule in den lufttrocknen Boden einsickerte in

1.	2.	3.	4.	5.	6.	
4,3	1,8	10,3	3,0	21,0	4,3	Stunden

und zwar bis zu einer Tiefe von

	1.	2.	3.	4.	5.	6.	
a.	11,0	12,0	11,4	13,3	11,7	12,0	Cm.
b.	13,0	18,1	13,0	19,0	12,0	16,5	„

Als abermals eine Wassersäule von 4 Cm. auf den in den oberen Schichten bereits feuchten Boden gebracht wurde, so verschwand jetzt das Wasser von der Oberfläche erst in

1.	2.	3.	4.	5.	6.	
21,5	9,0	42,0	14,0	80,0	22,0	Stunden

und die Feuchtigkeit erstreckte sich nun bis zu einer Tiefe von

	1.	2.	3.	4.	5.	6.	
a.	21,1	24,3	22,0	25,2	23,0	25,1	Cm.
b.	23,9	30,0	23,5	30,0	24,7	30,0	„

Die Feuchtigkeit wird daher von einem feinkörnigen Sand- und Lehmboden nicht allein am raschesten aufgenommen, sondern vertheilt sich darin auch zu der relativ grössten Tiefe, vorausgesetzt, dass der Boden vorher ganz lufttrocken und nicht vielleicht in den tieferen Schichten theilweise oder ganz mit Wasser gesättigt war.

7. Die Absorption der Sonnenwärme wird man auf folgende Weise ermitteln können.

a. Ein würfelförmiges Zinkkästchen, etwa 6 Cm. im Durchmesser, wird mit der möglichst feinpulverigen lufttrocknen Erde angefüllt, dem Einfluss des directen Sonnenlichtes bei einer recht hohen, genau zu bezeichnenden Lufttemperatur (30—40° C. in der Sonne) einige Stunden lang ausgesetzt und beobachtet, wie hoch die Temperatur an der Oberfläche, in der obersten, 1 Cm. dicken Schicht der betreffenden Erde sich erhebt. Die Zinkkästchen werden hierbei passend mit Hülsen von dicker Pappe umkleidet und in ein Holzkistchen gestellt, damit die Sonnenwärme nur von oben her auf den Boden einwirkt.

Will man untersuchen, bis zu welcher Tiefe und in welchem Grade die an der Oberfläche absorbirte Sonnenwärme in die Erde eindringt, so sind hierzu etwas grössere Quantitäten Boden und namentlich entsprechend tiefere Gefässe erforderlich. Auch kann es von Interesse sein, das Verhalten des Bodens gegen die Sonnenwärme zu beobachten, wenn derselbe in einem mehr oder weniger feuchten Zustande sich befindet, nämlich 5 oder 10 oder 20 Proc. Wasser enthält ausser der schon in der lufttrocknen Erde enthaltenen Menge.

b. Ein anderes Verfahren besteht einfach darin, dass man eine kleine Menge des lufttrocknen Bodens, etwa 50 Grm. in einem Glaskölbchen dem heissen Sonnenlichte eine Zeitlang aussetzt und dann ermittelt, wie hoch die Temperatur der Erde steigt.

Gleichzeitig wird man hierbei auch den Gewichtsverlust bestimmen, welchen der lufttrockne Boden in einer Quantität von 50 Grm. innerhalb einer gewissen Zeit, in $^1/_2$, 1, 2 etc. Stunden erleidet und wie rasch die verdunstete Feuchtigkeit an einem sonnenfreien Orte und aus reiner mittelfeuchter Luft wieder aufgenommen wird.

8. Die Leitungsfähigkeit des Bodens für Wärme kann man theils unter dem Einfluss der directen Sonnenstrahlen, theils auf die Weise beobachten, dass man das obige würfelförmige Zinkkästchen, mit lufttrockner Erde angefüllt, in ein erhitztes Wasserbad stellt und sodann ermittelt, wie lange Zeit vergeht, bis die

Erde im Mittelpunkte des Gefässes eine bestimmte Temperatur, z. B. von 70 oder 80° C. angenommen hat.

9. Beobachtungen über die Fähigkeit des Bodens, die aufgenommene Wärme mehr oder weniger lange zurückzuhalten, lassen sich leicht mit den unter 7 und 8 angedeuteten Versuchen verbinden. Man braucht nur zu ermitteln, wie viel Zeit erforderlich ist, um die in jenem würfelförmigen Gefäss enthaltene und bis auf 70 oder 80° C. erwärmte Erde an der Luft abzukühlen, bis also die Erde in dem Mittelpunkte des Gefässes gleiche Temperatur mit der umgebenden Luft zeigt oder auch bis auf genau 20° oder 25° C. erkaltet ist.

Das Verhalten des Bodens zur Luft- und Sonnenwärme, bekanntlich ein überaus wichtiges Moment für die Entwicklung der Pflanzen und für die Gestaltung der ganzen Vegetation, ist bisher nur selten Gegenstand genauer und umfassender Beobachtungen gewesen. Es verdient im hohen Grade nach allen Richtungen hin und unter den verschiedenen in der Natur vorkommenden Verhältnissen durch sorgfältige Versuche beleuchtet zu werden, indem man hierzu theils den Boden in seiner natürlichen Lage benutzt (tägliche und regelmässige Beobachtungen über die Temperatur des Bodens von 1 Zoll bis zu 4 und 5 Fuss Tiefe, über die Absorption der Sonnenwärme an der Oberfläche und das Eindringen derselben in die tieferen Schichten bei verschiedener Zusammensetzung und in verschiedenen Zuständen des Bodens etc.), theils auch die natürlichen Verhältnisse künstlich nachahmt und die Versuche gleichzeitig auf sehr verschiedene Bodenarten ausdehnt.

10. Das specifische Gewicht des Bodens findet man bekanntlich, indem man das Gewicht einer bestimmten Quantität der Substanz dividirt durch den Gewichtsverlust, welchen dieselbe bei dem Wägen in reinem Wasser erleidet, oder indem man das Gewicht des Bodens dividirt durch das Gewicht des Wassers, welches durch die betreffende Menge des ersteren aus einem Gefäss verdrängt wird. Es kommt also nur darauf an, dieses Wasser dem Gewichte oder dem Volumen nach genau zu ermitteln.

a. Das gewöhnliche Verfahren besteht darin, dass man ein möglichst dünnwandiges Glasfläschchen, welches mit eingeriebenem Glasstöpsel versehen ist, mit destillirtem Wasser (15—20° C.) anfüllt und das Gewicht des letzteren genau bestimmt. Es wird dann eine kleine Portion Erde (10—15 Grm.), dessen Feuchtigkeitsgehalt durch Trocknen bei 100° bestimmt worden ist, mit wenig Wasser ausgekocht, das Ganze in's Fläschchen gespült, das letztere nach dem Erkalten mit Wasser wieder ganz angefüllt und gewogen. Die betreffende Gewichtsdifferenz ergibt die Menge des von der wasserfreien Erde aus dem Fläschchen verdrängten Wassers.

b. Das von einer gewogenen Quantität Boden verdrängte Wasser lässt sich auch dem Volumen nach genau ermitteln, und zwar am besten mit Hülfe des sog. Azotometers oder eines ähnlich construirten Volumeters. Wo es nicht auf grosse Genauigkeit ankommt, bringt man einfach 200 Grm. Erde in einen Drei- oder Fünfhunderter Kolben, füllt den letzteren mittelst des Hunderter Kolbens mit Wasser bis zur Marke an und misst den im Hunderter bleibenden Rest im graduirten Rohr (Knop)*). Ebenso lässt sich das specifische Gewicht annähernd auf die Weise bestimmen, dass man eine abgewogene Menge der Erde (etwa 30 Grm.) in einer genau graduirten Glasröhre mit 50 CC. Wasser stark schüttelt, um die Luft auszutreiben und dann abliest, um wie viel das ursprüngliche Volumen der Flüssigkeit durch die Gegenwart der Erde vermehrt worden ist.

Der Humus bildet stets den specifisch leichtesten, der etwas grobkörnige Quarzsand gewöhnlich den schwersten Bestandtheil des Bodens. Dagegen ist der überaus feinkörnige, mehlartige und gleichsam thonige Sand, wie er in manchen Verwitterungsböden vorkommt, oft specifisch etwas leichter, als der reine Thon; ein zäher, humusarmer Thonboden kann daher nicht selten ein höheres specifisches Gewicht zeigen, als ein lehmiger Sandboden, wie ich z. B. bezüglich der folgenden 6 Bodenarten, welche bereits mehrfach erwähnt worden sind, mit Bestimmtheit nachgewiesen habe. Die Zahlen beziehen sich überall auf den bei 125° C. getrockneten Zustand des Bodens.

	Spec. Gewicht.	Reiner Humus. Proc.	Reiner Thon. Proc.	Reiner Sand. Proc.	Kohlens. Kalk. Proc.	Eisenoxyd. Proc.
1.	2,5445	6,87	18,17	48,38	16,79	3,85
2.	2,6315	0,88	15,74	77,32	0,18	2,91
3.	2,6508	2,19	29,76	53,04	2,28	6,27
4.	2,6400	1,40	15,96	75,94	0,52	3,29
5.	2,7325	0,66	42,56	30,19	12,81	7,31
6.	2,6603	0,92	25,93	62,15	0,84	5,58

Die procentischen Mengenverhältnisse sind auf chemischem Wege ermittelt, der Humus aus dem direct bestimmten organisch gebundenen

*) Die landw. Versuchsstationen, Bd. VIII. 1866. S. 40.

Kohlenstoff berechnet, der Thon ist reine kieselsaure Thonerde, und der Sand die in Salzsäure und Schwefelsäure unlösliche Masse des Bodens. Im Allgemeinen also kann man aus dem specifischen Gewicht keinen sicheren Schluss ziehen auf die chemische oder mechanische Beschaffenheit des Bodens.

11. Das absolute Gewicht des Bodens findet man, wenn man den letzteren im lufttrocknen, möglichst feinpulverigen Zustande in ein passendes Gläschen von bekanntem Inhalt unter gelindem Rütteln und Aufstossen portionenweise und gleichmässig fest einfüllt, und sodann die eingefüllte Erde dem Gewichte nach ermittelt. Das absolute Gewicht wird auf ein bestimmtes Volumen (1 Kubikmeter, 1 Kubikfuss etc.) berechnet, oder auch das Verhältniss zu dem Gewichte eines gleichen Volumens Wasser festgestellt. Das Resultat der letzteren Rechnung kann auch als das scheinbare specifische Gewicht des Bodens bezeichnet werden.

Für oben genannte 6 Bodenarten wurde dieses sog. scheinbare specifische Gewicht gefunden:

	1.	2.	3.	4.	5.	6.
Lufttrockne Erde . .	1,094	1,171	1,357	1,281	1,406	1,273
Bei 125° C. getrocknet	1,099	1,177	1,375	1,291	1,464	1,285

Bei der Berechnung des scheinbaren specifischen Gewichtes der bei 100° getrockneten Erde ist angenommen worden, dass die Feuchtigkeit in der lufttrocknen Erde denselben Raum einnimmt, wie das Wasser, wenn es im freien flüssigen Zustande zugegen gewesen wäre. Das Volumen dieses Wassers wurde daher vor der Feststellung des betreffenden Verhältnisses von dem Inhalt des Gefässes abgezogen. Man sieht aus den aufgeführten Zahlen, dass nächst dem humusreichen Boden (1) die feinkörnig sandigen Bodenarten (2 und 4) als die absolut leichteren, die thonigeren Erden (3, 6 und namentlich 5) als die absolut schwereren sich ergeben haben.

12. Die Porosität der Erde oder das Volumen der festen Erdtheilchen, sowie andererseits der mit Luft oder Feuchtigkeit angefüllten Poren wird gefunden, indem man das scheinbare mit dem wirklichen specifischen Gewicht des Bodens dividirt.

a. Hat man das scheinbare specifische Gewicht bezüglich des feinpulverigen, völlig lufttrocknen Bodens bestimmt und daraus für den bei 100 oder 125 ° C. getrockneten Boden berechnet, so findet man z. B. für Nr. 1 2,5445 : 1,099 = 100 : 43,2 etc.

Also für die obigen 6 Bodenarten

	1.	2.	3.	4.	5.	6.
Volum der festen Erdtheile	43,2	44,7	51,9	48,9	53,6	48,3
Volum der Poren	56,8	55,3	48,1	51,1	46,4	51,7

b. Die Porosität des Bodens in seiner natürlichen Lage auf dem Felde etc., wenn man also ein bestimmtes, auf 1 Kubikmeter zu berechnendes Volumen der Erde mit einem Erdbohrer oder hierzu passend konstruirten Stecheisen aushebt, das Gewicht der ganzen Erdmasse und in einem Theil derselben die Trockensubstanz ermittelt, — wird wiederum in anderen und zwar, je nach der mechanischen Bearbeitung des Bodens, nach der Düngungsweise etc. verschiedenen Zahlen gefunden werden.

13. Es kann auch von Interesse sein, das Volumen zu bestimmen, welches der Boden in einem mit Wasser völlig aufgeschlämmten Zustande einnimmt. Ich benutze dazu die Erde, deren Volumen im lufttrocknen, feinpulverigen Zustande ermittelt worden ist (40—50 Grm.), schüttle dieselbe in einem graduirten Glasrohr tüchtig mit Wasser, welches ½ Proc. Salmiak aufgelöst enthält und lasse dann ruhig absitzen. Nach Verlauf von 24 Stunden nimmt, meinen Beobachtungen zufolge, das Volumen der abgesetzten Erde durch längeres Hinstehen nicht mehr ab, und die Erde ist alsdann von der darüber stehenden, völlig klaren Flüssigkeit scharf getrennt. Das Volumen der Erde in diesem mit Wasser aufgeschlämmten Zustande vergleicht man mit demjenigen Volumen, welches dieselbe Menge Erde als feinpulverige, lufttrockne Masse einnimmt, indem man das letztere Volumen als Einheit der Rechnung zu Grunde legt.

Auf diese Weise ergab sich für die obigen 6 Bodenarten das folgende Verhältniss:

1.	2.	3.	4.	5.	6.
1 : 1,433	0,962	1,418	1,144	2,139	1,360

Es ist zu bemerken, dass die Erde Nr. 2 als feinpulverige lufttrockne Masse ein etwas grösseres Volumen einnahm, als wenn dieselbe mit Wasser aufgeschlämmt worden war und aus der Flüssigkeit sich wiederum abgesetzt hatte. Im Uebrigen nimmt natürlich mit dem grösseren Humus- und namentlich Thongehalte das Volumen der Erde im aufgeschlämmten Zustande deutlich zu; indess gestatten die betreffenden Verhältnisszahlen auch allerlei interessante Schlussfolgerungen bezüglich des mechanischen oder physikalischen Zustandes der im Boden vorhandenen Humus- und Thonsubstanz.

Durch einfache Rechnung lässt sich auch die Menge des Wassers ermitteln, welche in der aufgeschlämmten und aus dem Wasser wieder abgesetzten Erde enthalten ist und also die absolute wasserfassende Kraft des Bodens feststellen. Wenn man diese Wassermenge auf die bei 125° C.

getrocknete Erde bezieht und in Procenten der letzteren ausdrückt, so ergeben sich z. B. für obige Bodenarten folgende Zahlen:

1.	2.	3.	4.	5.	6.
91,1	43,8	65,4	50,7	109,5	68,3

14. Die Festigkeit oder Consistenz des Bodens im trocknen Zustande, sowie die Zähigkeit und das Anhaften des nassen Bodens an Holz und Eisen, sind bekanntlich sehr wichtige Eigenschaften, nach deren Gestaltung zunächst der Landwirth schwere und leichte (d. h. mit den Ackerwerkzeugen schwer und leicht zu bearbeitende) Bodenarten unterscheidet. Leider können diese Eigenschaften bis jetzt kaum annähernd genau mit kleineren Quantitäten des Bodens ermittelt und in bestimmten Zahlen ausgedrückt werden. Ich muss mich hier auf die Angabe von Methoden beschränken, wie sie in ähnlicher Weise schon vor länger als 30 Jahren von Schübler vorgeschlagen und in Anwendung gebracht wurden.

a. Um die Festigkeit und Consistenz des Bodens im lufttrocknen Zustande zu bestimmen, knetet man die Erde mit Wasser zusammen und formt mittelst einer Schablone parallelepipedische Stücke von 5 Cm. Länge und 1 Cm. Breite und Dicke; diese Stücke lässt man an der Luft austrocknen und untersucht, bei welchem Druck, durch Auflegung von Gewichten, sie von einem stumpfen Messer oder eisernen Keile durchschnitten werden. Man bedient sich hierbei eines passend, nach Art einer einarmigen Waage konstruirten Apparates.

Der Versuch muss sehr oft wiederholt werden, um daraus ein einigermassen richtiges Mittel zu finden. Dieselben, oder ähnlich geformte Stücke des Bodens benuzt man auch, um durch Messung zu ermitteln, in welchem Grade der Boden bei dem Austrocknen sein Volumen vermindert.

b. Anhaften des feuchten Bodens an Holz und Eisen. Ein würfelförmiges Gefäss von Zinkblech, etwa 6 Centimeter im Durchmesser, und im Boden mit zahlreichen kleinen Sieblöchern versehen, welche man zunächst mit einem Stückchen feuchter Leinwand überdeckt, wird mit feinpulveriger, völlig lufttrockner Erde unter gelindem Aufklopfen des Apparates angefüllt. Hierauf lässt man die Erde von unten her mit Wasser sich vollsaugen, bis dieselbe an Gewicht nicht weiter zunimmt und legt sodann auf die Oberfläche des jetzt feuchten Bodens eine glatte Scheibe von Buchenholz, 3 Centimeter im Quadrat gross, drückt diese durch ein aufgelegtes Gewicht von 100 Grm., welches 10 Minuten lang darauf liegen bleibt, fest an und untersucht dann, wie viel Gramme erforderlich sind, um die Holzscheibe von der Erde loszureissen. Dieselben Beobachtungen werden auch mit einer Platte von Eisenblech angestellt.

E. Vegetationsversuche in Verbindung mit ausführlichen Bodenanalysen.

Die weitere Ausbildung der Bodenanalyse einerseits und andererseits die Vereinfachung, die Beschränkung derselben auf die für die practische Beurtheilung des Bodens vorzugsweise wichtigen Punkte und Bestimmungen — wird nur auf die Weise rasch gelingen, dass man mit ausführlichen Bodenanalysen auch passende Kultur-, Vegetations- und Düngungsversuche in Verbindung bringt.

Derartige Versuche können im Interesse der Bodenanalyse, wie auch der Bodenkunde und Düngerlehre nach verschiedenen Richtungen hin ausgeführt werden.

1. Nicht selten bemerkt man bei anscheinend übereinstimmender Beschaffenheit des Bodens und bei völlig gleicher Behandlung des Feldes, auf dem einen Theile des letzteren eine weit üppigere Vegetation als auf dem anderen. Man wird alsdann die Erntedifferenzen mittelst genauer Wägungen ermitteln und durch ausführliche vergleichende Untersuchung der sorgfältig aufgenommenen Bodenproben die Ursachen der beobachteten Erscheinung aufzuklären suchen. Natürlich muss man hierbei durch Aufgraben einer 4 bis 5 Fuss tiefen Schicht des Bodens im Voraus sich überzeugen, dass nicht etwa eigenthümliche Verhältnisse im Untergrunde (Ansammlung von Grundwasser, Differenzen in der Lagerung und mechanischen Beschaffenheit der Schichten etc.) an der einen oder anderen Stelle vorhanden sind und schon dadurch die Verschiedenheit der Ernteerträge sich erklärt.

2. Genaue Feldversuche, im Grossen oder Kleinen, an einem und demselben Orte oder in verschiedenen Gegenden gleichzeitig und nach gleicher Norm ausgeführt, werden freilich stets auch mit ausführlichen Bodenanalysen in Verbindung zu setzen sein. Jedoch ist man nur selten im Stande, die beobachteten Erntedifferenzen direct auf die Resultate der Analyse zu beziehen; es sind bei den Feldversuchen eine Menge von wichtigen und zu-

sammenwirkenden Factoren in Betracht zu ziehen und genaue Beobachtungen anzustellen über die Witterungsverhältnisse, über die Insolation des Bodens und die Temperatur desselben in verschiedener Tiefe etc. Hierzu kommt noch, dass es immer eine sehr schwierige Sache ist, selbst bei nur geringer Ausdehnung des Feldes eine der mittleren Beschaffenheit desselben bis zu der nöthigen Tiefe vollkommen entsprechende Bodenprobe für die Analyse aufzunehmen.

3. Von weit grösserer wissenschaftlicher, wie auch indirect practischer Bedeutung sind offenbar Vegetationsversuche in passenden Gefässen und zwar für den vorliegenden Zweck zunächst solche, welche nach einem nicht gar zu kleinen Maassstabe, am einfachsten in Holzkisten von etwa 3 oder 4 Fuss Tiefe und 1 $^1/_2$ bis 2 Fuss Durchmesser, ausgeführt werden. Derartige Vegetationsversuche sind bereits mehrfach vorgeschlagen worden und, freilich im Hinblick auf andere Versuchszwecke, als hier beabsichtigt werden, zur Ausführung gelangt. Man verfährt bei derartigen Versuchen im Allgemeinen auf die Weise, dass man den für die Versuche zu benutzenden Boden auf das Innigste und Gleichförmigste mischt, indem man ihn in einem sehr mässig feuchten, aber nicht ganz lufttrocknen Zustande zwischen den Händen zerreibt und sodann durch ein Sieb mit 6 bis 8 Millimeter weiten Maschen hindurchwirft. Die Holzkisten, welche am Boden mit einigen Löchern versehen sind, werden an einem passenden freien Platze neben einander in die Erde eingegraben, so dass sie über die Oberfläche derselben nur 1 bis 2 Zoll vorstehen und hierauf gleichförmig und unter gelindem Druck nach und nach mit dem betreffenden Boden beinahe angefüllt, indem man Sorge trägt, dass von dem letzteren eine für die vollständige Analyse ausreichende und ausserdem die zum Nachfüllen der Kisten nöthige Menge übrig bleibt. Passend wird man auch auf dem Boden der Kisten zunächst eine 2 bis 3 Zoll mächtige Schicht von gröberem, für die Pflanzenernährung möglichst indifferent sich verhaltenden Gestein oder Kies anbringen können. Die in die Kisten eingefüllte Erde wird ferner mit soviel Regenwasser übergossen, dass die Gesammtmenge desselben ungefähr der halben wasserhaltenden Kraft des lufttrocknen Bodens durchschnittlich entspricht. Nachdem man die Oberfläche der Erde wieder ein wenig aufgelockert hat, werden

die Kisten bis an den Rand mit dem betreffenden Boden ganz voll gemacht und alsdann wo möglich einige Wochen lang unberührt gelassen, damit der Boden vor der Einsaat Zeit gewinnt, sich in allen seinen Theilen gehörig zusammenzusetzen und in mechanischer Hinsicht eine seiner natürlichen Lage möglichst ähnliche Beschaffenheit anzunehmen. Bei allen solchen Versuchen, welche im Freien, aber auf einem beschränkten Raume, ausgeführt werden, ist es sehr anzurathen, die nächste Umgebung mit einer Grasmischung anzusäen oder auch mit derselben Pflanze zu bestellen, welche zu den Versuchen benutzt wird. Nur auf diese Weise kann man allerlei Störungen vermeiden, welche in der Vegetation der Versuchspflanzen in Folge einer zu trocknen Beschaffenheit der umgebenden Luft und in Folge zu starker Insolation eines schwarzen Bodens gar leicht sich bemerkbar machen.

Vor der Einsaat, nachdem der Boden in den Kisten sich gut gesetzt hat, muss in der Regel eine nochmalige Nachfüllung mit der betreffenden Erde vorgenommen werden. Es ist selbstverständlich, dass man für die Saat die erfahrungsmässig geeigneteste Zeit einhalten und überhaupt hierbei alle nöthigen Vorsichtsmassregeln beobachten muss, bezüglich der Zahl und Qualität der Körner, hinsichtlich der Entfernung derselben von einander und ihrer Tiefe im Boden etc. Bei der vorherrschend grossen Wichtigkeit der Cerealien hat man auch diese als Versuchspflanzen zunächst in's Auge zu fassen, und zwar möchten für derartige Versuche besonders Roggen und mehr noch der Hafer zu empfehlen sein, weil gerade diese Halmfrüchte am wenigsten den oft störend einwirkenden Krankheiten, dem Vogelfrass und anderen Uebelständen unterworfen sind.

Mit Rücksicht auf die weitere Ausbildung der Bodenanalyse können zahlreiche verschiedene Vegetationsversuche ausgeführt werden. Ich will mich hier darauf beschränken, nur einige derselben kurz anzudeuten.

a. Von grossem Interesse ist es, zu den Versuchen gleichzeitig drei oder vier, in ihrem Sand- und Thongehalt sehr verschiedene, in ihrem Kalk- und Humusgehalt dagegen nahe übereinstimmende Bodenarten zu verwenden. Die Ernte wäre hierbei, wie in allen derartigen Versuchen, nicht allein dem Gewichte nach, sondern auch nach ihrer Qualität zu ermitteln, wie sich die letztere in dem Verhältniss von Körnern, Stroh und Spreu, von leichten und schweren Körnern, in dem specifischen Gewichte der Körner, in der Anzahl und Ausbildung der einzelnen Halme, in dem Gewichte der Stoppeln und Hauptwurzeln, in der chemischen Zusammensetzung der verschiedenen Organe der Pflanze bezüglich ihrer organischen und Aschenbestandtheile etc. ausspricht. Es würde auf diese Weise bald sich herausstellen, ob die Menge der in Wasser oder in kalter und heisser Salzsäure löslichen Pflanzennährstoffe des Bodens in einem directen Zusammenhange steht mit der Quantität und Qualität der Ernte, oder ob, wie es wahrscheinlich ist, das Verhältniss des vorhandenen Thones zu jenen löslichen Stoffen, also die physikalische Beschaffenheit des Bodens eine wesentliche und in Zahlen ausdrückbare Modifikation in der augenblicklichen und in der nachhaltigen Fruchtbarkeit desselben bedingt.

Wünschenswerth ist es, dass man mit jeder Bodenart wenigstens drei Einzelversuche in ganz gleicher Weise ausführt, theils um die wirkliche Ertragsfähigkeit mit um so grösserer Sicherheit ermitteln, theils auch um in den nachfolgenden Jahren dieselben Bodenarten zu weiteren, mehrfach modificirten Versuchen benutzen zu können.

b. Zur Entscheidung der Frage, ob die in reinem oder kohlensäurehaltigem Wasser sofort auflöslichen Bestandtheile des Bodens für dessen augenblicklich vorhandene Fruchtbarkeit eine directe und zwar wesentliche Bedeutung haben, könnte man den Boden einmal in seinem unveränderten Zustande und dann gleichzeitig in der Weise zu einem zweiten Versuche verwenden, dass man ihn vorher mit kohlensäurehaltigem Wasser auslaugt nach demselben Verfahren, wie solches bei der chemischen Analyse des Bodens beobachtet wird.

Da es unbequem ist, sehr grosse Quantitäten des Bodens mit Wasser auszulaugen und hierzu auch destillirtes, mit reiner Kohlensäure theilweise gesättigtes Wasser verwendet werden muss, so stellt man Versuche dieser Art in kleineren Holzkisten oder in tiefen Glasgefässen an, welche etwa ein Quantum von 15—20 Pfd. Boden fassen. Es muss alsdann der Boden im Verlaufe der Versuche, so oft es nöthig ist, mit destillirtem Wasser begossen, überhaupt fortwährend in einem mässig feuchten Zustande erhalten werden. Thonige Bodenarten sind, wenn sie in kleineren Quantitäten mit Wasser übergossen werden, sehr geneigt zu verschlämmen; es ist daher passend, zu diesen Versuchen zunächst sandige oder sandig-lehmige und nicht zu feinkörnige Bodenarten zu benutzen.

c. Sehr wichtig ist es, die Wirkung einer gleichmässigen Zufuhr von Pflanzennährstoffen bei verschiedenartiger, aber mittelst einer ausführlichen Analyse möglichst aufgeklärter Bodenmischung genau zu beobachten. Man hat zunächst zu ermitteln, in welcher Weise ein gewisses Quantum einer normalen und hinsichtlich aller wesentlichen Nährstoffe vollkommenen Düngung unter verschiedenen Bodenverhältnissen zur Erhöhung der Ernte bei dem Anbau einer und derselben Pflanze beiträgt. Was aber unter einer vollkommenen Düngung, hauptsächlich einer Halmfrucht, zu verstehen ist, darüber haben uns die zahlreichen, in neuerer Zeit ausgeführten Versuche in wässerigen Lösungen der Nährstoffe einen genügenden Aufschluss verschafft. Man braucht nur saures phosphorsaures Kali (KO, 2HO, PO^5), salpetersauren Kalk, salpetersaures Kali und schwefelsaure Magnesia mit einander in geeigneter Weise und zwar in solchen Mengenverhältnissen dem Boden beizumischen, dass das Verhältniss der basischen Stoffe der Zusammensetzung der Asche der betreffenden Versuchspflanze, z. B. der Haferpflanze entspricht. Zu diesen Versuchen verwendet man sehr zweckmässig die Bodenarten und Gefässe, welche im Jahre vorher bereits zu den in (a) beschriebenen Versuchen gedient haben und zwar von jeder Bodenart je 1 oder 2 der vorhandenen Holzkisten, während wenigstens in einer Holzkiste der Boden ungedüngt bleibt. Die im Durchschnitt der Versuche des vorhergehenden Jahres erzielte Ernte gibt den Maassstab für die überall in gleicher Quantität anzuwendende Düngung. Die zu düngende Erde wird bis zu 1 Fuss Tiefe aus der Kiste herausgenommen (zwei Drittel des Bodens bleiben also unberührt); hiervon wird wieder etwa ¼ mit der wässerigen Auflösung jener 4 Salze nach und nach auf das Innigste vermischt, alsdann durch sorgfältiges Reiben zwischen den Händen die übrigen ¾ der aus der Kiste herausgenommenen Erde hinzugemischt und die ganze gleichförmige Mischung alsdann in die Kiste wieder eingefüllt. Nachdem der Boden sich hinreichend zusammengesetzt hat und mit Regenwasser, wenn es nöthig sein sollte, etwas angefeuchtet worden ist, wird die Einsaat vorgenommen.

Hält man es für wünschenswerth, die Düngungsweise der Praxis mehr anzupassen, d. h. hierzu in der Praxis leicht zugängliche Düngmittel zu verwenden, so kann man anstatt der oben genannten reinen Salze auch folgende Stoffe in geeigneten Mengenverhältnissen nehmen. Man stellt einen Auszug von Kalk-Superphosphat, am besten von Bakerguano-Superphosphat dar und löst darin die nöthige Menge von Chlorkalium (fünffach concentrirtes Stassfurter Kalisalz) und ausserdem Chilisalpeter und etwas Bittersalz auf. Diese Lösung wird alsdann in der angegebenen Weise der betreffenden Erde möglichst innig und gleichförmig beigemischt. Eine derartige Düngung muss natürlich eine etwas andere Wirkung auf die Vegetation, als die oben erwähnte ausüben, aber wird ebenfalls zu vergleichenden Versuchen dienen können.

d. In ähnlicher Weise kann man ferner die Wirkung der künstlich vermehrten organischen Substanz im Boden prüfen, indem man vielleicht Sägemehl von möglichst weichem, aber harzfreiem Holze vorher anfaulen lässt und sodann diese Masse oder eine andere hierzu geeignete Humussubstanz mit heissem Wasser gut auswäscht und den obersten Schichten des Versuchsbodens gleichförmig beimischt. Auch über Kalkdüngung, sowie über Anwendung der im Handel vorkommenden concentrirten Düngmittel, nicht weniger auch über die Bedeutung der sog. Absorptions-Coëfficienten des Bodens für die mehr oder weniger nachhaltige Fruchtbarkeit desselben und über vieles Andere müssen vergleichende Vegetationsversuche mit verschiedenen Bodenarten ausgeführt werden, um auf solche Weise über die practisch wichtigsten Fragen Aufklärung zu verschaffen und immer weitere wissenschaftliche Grundlagen für die Bodenkunde und die Düngerlehre zu sammeln.

II. Gesteine und deren Verwitterungs-Producte.

Die Untersuchung der Gesteine wird gewöhnlich vorgenommen, theils um das Mengenverhältniss der in ihnen enthaltenen verschiedenen Mineralien zu ermitteln, theils um über die Verwitterungsfähigkeit oder die schon vorhandene Verwitterungsstufe derselben näheren Aufschluss zu erhalten. In agrikulturchemischer Hinsicht interessirt uns sowohl die absolute Menge der Bestandtheile, zunächst der in dem Gestein vorhandenen Pflanzennährstoffe, als auch namentlich die grössere oder geringere Löslichkeit der letzteren. Im Allgemeinen wird man bei der chemischen Untersuchung von krystallinischen oder erdigen Gebirgsarten einen ganz ähnlichen Weg einschlagen, wie derselbe bezüglich der Bodenarten im Obigen ausführlich beschrieben worden ist. Jedoch muss diese Methode für jedes Gestein, je nach der Natur desselben, eine Modifikation, eine weitere Ausdehnung oder auch eine wesentliche Vereinfachung erleiden. Es lässt sich keine für alle Gebirgsarten, oder auch nur für alle krystallinischen oder alle erdigen Gesteine gültige Methode der Untersuchung feststellen. In der Regel bedarf es einer vorausgehenden Prüfung des Gesteins bezüglich seines Verhaltens gegen Lösungsmittel verschiedener Art und ebenso ist es selbstverständlich, dass überall im Voraus die Natur der vorhandenen einzelnen Mineralien auf sog. mineralogischem Wege möglichst genau zu ermitteln ist. Ueber die Methode der chemischen Analyse kann ich hier nur einige allgemeine Andeutungen geben, aus welchen man jedoch für jeden speciellen Fall das Nöthige leicht entnehmen wird.

1. Hat man ein völlig unverwittertes krystallinisches Gestein zu untersuchen, welches nur aus zwei, in gewöhnlichen Säuren unlöslichen oder doch sehr unvollständig zersetzbaren, ihrer Zusammensetzung nach sehr verschiedenen, aber genau bekannten Mineralien besteht, so genügt es, eine geeignete Quantität des Gesteins zu zerstossen, von dieser Masse wiederum eine kleinere durchschnittliche Probe auf das Feinste zu zerreiben, mit Wasser zu schlämmen und im Flusssäure-Apparat aufzuschliessen (s. S. 27). Aus der gefundenen Zusammensetzung des ganzen Gesteins lassen sich dann leicht die procentischen Verhältnisse beider Mineralien annähernd berechnen; so z. B., wenn nur Quarz und Feldspath (Kali-, Natron-, Kalkfeldspath), oder Quarz und Glimmer, oder Augit (Hornblende) und Feldspath etc. zugegen sind.

Alle derartige Berechnungen können nur annähernd genaue Resultate für die Mengenverhältnisse der einzelnen Mineralien ergeben, weil die letzteren meistens in ihrer procentischen Zusammensetzung, wenn auch weniger hinsichtlich ihrer Zusammensetzungsformel, beträchtlichen Schwankungen unterliegen, während man die Rechnung gewöhnlich nur auf einen mittleren Gehalt der Mineralien an wesentlichen Bestandtheilen basiren kann. Genau wird die Rechnung nur dann ausfallen, wenn man aus dem Gestein einzelne Parthieen der reinen Mineralien auszulösen im Stande ist und alsdann die in diesen durch directe Analyse gefundene Zusammensetzung der Rechnung zu Grunde legt.

2. Dasselbe einfache Verfahren kann man einhalten, wenn das Gestein im Wesentlichen aus drei krystallisirten Mineralien besteht, von denen das eine Quarz, das zweite ein alkalihaltiges (Feldspath oder Glimmer), das dritte ein alkalifreies (Augit, Hornblende etc.) ist.

3. Sind aber neben dem Quarz zwei alkalihaltige Mineralien zugegen, welche beide, wie der Feldspath und der Kaliglimmer, sehr wenig oder gar nicht von den gewöhnlichen Säuren angegriffen werden, so kann man eine Abscheidung des Glimmers von den übrigen Gemengtheilen, freilich nur sehr unvollkommen, höchstens auf mechanischem Wege vornehmen. Aus dem nicht zu fein gepulverten Gestein sucht man nämlich durch Abschlämmen der Masse mit Wasser die Glimmerblättchen von dem übrigen Gesteinspulver zu trennen oder auf die Weise, dass man durch Anwendung einer Salzlösung (z. B. Chlorcalcium) von der nöthigen Concentration die einzelnen Mineralien scheidet.

4. Bei Gegenwart von kohlensauren Verbindungen werden diese oft durch Behandlung der gepulverten Masse mit Essigsäure, unter Umständen auch mit verdünnter kalter Salzsäure gelöst, ohne dass die sonstigen Gemengtheile eine Veränderung erleiden.

5. Eisenoxydhydrat (auch Thonerdehydrat) kann man, mit Ausschluss anderer Stoffe, durch Digeriren der Masse mit einer mässig warmen wässerigen Lösung von Seignettesalz (weinsaures Kali-Natron) abscheiden.

6. Durch Behandlung mit concentrirter Salzsäure in der Kälte wird das wasserfreie Eisenoxyd gelöst, während die vorhandenen Silikate dadurch gewöhnlich nur wenig oder gar nicht angegriffen werden.

7. Manche Silikate, namentlich die wasserhaltigen (Zeolithe), lassen sich leicht und vollständig durch heisse concentrirte oder schon durch mehr oder weniger verdünnte Salzsäure zersetzen; diese Säure lässt sich daher oftmals mit gutem Erfolg bei der Untersuchung von zeolithhaltigen, krystallinischen Gesteinen, wie namentlich von Basalt, Phonolith, vulkanischen Laven etc., verwenden.

8. Die concentrirte heisse Schwefelsäure zersetzt nicht allein den gewöhnlichen Thon, sondern auch manche krystallisirte Doppelsilikate, wie z. B. den Magnesiaglimmer (nicht den Kaliglimmer),

welcher dagegen von kochender concentrirter Salzsäure weit weniger angegriffen wird. Mancher, noch unverwitterte, glimmerreiche Sandstein, z. B. gewisse Arten des bunten Sandsteins, geben an kochendheisse concentrirte Salzsäure kaum eine Spur von Magnesia ab, während bei dem Erhitzen des Gesteinspulvers (oder des Rückstandes von der Behandlung mit heisser Salzsäure) mit concentrirter Schwefelsäure eine merkliche Menge von Magnesia in die Lösung übergeht. In diesem Falle kann man aus der gefundenen Magnesia annähernd die Menge des vorhandenen Magnesiaglimmers berechnen.

Der Magnesiaglimmer (Biotit, einaxiger Glimmer) hat freilich nach den vorliegenden Analysen eine sehr schwankende Zusammensetzung; derselbe enthält aber in seinen reinsten Varietäten etwa 29 Procent Magnesia, 10 Proc. Kali, 17 Proc. Thonerde und 40 Proc. Kieselsäure. Enthält ein Granit, nach mineralogischer Bestimmung, vorherrschend Magnesiaglimmer, so berechnet man ebenfalls die Menge desselben neben dem Feldspath aus dem gefundenen Gesammtgehalt an Magnesia. — Der Kaliglimmer (Muscovit, zweiaxiger Glimmer) wird von der concentrirten Schwefelsäure nicht zersetzt; als normal kann man in demselben etwa 10 Proc. Kali, 32 Proc. Thonerde und 47 Proc. Kieselsäure annehmen.

9. Die Trennung verschiedener Silikate von dem gleichzeitig vorhandenen Quarz wird oftmals durch Erhitzen der fein gepulverten Gesteinsmasse mit Phosphorsäurehydrat zu bewirken sein, nach dem Verfahren, welches S. 28 beschrieben worden ist.

10. Handelt es sich bei der Untersuchung von festen Gesteinen um eine möglichst rasche Aufschliessung der letzteren, namentlich behufs der Bestimmung der darin enthaltenen Alkalien, so kann man das möglichst fein gepulverte Gestein (etwa 2 Grm.) mit dem dreifachen Gewicht von geschmolzenem Chlorcalcium und unter Zusatz des halben Gewichtes an reinem Aetzkalk in einem Platinatiegel reichlich 10 Minuten lang einer starken Glühhitze aussetzen (im Kohlenfeuer oder über der Weingeistlampe unter Anwendung der Plattner'schen Spinne.) Nach dem Erkalten lässt sich dann sämmtliches Alkali (nebst Kalk) mit heissem Wasser ausziehen. Der Kalk wird im Filtrat mit kohlensaurem und oxalsaurem Ammoniak vollständig ausgefällt, die abfiltrirte Flüssigkeit zur Trockne verdampft und die Chloralkalien nach dem Glühen dem Gewichte nach bestimmt. Die mit Wasser ausgelaugte Masse des aufgeschlossenen Gesteins gelatinirt mit Säuren voll-

ständig und enthält die ganze Menge der Kieselsäure nebst den sonstigen Bestandtheilen: Thonerde, Eisenoxyd, Magnesia etc.*).

11. Die verschiedenen Verwitterungsstufen und Verwitterungsproducte der krystallinischen Gesteine, wie auch alle erdig-geschichteten Gebirgsarten und deren Zerbröckelungsmassen müssen für agrikulturchemische Zwecke, oder wenn man über den Grad und die Art der Verwitterung sich möglichst genaue Auskunft verschaffen will, in der Regel einer ganz ähnlichen Behandlung unterworfen werden, wie der Ackerboden, d. h. man extrahirt dieselben in hinreichend grossen Quantitäten der pulverförmigen oder gepulverten Substanz successive mit kalter und heisser concentrirter Salzsäure, mit concentrirter Schwefelsäure und bringt zuletzt den sandigen Rückstand mittelst Flusssäure oder sonst auf geeignete Weise in einen der vollständigen Analyse zugänglichen Zustand. Ich will hier nur noch einige specielle Bemerkungen beifügen über die Untersuchung von Mergel, Kalkstein und Thon.

a. Mergel.

Der Mergel wird fast ausschliesslich in dem Zustande, wie er in der Natur vorkommt, für landwirthschaftliche Zwecke als Düngmittel, zur mechanischen und chemischen Verbesserung des Bodens und als Zusatz zum Stallmiste und zum Compostdünger verwendet; man muss ihn daher auch stets lufttrocken und ungeglüht der Untersuchung unterwerfen. Bei der Untersuchung des Mergels darf man sich keineswegs auf die Bestimmung von Kalk und Magnesia beschränken, sondern gleichzeitig ist auch die mechanische Beschaffenheit und namentlich der Gehalt an Kali und Phosphorsäure zu berücksichtigen. Die Menge und die Löslichkeit der letztgenannten Stoffe bedingt zuweilen im höheren Grade die günstige Wirkung des Mergels auf die Vegetation als der Kalkgehalt.

1. Zum Zweck der mechanischen Analyse werden, je nach dem Kalkgehalt, 35 bis 50 Grm. in einem geräumigen Becherglas vorsichtig mit verdünnter Salzsäure übergossen, bis bei weiterem Zusatz der Säure kein Aufbrausen mehr erfolgt. Den Rückstand, nachdem er etwas ausgewaschen worden ist, kocht man mit Wasser ½ Stunde lang und schlämmt ihn im Nübel'schen Apparate (S. 5) bei gleichförmigem Strome des Wassers.

---

*) S. Fellenberg in Fresenius Zeitschrift. 1866. S. 153—157.

Nicht selten ist es von Interesse, den im Mergel vorhandenen kohlensauren Kalk auch hinsichtlich des Zustandes seiner Zertheilung zu prüfen; man kocht alsdann 30 Grm. des Mergels mit Wasser, schlämmt die ganze Masse ab und ermittelt in den einzelnen, so von einander getrennten Parthien den Kalkgehalt. Bei einem Mergel, welcher nicht schon unter dem Druck der Finger oder in Wasser zu einem feinen Pulver zerfällt (z. B. Verwitterungsmergel aus der Keuper-, Liasformation etc.), wird man vorher eine geeignete Quantität durch ein Blechsieb mit Löchern von drei Millimeter Durchmesser hindurchschütteln und dann nur die Feinerde für den Schlämmprocess verwenden, die steinigten Massen aber ebenfalls auf ihren Kalkgehalt untersuchen.

2. Von einem ziemlich kalkreichen Mergel genügen 2—3 Grm. der pulverförmigen oder vorher gleichförmig gepulverten Substanz zur Bestimmung des Kalkes und der Magnesia. Die durch Digeriren mit verdünnter Salzsäure erhaltene Lösung wird mit kohlensaurem Natron oder Aetznatron beinahe neutralisirt, bis zum Kochen erhitzt und dann, nach Entfernung der Flamme, das Eisenoxyd nebst etwas Thonerde durch Zusatz einer Lösung von essigsaurem Natron ausgeschieden, schliesslich in dem Filtrat Kalk und Magnesia bestimmt (S. 9). Ist die Menge der Magnesia eine sehr geringe, so kann die genaue Bestimmung derselben mit derjenigen der Alkalien verbunden werden (3).

3. Um Phosphorsäure und Alkalien zu ermitteln übergiesst man in einer geräumigen Flasche 100 Grm. der feinpulverigen Substanz vorsichtig mit 300 CC. concentrirter Salzsäure (von 1,15 spec. Gew.) und lässt die letztere unter häufigem Umschütteln der Masse 48 Stunden lang bei gewöhnlicher Temperatur einwirken. Die Lösung wird von dem Rückstand abgegossen und nach dem Verdünnen mit etwas Wasser filtrirt, die ungelöste Masse auf ein Filter gebracht und zuerst mit kaltem, schliesslich mit heissem Wasser gut ausgewaschen. Die Flüssigkeit dampft man, zuletzt unter Zusatz einiger Tropfen Salpetersäure, mit der nöthigen Vorsicht zur Trockne ein (S. 8), scheidet sodann die etwa vorhandene Kieselsäure ab und fällt in mässiger Wärme mit Ammoniak. Der Niederschlag wird abfiltrirt, ausgewaschen, auf dem Filter mit heisser verdünnter Salpetersäure gelöst und in der Lösung die Phosphorsäure mit molybdänsaurem Ammoniak bestimmt (S. 12).

Wenn der Ammoniak-Niederschlag nicht sehr beträchtlich, also nicht viel Eisenoxyd oder Thonerde zugegen ist, kann man denselben auch in verdünnter Salzsäure auflösen, durch Zusatz von kohlensaurem und essigsaurem Natron aus der schwach essigsauren Flüssigkeit wieder ausscheiden, nach dem Auswaschen abermals in Salzsäure auflösen und aus der Lösung alsdann nach Zusatz von Weinsäure und Uebersättigung mit Ammoniak die vorhandene Phosphorsäure durch Magnesialösung ausfällen.

Die von dem Ammoniak-Niederschlag abfiltrirte Flüssigkeit wird unter gelindem Erwärmen mit reinem, kohlensaurem Ammoniak gefällt, nach dem Abfiltriren und Auswaschen des kohlensauren Kalkes bis auf ein kleineres Volumen eingedampft, nochmals mit etwas kohlensaurem Ammoniak versetzt und nach der Abscheidung des etwa dadurch entstandenen Niederschlages bis zur völligen Trockenheit gebracht. Den Rückstand glüht man gelinde und behandelt ihn mit reiner Oxalsäure, um die Magnesia von den Alkalien zu trennen (S. 12).

4. Eine genauere Bestimmung der durch kalte, concentrirte Salzsäure aus dem Mergel aufgelösten Menge von Eisenoxyd und Thonerde wird in der Regel überflüssig sein. Soll dieselbe aber dennoch erfolgen, so nimmt man zur Behandlung mit der Salzsäure (3) 120 Grm. Mergel und also 360 CC. Säure und bestimmt in $^1/_6$ der nach Abscheidung der gelösten Kieselsäure erhaltenen Flüssigkeit das Eisenoxyd und die Thonerde nach der S. 9 beschriebenen Methode.

5. Die im Mergel enthaltene Phosphorsäure wird gewöhnlich schon durch Behandlung mit kalter concentrirter Salzsäure vollständig gelöst. Nur wenn der Mergel eine sehr thonige Beschaffenheit hat, kann noch eine gewisse Menge von Phosphorsäure in dem Rückstande von jener Behandlung enthalten sein. In diesem Falle wird eine neue Portion des Mergels mit der dreifachen Menge concentrirter Salzsäure übergossen und 1 Stunde lang gekocht. Hierzu genügen, wenn die erste Bestimmung der Phosphorsäure eine nicht zu unbedeutende Menge derselben ergab, etwa 50 Grm. Das weitere Verfahren zur Bestimmung der Phosphorsäure und der in kochender Salzsäure löslichen Alkalien ist ganz dasselbe, wie unter (3) angegeben wurde.

6. Der thonige Rückstand von der Behandlung mit kalter Salzsäure (3) wird im Dampfbade getrocknet, sodann nach längerem Liegen an der Luft im lufttrocknen Zustande gewogen und

die weitere Untersuchung desselben in 3 besonderen Portionen ausgeführt:

a. 5—10 Grm. zur Bestimmung des Glühverlustes.

b. 10—15 Grm. zur Bestimmung der in kochender concentrirter Lösung von kohlensaurem Natron auflöslichen Kieselsäure (S. 23).

c. 15—20 Grm. zur Behandlung mit concentrirter Schwefelsäure, um die Zusammensetzung des Thones und die Menge der durch denselben gebundenen Alkalien zu ermitteln (S. 24).

7. Der Rückstand von der Behandlung mit Schwefelsäure (6. c) wird etwa zur Hälfte mit kohlensaurem Natron ausgekocht und die darin aufgelöste Kieselsäure abgeschieden; die andere Hälfte oder einen Theil derselben (3—4 Grm.) kann man, wenn auch die rein sandigen Gemengtheile des Mergels einer nähern Untersuchung unterworfen werden sollen, im Bleikasten mit flusssauren Dämpfen aufschliessen, nachdem die Masse vorher im Achatmörser fein zerrieben und mit Wasser vollständig abgeschlämmt worden ist (S. 27).

8. Die Feuchtigkeit im lufttrocknen Mergel (etwa 10 Grm.) wird durch Trocknen desselben im Luft- oder Dampfbade bei 100° C. ermittelt und in der getrockneten Masse der Glühverlust bestimmt.

Der Glühverlust muss corrigirt werden durch die Differenz, welche man im Kohlensäuregehalt der lufttrocknen und der geglühten Substanz findet.

9. Eine directe Bestimmung des in organischer Verbindung vorhandenen Kohlenstoffes und Stickstoffes ist in der Regel unnöthig und braucht nur bei erheblichem Gehalte des Mergels an Humus oder bituminöser Substanz vorgenommen zu werden, z. B. bei manchen Liasmergeln. Man beobachtet hierbei dasselbe Verfahren, welches für die Ackererde (S. 31 u. 36) empfohlen worden ist.

10. Manche Mergelarten, namentlich solche, welche reich sind an thoniger Substanz und nur wenig Sand enthalten, z. B. einige Keupermergel, äussern als Düngmittel eine vorzügliche Wirkung, wenn sie im schwach gebrannten Zustande in Anwendung kommen. Um den Mergel in dieser Richtung zu prüfen, wird derselbe in der Muffel bei schwacher Rothglühhitze und unter dem Zutritt von Luft

gebrannt und zunächst ein wässeriger Auszug der geglühten Masse dargestellt, indem man auf 500 Grm. der letzteren die vierfache Menge (2000 CC.) destillirtes Wasser unter häufigem Umschütteln 48 Stunden lang einwirken lässt und sodann $^4/_5$ der Flüssigkeit oder 1600 CC. abfiltrirt. Dieser wässerige Auszug dient hauptsächlich zur Bestimmung der darin aufgelösten Alkalien. Eine andere Portion des gebrannten Mergels (100 Grm.) wird in derselben Weise mit 300 CC. concentrirter Salzsäure bei gewöhnlicher Temperatur behandelt, der Rückstand abfiltrirt und ausgewaschen und in der Lösung die Phosphorsäure und die Alkalien in der unter (3) angegebenen Weise bestimmt.

Ebenso ist auch die für forstliche Kulturzwecke vielfach dargestellte gebrannte Rasenerde auf ihre wirksamen Bestandtheile zu untersuchen, wobei natürlich auch der Gehalt an Kalk und Magnesia, sowie an Schwefelsäure und löslicher Kieselsäure, vielleicht auch die Menge des etwa vorhandenen, fertig gebildeten Ammoniaks (durch Abdestilliren mit gebrannter Magnesia) bestimmt werden muss.

b. Kalkstein. Gebrannter Kalk.

Wenn es sich darum handelt, einen Kalkstein in seinen verschiedenen Verwitterungsstufen zu untersuchen bezüglich der Veränderungen, welche er bei seinem allmähligen Zerfallen an der Luft unter natürlichen Verhältnissen erleidet und überhaupt hinsichtlich des Materiales, welches er für die Bildung eines fruchtbaren Bodens zu liefern im Stande ist, — so muss man denselben selbstverständlich in seinem natürlichen, lufttrocknen, nicht aber im geglühten oder gebrannten Zustande der chemischen Analyse unterwerfen. Der Kalkstein wird in diesem Falle gleichförmig fein gepulvert und in derselben Weise mit kalter und heisser concentrirter Salzsäure, mit Schwefelsäure etc. behandelt, wie bereits bezüglich der Ackererde und auch des Mergels ausführlich erörtert worden ist*). Von dem Gesteinspulver nimmt man, je nach dem Gehalt an thonigen und sandigen oder kieseligen Substanzen 150 bis zu 300 Grm. in Arbeit.

Die concentrirte kalte Salzsäure, welche man zunächst auf den gepulverten Kalkstein einwirken lässt, löst die ganze Menge der kohlen-

*) Als Beispiel einer derartigen vollständigen Untersuchung verweise ich auf meine Abhandlung: »Der Hauptmuschelkalk und seine Verwitterungsproducte« in den Landw. Versuchsstationen, 1865, S. 272—302.

sauren Erden und gewöhnlich auch der vorhandenen Phosphorsäure, dagegen nur sehr wenig Alkali auf, auch wenn der thonige oder kieselige Rückstand verhältnissmässig sehr reich ist an alkalischen Verbindungen. Die geringe Menge von Alkali, welche in die Lösung mittelst kalter Salzsäure übergeht, muss gleichwohl genau bestimmt werden, und es gelingt dieses auch sehr leicht, wenn man nach Abscheidung der Kieselsäure und des Ammoniak-Niederschlages die Flüssigkeit mit kohlensaurem Ammoniak fällt; bei dem Erwärmen der Flüssigkeit nimmt bekanntlich der ausgefällte kohlensaure Kalk sehr bald einen körnigen, krystallinischen Zustand an, in welchem er sich leicht abfiltriren und vollständig auswaschen lässt. Das zu verwendende kohlensaure Ammoniak ist vorher sorgfältig auf einen etwaigen kleinen Gehalt an fixen Alkalien zu prüfen.

Der Rückstand von der Behandlung mit kalter Salzsäure ist in agrikulturchemischer Hinsicht, d. h. für die Charakterisirung des aus dem Kalkstein gebildeten Ackerbodens von besonders grosser Wichtigkeit. Er ist nicht selten in seinen thonigen, wie in seinen sandigen Bestandtheilen überaus reich an Kali und muss daher durch die Schlämm-Analyse, sowie namentlich in seinem chemischen Verhalten gegen kochende Salzsäure und Schwefelsäure genau untersucht werden. Auch die Zusammensetzung der sandigen, durch concentrirte Schwefelsäure nicht zersetzbaren Substanz ist durch Aufschliessen derselben mit Flusssäure zu ermitteln. In der sandigen Masse des oberen dolomitischen Muschelkalksteins fand ich z. B. bis über 50 Proc. Kalifeldspath oder einer demselben gleich zusammengesetzten Substanz in einem sehr fein zertheilten Zustande, welcher auf eine rasche weitere Verwitterung dieser Masse hinzudeuten scheint, während der sandige Rückstand mancher Liaskalksteine zum grösseren Theile aus ziemlich groben Quarzkörnern besteht.

Durch das Brennen des Kalksteines wird derselbe in allen seinen Bestandtheilen wesentlich verändert; die vorhandenen thonigen und theilweise auch die fein sandigen Substanzen werden dadurch mehr oder weniger aufgeschlossen, die Alkalien leichter löslich. Wenn daher der Kalkstein als Düngmittel im gebrannten Zustande Verwendung finden soll, so muss er auch in diesen Zustand versetzt werden, bevor man ihn der chemischen Untersuchung unterwirft. Zu diesem Zwecke glüht man den Kalkstein in einem hessischen Tiegel (in dessen Boden ein Loch angebracht ist, um den Feuergasen den Durchzug zu gestatten) so stark, als nöthig ist, um die Kohlensäure auszutreiben und um zu bewirken, dass er nach dem Erkalten mit etwa einem Drittel seines Gewichtes Wasser angefeuchtet, zu einem lockeren, voluminösen Pulver vollständig zerfällt.

1. Bei der Untersuchung des Düngekalkes muss man zunächst die Menge der in kaltem Wasser löslichen Alkalien ermitteln. Es werden 150 Grm. gebrannter Kalk mit 1500 CC. destillirten Wasser übergossen und damit unter häufigem Umschütteln 24 Stunden lang in Berührung gelassen. Nach dieser Zeit giesst man 1000 CC. der Flüssigkeit möglichst klar ab, filtrirt dieselbe und fällt unter Erwärmen mit kohlensaurem Ammoniak. Das Filtrat wird bis zur Trockne eingedampft und in dem gelinde geglühten Rückstand durch Behandlung desselben mit reiner Oxalsäure die vielleicht vorhandene Magnesia von den Alkalien getrennt.

2. Eine neue Portion des gebrannten Kalkes, je nach dem grösseren oder geringeren Thongehalt von 100 bis 150 Grm., wird mit dem dreifachen Gewichte von concentrirter Salzsäure bei gewöhnlicher Temperatur 48 Stunden lang behandelt, nach dieser Zeit der Rückstand abfiltrirt und zuerst mit kaltem, zuletzt mit heissem Wasser ausgewaschen. Die Lösung wird dann zur Bestimmung der Phosphorsäure und der Alkalien etc. ebenso behandelt, wie die entsprechende Lösung des Mergels und der Ackererde.

Zuweilen scheidet sich bei Behandlung der gebrannten, namentlich thonigen Kalksteine, schon mit kalter Salzsäure eine beträchtliche Menge von gallertartiger Kieselsäure ab, welche das Filtriren und Auswaschen des Rückstandes sehr erschwert oder geradezu unmöglich macht. In diesem Falle giesst man eine möglichst grosse Menge der klaren salzsauren Lösung (deren Gesammtvolumen bekannt sein muss) von dem Rückstande ab, ermittelt das Volumen der Flüssigkeit und bestimmt die darin enthaltenen Stoffe. Der Rückstand wird hierbei nicht weiter berücksichtigt.

3. Die Masse, welche von der Behandlung mit kalter Salzsäure zurückblieb, wird getrocknet und gewogen; in einzelnen Theilen derselben bestimmt man den Glühverlust, die in kohlensaurem Natron auflösliche Kieselsäure, sowie die Menge und Beschaffenheit der in heisser concentrirter Salzsäure und in Schwefelsäure löslichen Stoffe. Im Falle die in kalter Salzsäure unlösliche Substanz nicht abfiltrirt und ausgewaschen werden konnte, übergiesst man eine neue Portion des gebrannten Kalkes mit der

dreifachen Menge concentrirter Salzsäure, dampft die ganze Lösung, ohne den Rückstand abzuscheiden bis zur Trockne ein und kocht dann die trockne Masse mit verdünnter Salzsäure aus, filtrirt und untersucht die Lösung.

4. Bei der Untersuchung der Kalksteine für technische Zwecke und zwar zunächst, um zu ermitteln, ob der Kalkstein nach dem Brennen einen guten Luftmörtel liefern wird, genügt es, eine kleinere Menge des Kalksteins, etwa 4—5 Grm., mit verdünnter Salzsäure zu digeriren, das Ganze unter Zusatz einiger Tropfen Salpetersäure bis zur Trockenheit einzudampfen und nach dem Auskochen des Rückstandes mit etwas angesäuertem Wasser die darin unlösliche Masse als Ganzes im geglühten Zustande dem Gewichte nach zu bestimmen.

Bei ziemlich kieseligen Kalksteinen wird es jedoch von Interesse sein, die in Salzsäure unlösliche Masse vor dem Glühen zunächst mit kohlensaurem Natron auszukochen und die darin lösliche Kieselsäure abzuscheiden. Ein guter Kalkstein darf nur 5 bis höchstens 10 Proc. in Salzsäure unlösliche Substanz enthalten.

Die Lösung wird auf Thonerde, Eisen, Mangan, Kalkerde und Magnesia untersucht (s. S. 9 u. 10); die etwa vorhandenen kleinen Mengen von Alkalien bleiben unbeachtet. Das Mangan wird nur bestimmt, wenn eine vorläufige qualitative Prüfung eine nicht ganz unbedeutende Menge desselben nachgewiesen hat.

Die gefundenen basischen Stoffe werden gewöhnlich als kohlensaure Verbindungen (Eisen und Mangan als Oxydul) zugegen sein. Zur Controle muss aber eine directe Bestimmung der Kohlensäure vorgenommen (S. 35), auch das Eisenoxydul qualitativ nachgewiesen oder unter Umständen quantitativ (S. 43) bestimmt werden. Zuweilen ist das Eisen zum Theil oder ganz als Oxyd, das Mangan als Hyperoxyd vorhanden.

5. Bei der Untersuchung der hydraulischen Kalksteine und der Cementsteine werden zunächst die in Salzsäure löslichen Stoffe ebenso, wie bei der Prüfung der gewöhnlichen Kalksteine bestimmt; da aber auch die Alkalien nicht ohne Bedeutung für die Güte der durch Brennen der betreffenden Kalksteine gewonnenen hydraulischen Kalke oder Cemente zu sein scheinen, sowie auch eine sorgfältige Analyse der in Salzsäure unlöslichen thonigen Substanz (durch Aufschliessen zuerst mit concentrirter Schwefelsäure und dann mit Flusssäure) vorgenommen werden muss, so ist sofort eine grössere Quantität (wenigstens 50—60 Grm.

des gepulverten Gesteins) der Behandlung mit Salzsäure zu unterwerfen. Die chemische Analyse allein, auch wenn sie vollständig durchgeführt worden ist, genügt nicht zur vollständigen Beurtheilung der Güte des hydraulischen Kalksteins; man muss auch die practische Probe machen, indem man das Gestein im Tiegel sorgfältig brennt, diese Operation bei verschiedener, möglichst zu regulirender Temperatur wiederholt und dann untersucht, ob die so dargestellten Cemente nach dem Pulvern, entweder für sich oder im Gemenge mit Sand zu kleinen Kugeln geformt, unter Wasser allmählig gut erhärten.

In der Regel werden die schon fertigen hydraulischen Kalke, die natürlichen oder künstlichen Cemente, zur chemischen Untersuchung gelangen und es kommt dann wesentlich darauf an, neben dem Kalk, der Thonerde und den Alkalien die durch Behandlung mit Salzsäure gelatinirende Kieselsäure ihrer Menge nach zu bestimmen. Da durch das Brennen die thonige und feinsandige Substanz grossentheils in einen aufgeschlossenen, d. h. durch Salzsäure zersetzbaren Zustand übergeführt wird, so genügen meistens 20—25 Grm. zur Bestimmung aller Bestandtheile. Nach der Behandlung mit Salzsäure und nachdem der Rückstand mehrmals mit einer concentrirten Lösung von kohlensaurem Natron ausgekocht worden ist, wird das darin Unlösliche im Achatmörser auf's Feinste zerrieben, mit Wasser geschlämmt und dann im Bleikasten mit flusssauren Dämpfen aufgeschlossen.

Nach Otto*) kann man den durch Salzsäure zersetzbaren Theil der hydraulischen Kalke von dem durch diese Säure nicht zersetzbaren Theil auf die Weise trennen, dass man das Pulver des hydraulischen Kalkes, mit Wasser angerührt, in mässig verdünnte Salzsäure bringt. Es resultirt so eine Lösung, welche nicht allein die Basen, sondern auch die Kieselsäure der zersetzbaren Silikate enthält. Beim Eindampfen dieser Lösung gelatinirt dieselbe, und bringt man sie zur völligen Trockne, so wird die Kieselsäure unlöslich und bestimmbar. In der von der Kieselsäure abfiltrirten Flüssigkeit bestimmt man die Basen. Der von Salzsäure nicht gelöste Antheil kann vor der weiteren Untersuchung, d. h. vor dem Aufschliessen, mit einer Lösung von kohlensaurem Natron gekocht werden, um die Kieselsäure, welche schon vor dem Brennen in dem Kalksteine im freien Zustande enthalten war, zu trennen und zu bestimmen.

---

*) Graham-Otto, Lehrbuch der Chemie, 3. Auflage. II. 2. S. 465.

c. Thon.

Der Thon bildet in seinen verschiedenen Varietäten alle Arten von Uebergängen zu einer thonigen Ackererde und muss daher, wenn er agrikultur-chemisch untersucht werden soll, in seinem natürlichen, lufttrocknen Zustande einer ganz ähnlichen mechanischen und chemischen Analyse unterworfen, d. h. ebenso auf sein Verhalten gegen verschieden kräftig wirkende Lösungsmittel geprüft werden, wie die Ackererde. Die verschiedenen Thone verhalten sich gerade in letzterer Hinsicht unter einander sehr ungleich und je nachdem schon durch kalte und namentlich durch heisse concentrirte Salzsäure eine grössere oder geringere Menge des Thones aufgeschlossen wird und je nach der Zusammensetzung des von Salzsäure und von Schwefelsäure aufschliessbaren Antheils, sowie nach dem gefundenen Verhältniss der Thonerde zu den Alkalien, werden auch Schlussfolgerungen zu ziehen sein bezüglich der Verwitterungsstufe des Thones und seiner landwirthschaftlichen Bedeutung.

Für technische Zwecke wird man sich meistens darauf beschränken können, eine kleinere Quantität (10—15 Grm.) des zu untersuchenden Thones mit dem sechs- bis achtfachen Gewichte concentrirter Schwefelsäure bis zur Staub-Trockne einzudampfen und in dem Auszuge der so behandelten Masse mit verdünnter Salzsäure die Menge der Thonerde, des Eisens, Mangan's, der Kalkerde, Magnesia und Alkalien zu bestimmen (s. S. 9 ff.), aus dem Rückstande aber die in einer kochenden Lösung von kohlensaurem Natron auflösliche Kieselsäure abzuscheiden.

Oftmals ist es auch bei technischen Untersuchungen von Interesse, den Thon zunächst mit verdünnter Salzsäure (auf 1 Theil Salzsäure 3 Volumtheile Wasser) auszukochen: es löst sich darin fast die ganze Menge von Eisen, Mangan und alkalischen Erden auf. Hierbei wird auch der Zustand des Eisens zu berücksichtigen und das vorhandene Eisenoxyd und Oxydul quantitativ zu bestimmen sein (S. 43).

In der Landwirthschaft wird der Thon in seinem natürlichen Zustand wohl kaum jemals im Grossen eine Verwendung finden, dagegen kann der gebrannte Thon oftmals mit sehr gutem Erfolg als Düngemittel oder zur physikalischen Verbesserung des Bodens benutzt werden. Die Methode der landwirthschaftlich chemischen Untersuchung des gebrannten Thones ist dieselbe, wie sie bereits bezüglich des mässig gebrannten Thonmergels S. 86 angedeutet wurde. Ein besonderes Gewicht ist bei dem Thon auf die Bestimmung der Alkalien zu legen, welche nach schwachem Brennen desselben theils in Wasser, theils in kalter und heisser Salzsäure auflöslich sind. Die Menge der Phosphorsäure ist im Thon selten eine beträchtlich grössere als in der gewöhnlichen Ackererde.

III. Düngemittel.

A. Der Hauptdünger oder Stallmist.

Bei der Untersuchung des Stallmistes *) wird der in Wasser lösliche und unlösliche Theil desselben, jeder für sich der Analyse unterworfen, da es für die Beurtheilung des Stallmistes von grossem Werthe ist, die Mengen der beiderseitigen Stoffe genau kennen zu lernen. Man nimmt aus dem grösseren Misthaufen an verschiedenen Stellen Proben, mischt dieselben sorgfältig mit einander, wobei etwa vorhandene klumpige Massen gleichmässig zu zertheilen sind, und sucht wiederum aus diesem kleineren Haufen eine durchschnittliche Probe von 3 bis 4 Kilogrammen sich zu verschaffen.

Von dem Miste wird eine Portion von 1000 Grm. zur Wasserbestimmung benutzt und zunächst in einer geräumigen Porzellanschale auf dem Dampfapparate getrocknet, hierauf auf geeignete Weise mittelst Scheere etc. einigermassen zerkleinert, sodann das Ganze gewogen und davon ein Theil (etwa 50 Grm.) bei 100° C. vollends ausgetrocknet, der Gewichtsverlust aber auf die Quantität des ursprünglichen Mistes berechnet. Die trockne Masse lässt man im Mahlapparat **) fein zerreiben und benutzt die gleichförmig zertheilte Substanz zu einigen Controle-Bestimmungen:

---

*) Als Beispiel einer ausführlichen Untersuchung von Stallmist verweise ich auf meine Abhandlung: »Beobachtungen über das chemische Verhalten des Stallmistes bei längerer Aufbewahrung« in »Landw. Versuchsstationen« Bd. I. S. 123—146.

**) Derartige Mahlapparate mit Stahlconus, wie sie auch zum Zerkleinern

1. In 6 bis 8 Grm. bestimmt man die Gesammtmenge der Asche, indem man die Substanz bei möglichst niedriger Temperatur verbrennt.

2. Die so erhaltene Asche wird mit Hülfe eines geeigneten Apparates (S. 35) auf ihren Kohlensäuregehalt geprüft.

Wenn die Asche nicht ganz weiss gebrannt erscheint und bei der Zersetzung derselben mit Säuren sich Kohlentheilchen abscheiden, so wird der in Säure unlösliche Theil auf einem vorher bei 110° C. getrockneten und gewogenen Filter gesammelt, gut ausgewaschen, hierauf das Filter mit dem Inhalt bei 110° vollständig getrocknet, gewogen und durch Verbrennen des Ganzen der Kohlegehalt der Asche ermittelt.

3. In einer Probe von etwa 1 Grm. bestimmt man durch Verbrennen mit Natronkalk den vorhandenen Stickstoff.

Die im Stallmist vielleicht enthaltene Salpetersäure wird bei Gegenwart grösserer Mengen organischer Substanz wohl fast vollständig während des langsamen Verbrennens mit Natronkalk in Ammoniak verwandelt. Das beim Trocknen des Stallmistes sich verflüchtigende kohlensaure Ammoniak bestimmt man im wässerigen Auszuge desselben und ist der Gesammtmenge des Stickstoffes noch zuzurechnen.

4. Eine Portion von 10 bis 20 Grm. kann man auf fester gebundenes Ammoniak untersuchen, indem man dieselbe entweder mit 1 Grm. frisch gebrannter Magnesia und Wasser abdestillirt, in dem Destillat das Ammoniak titrirt oder auch nach dem Eindampfen der mit etwas Salzsäure versetzten Flüssigkeit mit bromirter Javelle'scher Lauge zersetzt und den dadurch freiwerdenden Stickstoff im Azotometer dem Volumen nach bestimmt (S. 36).

Eine kleine Menge des fester gebundenen Ammoniaks kann möglicherweise beim völligen Trocknen des Stallmistes in Berührung mit kohlensauren Erden als kohlensaures Ammoniak sich verflüchtigen; jedoch ist die Menge des gebundenen Ammoniaks im Stallmiste überhaupt fast immer eine nur sehr unbedeutende.

5. Etwa 5 Grm. des trocknen Stallmistpulvers dienen zur Bestimmung der vorhandenen, fertig gebildeten Kohlensäure.

---

der Futtermittel benutzt werden, kann man aus Celle von Schlossermeister Brüggemann, auch von Mechanikus Apel in Göttingen zu einem Preise von 12—18 Thlr. beziehen. Uebrigens leisten auch sog. »amerikanische Mühlen« gute Dienste und sind an vielen Orten käuflich zu haben, z. B. in Braunschweig bei H. Perschmann für 10 Thlr. (mit Schwungrad) und zwei kleinere Sorten für je 7 und 4½ Thlr.

6. Die Gesammtmenge des Schwefels nebst der fertig gebildeten Schwefelsäure wird am besten nach der Liebig'schen Methode auf die Weise ermittelt, dass man 3—4 Grm. der trocknen pulverförmigen Substanz in 7—8 Gewichtstheilen von reinem schmelzendem Kali, dem man ½ Gewichtstheil reinen Salpeter zugesetzt hat, portionenweise unter fortwährendem Umrühren mit einem Platinaspatel einträgt und zuletzt durch stärkeres Erhitzen die ganze Masse weiss brennt, was ohne Schwierigkeit geschieht. Man hat sich hierzu einer hinreichend geräumigen Platinaschale zu bedienen. Die erkaltete Masse wird in verdünntem Königswasser aufgelöst und damit übersättigt, hierauf bis zur Trockenheit abgedampft und nach Abscheidung der Kieselsäure, welche quantitativ bestimmt werden kann, aus der schwach sauren Flüssigkeit die Schwefelsäure mit Chlorbarium ausgefällt*).

Eine zweite Portion des ursprünglichen feuchten Stallmistes von 1000 Grm. wird mit 3000 CC. destillirten Wassers übergossen, das Ganze mehrmals gut durch einander gerührt und sodann nach mehrstündigem ruhigem Hinstehen die Flüssigkeit von dem Bodensatz und Rückstand durch Decantiren getrennt. Um das weitere Auswaschen des Rückstandes mit möglichst wenig Wasser zu bewirken, kann man denselben in einen grossen Trichter, welcher unten mit einem Kork verschlossen ist, möglichst fest eindrücken, sodann die Masse mit reinem Wasser übergiessen und die Einwirkung des letzteren durch gelindes Pressen mit einem Pistill etc. erhöhen; nach einiger Zeit lässt man die Flüssigkeit aus dem Trichter ablaufen und wiederholt diese Operation bis das Wasser kaum noch gefärbt erscheint.

I. Die gesammte Flüssigkeit (Mistjauche, Gülle) wird sofort durch feine Leinwand filtrirt, das Volumen derselben, welches im Ganzen etwa 6000 CC. beträgt, ermittelt und, wenn es nöthig ist, durch ein Papierfilter klar filtrirt.

1. Von 300 bis 600 CC. dieser Flüssigkeit (50 bis 100 Grm. Mist entsprechend) wird etwa ein Drittel unter den nöthigen Vor-

*) Nach dieser Methode habe ich zahlreiche Schwefelbestimmungen ausgeführt im Stallmist und in verschiedenen Kulturpflanzen. Siehe meine Abhandlung »Beiträge zur Lehre von der Erschöpfung des Bodens durch die Kultur« in den »Hohenheimer Mittheilungen«, 5. Heft, 1860. S. 318 und 342.

sichtsmaassregeln und mit guter Kühlung abdestillirt und das hierbei sich verflüchtigende Ammoniak durch Titration bestimmt.

2. Die in der Retorte zurückbleibende Flüssigkeit wird sodann mit 1—2 Grm. frisch gebrannter Magnesia versetzt (auch Aetzkalk lässt sich anwenden), abermals ungefähr ein Drittel abdestillirt und in dem Destillat das Ammoniak ermittelt.

Die Gesammtmenge des vorhandenen Ammoniaks lässt sich auch durch Zersetzung mit der bromirten Javelle'schen Lauge im Azotometer oder auf die Weise bestimmen, dass man 200 CC. der Mistjauche nach schwacher Uebersättigung mit Salzsäure bis auf ein kleines Volumen eindampft (20 CC.), sodann im luftdicht abgeschlossenen Raume, unter einer Glasglocke mit einem Ueberschuss von Kalkmilch versetzt und das innerhalb 48 Stunden freiwerdende Ammoniak in titrirter Schwefelsäure, welche in einem besonderen kleinen Schälchen im Apparate sich befindet, auffängt.

3. Um die Salpetersäure im wässerigen Auszuge des Stallmistes zu bestimmen, dampft man 500 CC. desselben im Wasserbade bis auf ein kleines Volumen ein und zersetzt die vorhandene Salpetersäure nach der Schlössing'schen Methode mittelst einer salzsauren Lösung von Eisenchlorür, indem man das gebildete Stickstoffoxyd durch Einwirkung von Sauerstoffgas und Wasserdämpfen oxydirt und die regenerirte Salpetersäure mit Natronlauge titrirt.

Diese Methode habe ich für die Untersuchung des Stallmistes auf Salpetersäure und ebenso in neuester Zeit Frühling*) u. A. für salpeterhaltige Pflanzensäfte (vgl. das Capitel »Grünfutter und Rauhfutter« 7 f. aa) bewährt gefunden. Nach Schulze ist die von ihm vorgeschlagene Methode der Salpetersäurebestimmung**) aus dem Wasserstoffdeficit, unter Anwendung von Aluminiumfeile in alkalischer Flüssigkeit, auch bei Gegenwart reichlicher Mengen von organischen Stoffen mit Erfolg anwendbar.

4. Der Rest des wässerigen Düngerextractes (4—5000 CC) wird in einer tarirten Platina- oder Porzellanschale auf dem Dampfbade bis zur Trockenheit eingedampft, die Gesammtmenge des Rückstandes gewogen und einzelne Portionen desselben in folgender Weise verwendet:

a. In 3—4 Grm. des Rückstandes ermittelt man durch Trocknen bei 110° C. die etwa noch vorhandene Feuchtigkeit und

---

*) »Landw. Versuchsstationen«, 1866, S. 471 und 1867, S. 9 ff.

**) Fresenius' Zeitschrift für analytische Chemie, II. S. 306—315.

verbrennt hierauf bei möglichst schwacher Hitze die organische Substanz, um den Gehalt an Gesammtasche zu finden. Die so gewonnene Asche muss auf ihren Kohlensäuregehalt und auf etwaige Kohlentheilchen (s. oben S. 93) untersucht werden und kann gleichzeitig zur Bestimmung des Chlor's dienen, indem man die salpetersaure Lösung der Asche abfiltrirt und mit salpetersaurem Silberoxyd unter Erwärmen fällt.

b. Etwa 1 Grm. des völlig trocknen und fein gepulverten Rückstandes wird mit Natronkalk verbrannt und so die Gesammtmenge des Stickstoffes in den in Wasser löslichen Theilen des Stallmistes gefunden.

c. Die trockne Masse kann auch zur Bestimmung der Salpetersäure benutzt werden, indem man 3—4 Grm. abwägt und in einem passenden Glaskolben zuerst mit concentrirter Salzsäure übergiesst und sodann nach der Schlössing'schen Methode mit Eisenchlorürlösung behandelt.

d. Weitere 2 bis 3 Grm. dienen zur Bestimmung der fertig gebildeten Kohlensäure.

Die in den Jauchengruben sich ansammelnde Düngflüssigkeit wird häufig auch freie Kohlensäure enthalten, welche also bei dem Eindampfen entweicht. Eine directe Bestimmung dieser Kohlensäure ist wohl selten erforderlich; will man dieselbe jedoch vornehmen, so giesst man 2—300 CC. der Flüssigkeit in eine gut verschliessbare Flasche, fügt etwas Aetzbarytlösung hinzu, schüttelt das Ganze und lässt an einem mässig warmen Orte stehen, bis der gebildete Niederschlag sich gut abgesetzt hat. Nachdem die Flüssigkeit von dem Bodensatz abgegossen und der letztere auf dem Filter rasch mit heissem Wasser ausgewaschen worden ist, wird die an Baryt gebundene Gesammtmenge der Kohlensäure bestimmt und das Plus derselben, verglichen mit der im eingedampften Rückstand gefundenen, als freie Kohlensäure in Rechnung gebracht (vgl. »Wasser« unter 6).

e. Das Chlor wird bei dem Verbrennen der organischen Substanz, bei der Darstellung der Asche theilweise verflüchtigt; um daher die Menge desselben genau zu finden, muss man entweder direct etwa 100 CC. des wässerigen Düngerextractes oder auch die Auflösung von $\frac{1}{2}$—1 Grm. des trocknen Rückstandes, in beiden Fällen nach Ansäuern der Flüssigkeit mit Salpetersäure, mit salpetersaurem Silberoxyd fällen, den Niederschlag auswaschen, trocknen und mit kohlensaurem Natronkali schmelzen. Die erkaltete Masse wird hierauf mit heissem Wasser ausgezogen, die Flüssigkeit filtrirt, mit Salpetersäure angesäuert und zum zweiten Male mit Silberlösung gefällt, das so erhaltene Chlorsilber endlich in gewöhnlicher Weise behandelt und im halbgeschmolzenen Zustande gewogen.

f. Der Rest des trocknen Düngerextractes wird unter den nöthigen Vorsichtsmaassregeln verbrannt und von der Asche etwa 3 Grm. zur Bestimmung von Kieselsäure, Eisenoxyd, Kalk, Magnesia, Phosphorsäure, Kali, Natron und Schwefelsäure benutzt, wobei man ganz nach denselben Methoden verfährt, wie dieselben für die Untersuchung einer an Kieselsäure armen Pflanzenasche weiter unten angegeben sind.

II. Die Gesammtmenge des Rückstandes von der Extraction des Düngers mit Wasser lässt man im Wasserbade oder Trockenschranke austrocknen. Die Masse wird, nachdem sie durch 24-stündiges Liegen an der Luft wieder etwas Feuchtigkeit angezogen hat, im lufttrocknen Zustand gewogen, hierauf der strohige Theil in kleinere Stücke zerschnitten und das Ganze in einer Reibschale möglichst fein zerrieben. Eine Probe von 50 bis 100 Grm. kann man, wenn es nöthig sein sollte, durch den Mahlapparat mit Stahlconus (S. 92) hindurchgehen lassen und sodann von der feinpulverigen Substanz passende Mengen zu folgenden Bestimmungen abwägen.

1. In 10 Grm. der Substanz wird durch Trocknen bei 110° C. die noch vorhandene Feuchtigkeit und hierauf durch vorsichtiges Verbrennen die Gesammtasche bestimmt.

Die so erhaltene Asche dient auch zur Ermittelung des Kohlensäuregehalts und des Chlor's, wenn das letztere vielleicht in geringer Menge zugegen sein sollte. Auch kann man ausserdem die sandigen Beimengungen bestimmen, indem man den in Salpetersäure unlöslichen Antheil der Asche mit Aetznatronlauge auskocht und damit fast bis zur Trockenheit eindampft, hierauf den Rückstand mehrmals mit heissem Wasser behandelt, vollständig auswäscht und nach dem Glühen wägt. Die Behandlung des in Säuren unlöslichen Rückstandes in gewöhnlicher Weise mit einer concentrirten Lösung von kohlensaurem Natron genügt oft nicht, um die Gesammtmenge der Kieselsäure von den sandigen Bestandtheilen der Asche zu trennen.

2. Zur Bestimmung des nur in organischer Verbindung vorhandenen Stickstoffes werden 1 bis 2 Grm. der Substanz mit

einer reichlichen Menge von Natronkalk gut gemischt und langsam verbrannt.

3. Ein weiteres Quantum von 30 bis 40 Grm. wird langsam und bei möglichst niedriger Temperatur in der Platinschale zu Asche verbrannt und von der Asche, je nach dem gefundenen Sandgehalt, 3 bis 6 Grm. zur Ermittelung der sämmtlichen Bestandtheile derselben verwendet, unter Berücksichtigung der vielleicht vorhandenen Kohlentheilchen und ohne hierbei eine Trennung der Kieselsäure von dem Sande vorzunehmen.

B. Thierische Entleerungen in deren frischem Zustande.

1. Der Harn.

Die im Folgenden aufgeführten Untersuchungsmethoden beziehen sich zunächst und vorzugsweise auf den Harn der grasfressenden Thiere; sie sind jedoch grossentheils auch auf den Harn der Fleischfresser und des Menschen anwendbar. Hinsichtlich der Begründung und speciellen Ausführung der Methoden verweise ich hauptsächlich auf die bekannten Schriften von Henneberg und Stohmann: »Beiträge zur Begründung einer rationellen Fütterung der Wiederkäuer«, Heft 1 (1860) und 2 (1863) und von Neubauer: »Anleitung zur qualitativen und quantitativen Analyse des Harns«, 4. Aufl. 1863.

1. Das specifische Gewicht des Harns wird entweder mit einem guten Aräometer (Urometer*) oder, wenn die Resultate noch genauer ausfallen sollen, durch directe Wägung im Pyknometer ermittelt, wobei stets auch die Temperatur der Flüssigkeit zu beobachten ist und die Bestimmungen wo möglich immer bei ziemlich gleicher, mittlerer Temperatur vorzunehmen sind.

Das spec. Gewicht des Harnes schwankt im Allgemeinen zwischen 1,010 und 1,040. Bei Anwendung des Urometers sind natürlich vorher alle Schaumblasen von der Oberfläche des Harnes sorgfältig mittelst Fliesspapier etc. zu entfernen. Nach vorliegenden Beobachtungen ent-

*) Sehr brauchbare Urometer und zu billigen Preisen liefert der Mechanikus Niemann in Alfeld bei Hannover; sie sind im Schwimmkörper mit einem kleinen Thermometer versehen, an welchem die Normaltemperatur, bei welcher der Apparat construirt ist, durch einen rothen Strich angedeutet wird.

spricht ein Temperaturunterschied von 4° C. ungefähr einem Grade des Urometers.

2. Die Gesammtmenge der Trockensubstanz findet man durch Verdampfen des Harnes in einem trocknen Luftstrome (am besten in einem Strome von reinem und trocknem Wasserstoffgas) bei 100° C. Man bedient sich hierbei passend eines tiefen Wasserbades, in dessen mittleren Theil eine quer durchgehende und an den Aussenseiten etwas vorstehende Blechhülse eingelöthet ist. Ein Porzellan- oder Platinaschiffchen wird zu zwei Drittel mit reinen Glassplittern oder grobem, mit Säuren extrahirtem Quarzsand angefüllt, bei 100° getrocknet und sorgfältig im zugekorkten Glasröhrchen gewogen; hierauf lässt man 4 oder 5 CC. des genau abgemessenen Harnes (das Gewicht desselben ergibt sich durch Multiplication des Volumens mit dem specifischen Gewicht) auf die Glassplitter fliessen und schiebt das Schiffchen in ein hinreichend weites Glasrohr, welches in die Blechhülse des Wasserbades einpasst. Das Glasrohr wird an dem einen Ende mit einem grossen Chlorcalciumrohr verbunden und reicht mit dem anderen ausgezogenen und rechtwinklicht umgebogenen Ende fast bis auf den Boden eines Glaskölbchens, in welchem titrirte Schwefelsäure sich befindet. Durch eine zweite Durchbohrung des Korkes ist das Kölbchen mit einem Tropf-Aspirator in Verbindung gesetzt, um fortwährend einen Luftstrom durch den Apparat ziehen zu können. Anstatt dieses Kölbchens kann man auch einen gewöhnlichen Säureapparat benutzen.

Von Baumhauer*) hat einen ähnlichen Trockenapparat empfohlen. In einem viereckigen kupfernen Gefäss sind 3 Glasröhren (um mehrere Proben gleichzeitig trocknen zu können) gut eingekittet; das mittlere derselben ist mit einem aufrecht stehenden, zur Aufnahme eines Thermometers bestimmten Rohr verbunden. Das Gefäss wird mit Paraffin gefüllt, welches beim Schmelzen eine völlig farblose und durchsichtige Flüssigkeit liefert. Die Glasröhren stehen an dem einen Ende mit einem Gefäss in Verbindung, welches mit gebranntem Kalk und Chlorcalcium angefüllt ist und durch welches der Luftstrom hindurchgeleitet wird. Das andere Ende ist mit einer kleinen Flasche verbunden, worin Schwefelsäure enthalten ist.

Das Eintrocknen des Harnes wird in 5 bis 6 Stunden vollendet sein; man ermittelt den Rückstand durch sorgfältiges Wägen,

*) Fresenius' Zeitschrift für analytische Chemie, 1866. S. 150.

spült das im Abdampfrohr vielleicht sublimirte kohlensaure Ammoniak in das Kölbchen, entfernt die Kohlensäure durch Aufkochen der Flüssigkeit und titrirt mit Natronlauge die im Kölbchen vorhandene nicht gesättigte Säure. Bei menschlichem, durch seinen Gehalt an saurem phosphorsaurem Natron sauer reagirenden Harn kann man annehmen, dass das so gefundene Ammoniak von zersetztem Harnstoff herrührt; es wird daher durch Multiplication mit der Zahl 1,765 auf Harnstoff berechnet und der Trockensubstanz zugezählt. Bei dem Harn grasfressender Thiere ist jedoch aus der Differenz des beim Abdampfen sich entwickelnden und des direct im Harn bestimmten Ammoniaks (s. unten) die Menge des im ersteren Falle etwa sich zersetzenden Harnstoffes zu ermitteln. Uebrigens sind diese Ammoniakmengen meistens nur unbedeutend und können häufig ganz unberücksichtigt bleiben.

Nach Neubauer kann man die Gesammtmenge der Trockensubstanz im menschlichen Harne annähernd finden, wenn man die 3 letzten Stellen des auf 4 Decimalen bestimmten spec. Gewichtes mit der Zahl 0,233 multiplicirt. Dieser Factor ist aber für den Harn grasfressender Thiere durchaus nicht maassgebend und muss bedeutend vermindert werden; er wurde z. B. in mehreren von Henneberg und Stohmann mit Rinderharn angestellten Beobachtungen durchschnittlich zu 0,148 gefunden, wobei jedoch im Einzelnen nicht ganz unbeträchtliche Schwankungen vorkommen.

3. Den Rückstand von (2) kann man benutzen, um durch Verbrennen mit Natronkalk die Gesammtmenge des Stickstoffes zu bestimmen oder auch zu diesem Zweck eine besondere Probe des Harnes von 5 oder 10 CC., mit etwas Salzsäure schwach angesäuert, im Gemenge mit ausgeglühtem und gepulvertem Gyps auf dem Wasserbade eintrocknen. Die trockne Masse lässt sich durch Abschaben von den Wandungen und Ausreiben des Schälchens mit Natronkalk vollständig herausbringen.

Eine einfache, von Voit*) angewandte Methode zur Bestimmung des Stickstoffes im Harn besteht darin, dass man in einer tubulirten Retorte von schwer schmelzbarem Glas, welche am Halse zu einer rechtwinklicht gebogenen Röhre ausgezogen ist und mit dieser in titrirte Schwefelsäure hineinreicht, — 5 CC. Harn von einer genügenden Menge Natronkalk aufsaugen lässt und dann nach dem Schliessen des Apparates die Retorte anfangs sehr vorsichtig und zuletzt bis zum Glühen des Natronkalkes

*) S. Neubauer, Anleitung zur Untersuchung des Harnes, S. 183—185.

erhitzt. Nach Vollendung der Operation wird Luft durch den Apparat hindurchgeleitet. In ähnlicher Weise benutzt Seeger*) ein Kölbchen von starkem Glas und am oberen Theile umgeben von einer Blechhülse; in dem doppelt durchbohrten Kork wird einerseits das Gasleitungsrohr, andererseits eine am oberen Ende zugeschmolzene Glasröhre befestigt, deren Spitze man nach beendigter Operation abbricht, um Luft durch den Apparat zu ziehen. — Nach neueren Beobachtungen von Voit**) ist folgendes Verfahren noch sicherer, wenn auch etwas langwieriger. Mit 5 CC. Harn oder einer entsprechenden Gewichtsmenge tränkt man in einem flachen Schälchen (bei der Wägung mit aufgeschliffener Glasplatte versehen) feines Quarzpulver, welches in einer Menge vorhanden sein muss, dass es die Flüssigkeit völlig einsaugt. Unter die Glocke einer Luftpumpe gestellt, ist die zusammengebackene Masse nach einigen Stunden trocken und kann mit einem breiten Messerrücken durch Abschaben fein pulverisirt und von den Wänden der Schale losgelöst werden. Nach dem Vermischen mit Natronkalk verbrennt man in einer kurzen Verbrennungsröhre und man kann bei der Verbrennung sehr rasch vorgehen, ohne eine zu schnelle und unregelmässige Gasentwicklung befürchten zu müssen.

4. Die Menge der feuerbeständigen Salze oder den Aschengehalt des Harnes findet man, wenn man 100 CC. des letzteren in der Platinschale eindampft, den Rückstand vorsichtig verkohlt, die kohlige Masse mit Wasser auszieht, trocknet und dann vollständig verbrennt, was leicht stattfindet, wenigstens, wenn man es mit dem Harn grasfressender Thiere zu thun hat; der wässerige Auszug wird mit der Asche der Kohle vereinigt, zur Trockne verdampft, der Rückstand schwach geglüht und gewogen.

In der so erhaltenen Asche wird die Kohlensäure bestimmt. Soll eine vollständige Aschenanalyse ausgeführt werden, so nimmt man eine entsprechend grössere Menge Harn zum Veraschen. Die Analyse der Harnasche wird ebenso ausgeführt, wie die einer kieselsäurearmen Pflanzenasche; nur ist zu beachten, dass die Asche des frischen Harnes pflanzenfressender Thiere meist arm ist an alkalischen Erden und daher zur Bestimmung dieser Stoffe wo möglich eine grössere Menge Asche (8 bis 10 Grm.) in Arbeit genommen werden muss. Von Phosphorsäure findet man im Harne der Wiederkäuer nur Spuren, die kaum quantitativ zu bestimmen sind; im Harne der Schweine und oft auch der Kälber ist jedoch die Menge der Phosphorsäure eine grössere und wohl zu beachten.

5. Das im Harne vorhandene fertig gebildete Ammoniak ist nach vorliegenden vergleichenden Untersuchungen kaum auf

*) Fresenius' Zeitschrift für analytische Chemie, III. S. 155.

**) Vgl. »Zeitschrift für Biologie«, Bd. I. S. 116. — 1865.

andere Weise zu ermitteln, als dass man 20 CC. Harn, welcher durch Filtriren von etwa vorhandenem Schleim oder Sedimenten befreit worden ist, in einem grossen Uhrglase mit Kalkmilch vermischt und das in einem Zeitraum von 48 Stunden sich entwickelnde Ammoniak von titrirter Schwefelsäure absorbiren lässt, nachdem man das Ganze mit einer am Rande gut abgeschliffenen und mit Talg bestrichenen Glasglocke luftdicht verschlossen hat.

Die Menge des fertig gebildeten Ammoniaks beträgt im frischen Rinderharne nach Boussingault 0,006 bis 0,010 Proc., nach Rautenberg 0 bis 0,009 Proc. und verdient daher bei Untersuchungen über den Stickstoff-Kreislauf im Körper des Rindes kaum eine besondere Berücksichtigung. Im menschlichen Harn ist die Menge des Ammoniaks eine grössere und zu 0,078 bis 0,143 Proc. gefunden worden.

6. Das Chlor oder Kochsalz und ebenso der Harnstoff im Harn wird mit einer titrirten Lösung von salpetersaurem Quecksilberoxyd bestimmt. Vorher aber muss man die vorhandene Phosphorsäure mit Barytlösung und bei der Untersuchung des Harnes grasfressender Thiere die Hippursäure durch eine Lösung von salpetersaurem Eisenoxyd ausfällen. Die ganze Operation geschieht nach Henneberg und Rautenberg*) am besten auf folgende Weise:

200 CC. frischer Harn werden mit Salpetersäure angesäuert und zur Austreibung der Kohlensäure bis zum Kochen erhitzt, hierauf wird die Flüssigkeit mit frisch gebrannter Magnesia neutralisirt und durch Eintauchen des Kolbens in kaltes Wasser bis auf die Zimmerwärme abgekühlt, sodann in einen mit Marke versehenen Messkolben gegossen und mit dem zum Ausspülen des erstern Kolbens benutzten Wasser bis zu 220 CC. aufgefüllt. Die Flüssigkeit wird nun mit 30 CC. Eisenlösung und Wasser versetzt, so dass ein geringer Ueberschuss (ein grösserer Ueberschuss von salpetersaurem Eisenoxyd löst den Niederschlag wieder auf) von Eisen vorhanden ist (erkennbar durch eine schwache Reaction auf mit Blutlaugensalz getränktes Fliesspapier); sodann filtrirt man durch ein trocknes geräumiges Faltenfilter und verdünnt 150 CC. des Filtrats mit Aetzbarytlösung, die mit etwas gebrannter Mag-

*) Vgl. Rautenberg und Henneberg: Versuche über Harnstoff- und Ammoniak-Bestimmung im Harn, insbesondere der Pflanzenfresser. Annalen der Chemie, 1865, Januarheft.

nesia versetzt ist, bis zu 200 CC.; nach abermaligem Filtriren werden von dem Filtrat zu jeder Bestimmung 15 CC. benutzt, welche alsdann 9 CC. des frischen Harnes entsprechen.

a. Bestimmung des Kochsalzes. Eine Probe von genau 15 CC. säuert man mit einem Tropfen Salpetersäure schwach an und lässt dann so lange unter fortwährendem Umschwenken von der Normal-Quecksilberlösung (30 CC. = 15 CC. 2 proc. Harnstofflösung) zufliessen, bis die Flüssigkeit sich bleibend zu trüben anfängt. Die Reaction tritt mit solcher Schärfe auf, dass man den Quecksilberverbrauch mindestens bis auf 0,1 CC. feststellen kann. Ein blosses Opalisiren der Flüssigkeit, welches zuweilen schon gleich anfangs sich zeigt, wird nicht berücksichtigt und ist leicht von der wolkigen Trübung zu unterscheiden, mit welcher die eigentliche Reaction deutlich sich zu erkennen gibt.

b. Eine zweite Probe von ebenfalls 15 CC. dient zur Bestimmung des Harnstoffes. Man lässt die Quecksilberlösung, ohne vorhergehende Ansäuerung der Probe, allmählig zufliessen und bewirkt die Neutralisation der beim Entstehen des Harnstoff-Quecksilberoxyds freiwerdenden Salpetersäure durch successiven Zusatz kleiner Mengen von kohlensaurem Natron, jedoch so, dass die Flüssigkeit nach dem Austitriren noch etwas sauer reagirt. Zur Prüfung, ob aller Harnstoff ausgefällt ist, bringt man mit dem Glasstabe einen starken Probetropfen auf eine sorgfältig gereinigte, an der Unterseite dicht mit Asphaltfirniss überzogene Glasplatte und bedeckt denselben mit einem Tropfen von in Wasser zu einem dünnen Brei aufgerührtem doppelt-kohlensaurem Natron, wobei das Erscheinen der ersten deutlichen Spuren einer gelben Färbung die Beendigung der Reaction anzeigt. Man ist hierbei im Stande, den Harn bis auf 0,1 bis 0,2 CC. Quecksilberlösung (= 1 bis 2 Milligrm. Harnstoff) mit Sicherheit auszutitriren; jedoch ist es wünschenswerth, dass die Operation möglichst rasch ausgeführt wird, weil auch die nach Zusatz von doppelt-kohlensaurem Natron anfangs noch rein weissen Tropfen, mit der Zeit eine gelbliche Färbung annehmen.

Bei der Berechnung des Harnstoffes hat man natürlich von der Gesammtmenge der zum Austitriren in (b) gebrauchten Quecksilberlösung die dem Kochsalzgehalt entsprechende Menge (a) abzuziehen. Ausserdem aber ist noch eine Correction anzubringen, welche dadurch bedingt ist, dass zum deutlichen Auftreten der Endreaction ein gewisser Ueberschuss der Quecksilberlösung vorhanden sein muss. Nach den Beobachtungen von Rautenberg hat man für jeden CC. Normal-Quecksilberlösung, welcher weniger als 30 CC. bis zum Eintreten der Endreaction erforderlich ist, von der im Ganzen verbrauchten Anzahl CC. durchschnittlich 0,06 CC. abzuziehen (genauer bei einem Gesammtverbrauch der Quecksilberlösung von unter 15 CC. 0,04, von 15—20 CC. 0,06 und von über 20 CC. 0,008 — Correction für Verdünnung der Flüssigkeit durch die Quecksilberlösung).

Ueber die Darstellung der für die obigen Untersuchungen nöthigen Flüssigkeiten etc. und über deren Beschaffenheit mag hier Folgendes erwähnt werden.

a. Das salpetersaure Quecksilberoxyd muss, namentlich behufs der Chlorbestimmung, chemisch rein sein. Ueberschüssiges käufliches Quecksilber wird unter Erwärmen in verdünnter Salpetersäure gelöst. Durch Concentriren und Erkalten der Lösung erhält man Krystalle von salpetersaurem Quecksilberoxydul. Die Mutterlauge wird abgegossen, die Krystalle wäscht man zuerst mit etwas verdünnter Salpetersäure, sodann mit kaltem Wasser gut ab, löst sie in reiner Salpetersäure auf und erwärmt so lange, bis ein Tropfen der Flüssigkeit, mit Chlornatrium vermischt, keine Trübung mehr zeigt. Es wird dann im Wasserbade bis zur Syrup-Consistenz eingedampft, mit dem zehnfachen Volumen Wasser verdünnt und wenn aus dieser Lösung in 24 Stunden basisches Salz sich abscheidet, dasselbe abfiltrirt.

Die concentrirte Quecksilberlösung wird zunächst auf ihren Quecksilberoxydgehalt mittelst einer titrirten Kochsalzlösung und einer kalt gesättigten Lösung von gewöhnlichem reinem phosphorsaurem Natron untersucht. Die titrirte Kochsalzlösung stellt man dar, indem man 10,852 Grm. reines geglühtes Chlornatrium in 1 Liter Wasser auflöst. 10 CC. der Quecksilberlösung werden, je nach der Concentration mit dem 5- oder 10fachen Volumen Wasser verdünnt, von der so verdünnten Flüssigkeit wieder 10 CC. abgemessen, diese mit 4 CC. der phosphorsauren Natronlösung versetzt und nun rasch, bevor der gebildete Niederschlag eine krystallinische Beschaffenheit annimmt, aus einer Bürette die titrirte Kochsalzlösung unter beständigem Umrühren zugegossen, bis der Niederschlag verschwunden und die Flüssigkeit wieder ganz klar geworden ist. Jeder CC. der hierzu verbrauchten Kochsalzlösung entspricht 20 Milligrm. Quecksilberoxyd und man kann hieraus leicht den Gehalt der verdünnten und so auch der concentrirten Quecksilberlösung berechnen. Die letztere muss jetzt auf den Harnstofftiter gebracht, d. h. so weit mit Wasser verdünnt werden, dass sie in 1 Liter 77,2 Grm. Quecksilberoxyd enthält. Man verdünnt die concentrirte Quecksilberlösung aber nicht ganz, sondern nur annähernd bis auf diesen Punkt und macht sie erst mit einer Harnstofflösung von bekanntem Gehalt ganz fertig. Zu diesem Zweck werden genau 2 Grm. von reinem, bei 100° getrocknetem Harnstoff in Wasser gelöst, die Lösung bis 100 CC. verdünnt und hiervon 15 CC. in der oben (6. b) angegebenen Weise mit der nicht ganz bis auf den Harnstofftiter gebrachten Quecksilberlösung geprüft, also beobachtet, bei welchem Quantum der letzteren die Reaction mit doppeltkohlensaurem Natron eben deutlich hervortritt. Nach dem Resultat dieser Prüfung verdünnt man alsdann schliesslich die Quecksilberlösung noch so weit, bis 30 CC. derselben genau 300 Milligrm. oder 1 CC. 10 Milligrm. Harnstoff anzeigen.

Dieselbe Quecksilberlösung ist dann auch noch auf Kochsalz zu titriren. Man nimmt 10 CC. einer 2procentigen Kochsalzlösung (200 Milligrm. Kochsalz enthaltend), fügt 3 CC. einer 2procentigen Harnstofflösung und 5 CC. einer kalt gesättigten Lösung von reinem Glaubersalz hinzu und lässt die Quecksilberlösung zufliessen, bis eine bleibende Trübung eintritt. Hiernach ist leicht zu berechnen, wie viel Kochsalz 1 CC. der Quecksilberlösung entspricht.

b. Die Barytlösung, welche man dem Harn vor der Untersuchung auf Kochsalz und Harnstoff zusetzen muss, wird bereitet durch Vermischen von 1 Volum einer kalt gesättigten Lösung von salpetersaurem Baryt mit 2 Volum ebenfalls kalt gesättigtem Aetzbarytwasser.

c. Die Lösung von salpetersaurem Eisenoxyd (zur Ausscheidung der Hippursäure) erhält man durch Auflösung von Schmiedeeisen in Salpetersäure, Kochen der Lösung bis zur beginnenden Ausscheidung basischer Verbindungen, Verdünnen mit Wasser und Filtriren.

d. Das doppelt kohlensaure Natron bewahrt man trocken auf und spült jedesmal eine Portion desselben in einem kleinen Becherglase mit einer grösseren Quantität kalten Wassers gut ab, um das einfach kohlensaure Natron zu entfernen, bevor man mit dem dünnen Brei des Bicarbonats in der oben angegebenen Weise den Harnstoff austitrirt.

7. Zur Bestimmung der Hippursäure dampft man 200 CC. Harn im Wasserbade bis auf etwa 50 Grm. ein, versetzt mit 20 CC. Salzsäure, lässt in der Kälte 48 Stunden stehen, sammelt die ausgeschiedene rohe Hippursäure auf einem gewogenen Filter und wäscht mit kleinen Portionen möglichst kalten Wassers aus, bis die Flüssigkeit farblos abläuft und mit Silbersolution nur noch eine schwache Trübung gibt; hierauf wird bei 100° getrocknet und gewogen. Für je 6 CC. der vom Filter ablaufenden Flüssigkeit addirt man, dem Löslichkeitsverhältniss der Hippursäure in kaltem Wasser entsprechend ($^1/_{600}$), 10 Milligrm. zu dem direct gefundenen Gewichte der Hippursäure hinzu.

In derselben Weise, wie die Hippursäure, wird auch die etwa vorhandene Harnsäure mittelst Salzsäure ausgeschieden. In dem Harn der Pflanzenfresser sind meist nur Spuren von Harnsäure vorhanden, die nicht berücksichtigt werden; in dem Harn der fleischfressenden und von gemischter Nahrung lebenden Thiere ist dagegen die Menge der Harnsäure gewöhnlich eine grössere als die der Hippursäure. Um beide Stoffe von einander zu trennen, behandelt man das Gemenge wiederholt mit starkem Weingeist von 0,83, welcher die Hippursäure leicht auflöst, während die Harnsäure darin fast unlöslich ist.

Das Verfahren, welches Meissner und Shepard*) zur Abscheidung der Hippursäure anwenden, ist folgendes. Man dampft den Harn bis zu beginnender krystallinischer Ausscheidung ein, versetzt die noch heisse Flüssigkeit sofort mit so viel absolutem Alkohol, dass ein weiterer Zusatz keine Trübung der Lösung mehr bewirkt, lässt erkalten und filtrirt darauf. Es ist durchaus nöthig, den besten absoluten Alkohol anzuwenden und denselben nicht zu sparen, weil sonst die etwa vorhandene freie Bernsteinsäure in die alkoholische Lösung mit übergeht und dann nur schwierig von der Hippursäure zu trennen ist. Die alkoholische Lösung wird abgedampft, zuletzt in einem Kolben im Wasserbade, bis sämmtlicher Alkohol und sämmtliches Wasser entfernt ist. Man hat dann einen braunen Syrup, der beim Erkalten krystallinisch erstarrt. Diese Masse wird noch warm und flüssig mit Aether und einigen Tropfen Salzsäure (welche erst nach dem Zusatz von Aether hinzugefügt werden) unter heftigem Schütteln extrahirt, was zwei- bis dreimal mit neuen Aethermengen zu wiederholen ist. Wenn man nicht vor dem Aetherzusatz sämmtlichen Alkohol (und das Wasser) entfernt, so geht leicht etwas Harnstoff in den Aetherextract über. Nach dem Verjagen des Aethers, zuletzt bei gewöhnlicher Temperatur, pflegt die Hippursäure in sehr schönen Krystallen sich auszuscheiden, welche sich recht gut abpressen und farblos erhalten lassen. Sollte jedoch nach dem Verdunsten des Aethers die Hippursäure schwierig oder gefärbt krystallisiren, so ist es nach Neubauer**) zweckmässig, den Rückstand mit Wasser zu verdünnen und mit etwas Kalkmilch zu kochen. Aus dem dann farblosen und durch Eindampfen concentrirten Filtrat scheidet sich darauf die Hippur-

*) Untersuchungen über das Entstehen der Hippursäure im thierischen Organismus. Hannover, 1866. S. 11 ff.

**) Fresenius' Zeitschrift für analytische Chemie, 1866. S. 422.

säure, nach Zusatz einer genügenden Menge von Salzsäure, in schönen Krystallen aus.

8. Freie und gebundene Kohlensäure: 2 Portionen frisch aufgefangenen Harns, jede von etwa 100 CC. werden, die eine mit einer reinen, die zweite mit einer ammoniakhaltigen Lösung von Chlorbarium versetzt, die Flüssigkeiten auf dem Dampfapparate bis nahe zum Kochen erhitzt, die Niederschläge auf ein gewogenes Filter gebracht, ausgewaschen, bei 100° getrocknet, gewogen und in 1 bis 2 Grm. der Niederschläge im Kohlensäureapparate der Gehalt an Kohlensäure ermittelt (vgl. »Wasser« unter 6).

9. Wenn auch Kohlenstoff und Wasserstoff in der organischen Substanz des Harnes bestimmt werden sollen, so geschieht dieses mittelst der Elementaranalyse, indem man 10 CC. Harn im Gemenge mit feinem Quarzsand, welcher vorher mit Säuren ausgekocht, gewaschen und geglüht worden ist, oder im Gemenge mit präcipirtem und geglühtem schwefelsaurem Baryt verdampft, den Rückstand vollständig austrocknet und mit chromsaurem Bleioxyd, gegen Ende der Operation im Sauerstoffstrome verbrennt.

10. Die etwa vorhandene Phosphorsäure kann man sehr genau mittelst einer titrirten Uranlösung in derselben Weise bestimmen, wie weiter unten bei der Untersuchung der concentrirten Düngmittel beschrieben ist. Die zur Prüfung des Harns auf Phosphorsäure nöthigen Lösungen von Uranoxyd und essigsaurem Natron sind von gleichem Gehalt, wie dort angegeben ist; nur die zum Austitriren der Uranlösung zu benutzende Phosphorsäurelösung nimmt man hier zweckmässig in einem noch verdünnteren Zustande, nämlich so, dass sie in 50 CC. genau 0,1 Grm. PO^5 enthält. Man bringt 50 CC. des, wenn nöthig, zuvor filtrirten Harnes in ein Becherglas, setzt 5 CC. der essigsauren Natronlösung hinzu, erhitzt im Wasserbade und titrirt mit der Uranlösung. Noch schärfer ist die Bestimmung, wenn man zunächst 50 CC. Harn mit Magnesiamixtur (eine klare Lösung von Bittersalz, Salmiak und Ammoniak) fällt und zur vollständigen Ausscheidung des Niederschlages mehrere Stunden stehen lässt. Hierauf sammelt man die phosphorsaure Ammoniak-Magnesia auf einem kleinen Filter, wäscht mit ammoniakhaltigem Wasser aus und spritzt den Niederschlag darauf, nachdem man das Filter durchgestossen hat,

in ein Becherglas. Nach dem Erhitzen im Wasserbade setzt man tropfenweise Essigsäure bis zur vollständigen Lösung zu, verdünnt mit Wasser bis zu 50 CC., gibt 5 CC. der essigsauren Natronlösung hinzu und titrirt mit der Uranlösung.

Um die an Erden gebundene Phosphorsäure allein zu bestimmen, versetzt man je nach der Concentration 100 oder 200 CC. des filtrirten Harns mit Ammoniak bis zur alkalischen Reaction und lässt 12 Stunden stehen. Der Niederschlag wird wie oben gesammelt, unter Erwärmen in möglichst wenig Essigsäure gelöst, bis auf 50 CC. verdünnt und nach Zusatz von 5 CC. der essigsauren Natronlösung mit Uran titrirt. — Wird ferner in einem genau gleichen Volumen des Harnes der mit Ammoniak gebildete Niederschlag der Erdphosphate geglüht und gewogen, so findet man die Menge der im Gemenge enthaltenen pyrophosphorsauren Magnesia, wenn man den Phosphorsäuregehalt des Gemenges (P) mit 2,1831 multiplicirt, von dem Producte die Summe der Erdphosphate (S) abzieht und den Rest mit 2,5227 multiplicirt; also $(MgO)^2, PO^5 = (P . 2,1831 - S) 2,5227$ und $(CaO)^3,PO^5 = S - (MgO)^2,PO^5$ und ferner $(CaO)^3,PO^5 . 0,542 = CaO$ und $(MgO)^2,PO^5 . 0,3604 = MgO$. Will man Kalk und Magnesia direct bestimmen, so löst man das Gemenge der Phosphate vor dem Glühen in möglichst wenig verdünnter Essigsäure auf, fällt den Kalk mit oxalsaurem Ammoniak und nach dem Abfiltriren des Kalkes die phosphorsaure Magnesia durch Uebersättigung der Flüssigkeit mit Ammoniak.

11. Schwefelsäure: 50 oder 100 CC. des filtrirten Harnes werden im Wasserbade erhitzt, mit etwas Salpetersäure und hierauf mit Chlorbariumlösung im geringen Ueberschuss versetzt. Der Niederschlag wird auf einem kleinen Filter mit heissem Wasser gut ausgewaschen, nach dem Trocknen von dem Filter getrennt und geglüht (das Filter für sich verbrannt), nach dem Glühen mit einigen Tropfen verdünnter Schwefelsäure befeuchtet und nochmals geglüht, bis die überschüssige Schwefelsäure verdampft ist, hierauf nach dem Erkalten des Tiegels im trocknen Raume gewogen.

12. Um den Schwefel, der als solcher und nicht blos als Schwefelsäure im Harne enthalten ist, zu bestimmen, werden 50 CC. Harn in einem geräumigen Silbertiegel mit einigen Stücken reinen Kali's und etwas Salpeter versetzt, vorsichtig abgedampft, der Rückstand stark geglüht und darin die Gesammtmenge der Schwefelsäure ermittelt (vgl. S. 94).

2. Der Koth.

Der Darmkoth, zunächst der Pflanzenfresser, wird auf seine Bestandtheile fast genau in derselben Weise untersucht und für die Untersuchung vorbereitet, wie die Grün- und Rauhfutterarten; ich verweise daher auf den Abschnitt V, in welchem die betreffenden Untersuchungsmethoden ausführlich beschrieben sind. Nur hinsichtlich der Holzfaserbestimmung im Darmkoth bemerke ich, dass es wegen der reichlichen Beimengung von harzigen Gallenstoffen oft nöthig ist, die Substanz zuerst mit Weingeist auszukochen, bevor man dieselbe der Behandlung mit verdünnter Schwefelsäure und Kalilauge unterwirft. Auch ist zu beachten, dass mikroskopische Untersuchungen von grossem Werthe sind für die Beurtheilung der mit dem Koth im unverdauten, jedoch oft mehr oder weniger veränderten Zustande aus dem Körper entfernten Futterbestandtheile. Zu diesem Zwecke kann man eine Probe des zu untersuchenden Kothes in einem Beutel von feiner Leinewand unter kaltem Wasser längere Zeit kneten und drücken, bis das Wasser nicht mehr getrübt wird und aus dem Rückstand keine weiteren löslichen Stoffe in die Flüssigkeit übergehen. Der Bodensatz, welcher in der Flüssigkeit bei längerem Hinstehen derselben sich bildet, wird unter dem Mikroskop mit Hülfe der Jodtinktur auf etwa vorhandene Stärkmehlkügelchen und ausserdem auf unlösliche und schwerlösliche Salze und sandige Beimengungen etc. untersucht; die filtrirte klare Flüssigkeit prüft man, ob sie vielleicht Zucker, gummiartige Substanzen, Milchsäure etc. enthält. Ebenso kann auch der ausgewaschene Rückstand im Leinwandbeutel, entweder sofort oder nachdem die harzigen Stoffe durch Behandlung mit Alkohol entfernt worden sind, unter dem Mikroskop interessante Aufschlüsse liefern über den Verlauf des Verdauungsprozesses im lebenden Thierkörper.

C. Künstliche concentrirte Düngemittel.

1. Allgemeine Untersuchungsmethoden.

a. Prüfung der Düngemittel auf den Phosphorsäuregehalt.

Die zuerst von Pincus empfohlene, sowie von Neubauer bei Harnuntersuchungen angewandte Methode der Phosphorsäurebestimmung mittelst einer titrirten Uranoxydlösung ist von Stohmann*) auch für die Prüfung von solchen Düngmitteln vorgeschlagen worden, welche, wie der Peru- und Bakerguano, das reine Knochenmehl, die gewöhnliche Knochenkohle und Knochenasche, sowie die meisten sog. Superphosphate, entweder keine oder doch nur geringe Mengen von Eisenoxyd und Thonerde enthalten. Diese Methode verdient, weil sie eine rasche Ausführung ermöglicht und hinreichend zuverlässige Resultate liefert, allgemein angewendet zu werden, um so mehr, als es sehr wünschenswerth ist, dass derartige so häufig vorkommende Phosphorsäurebestimmungen in den käuflichen Düngmitteln überall nach gleicher Methode vorgenommen werden; denn nur in diesem Falle können die Ergebnisse unter sich völlig vergleichbar sein.

Die zur Ausführung der Phosphorsäurebestimmung nöthigen Flüssigkeiten sind:

a. 100 Grm. krystallisirtes essigsaures Natron werden in Wasser gelöst, die Lösung wird mit 100 CC. Acetum concentratum versetzt und das Ganze auf 1 Liter mit Wasser verdünnt.

b. Man löst schwarzes Uranoxyd in Salpetersäure auf, verdampft die Lösung im Wasserbade bis zur Trockne, löst den Rückstand in Wasser und fügt etwas essigsaures Natron hinzu, wodurch die immer noch vorhandene freie Salpetersäure an Natron gebunden wird. Um den Titer der mit Wasser beliebig verdünnten Uranlösung festzustellen, nimmt man die reine Phosphorsäure der Apotheken, verdünnt dieselbe etwas mit Wasser und bestimmt ihren Gehalt durch die Analyse mit schwefelsaurer Magnesia unter Zusatz von Salmiak und Ammoniak. Hiernach wird die Menge der Phosphorsäure berechnet, welche zu 1 Liter erforderlich ist, damit jeder Cubikcentimeter der betreffenden Flüssigkeit möglichst genau 0,005 Grm. PO^5 enthält. Zu dieser Phosphorsäuremenge setzt man soviel reines krystallisirtes kohlensaures Natron hinzu, dass auf je 1 Atom Phosphorsäure 3 Atome Natron kommen. Das dritte Atom kohlensaures Natron bleibt hierbei unzersetzt und wird durch Zusatz von Essigsäure neutralisirt, endlich das Ganze auf 1 Liter verdünnt und nun zur endgültigen Feststellung des Titers mit 50 CC. dieser Flüssigkeit eine directe Bestimmung der Phosphorsäure mit Magnesiamixtur vorgenommen. Auf die so bereitete und untersuchte Normal-Phosphorsäurelösung wird dann der Titer der Uranlösung gestellt und diese so weit verdünnt, dass 1 CC. derselben möglichst genau 0,005 Grm. PO^5 entspricht.

*) Vgl. F. Stohmann: »Ueber die Untersuchungsmethoden der käuflichen Düngstoffe«, in den »Landw. Versuchsstationen«, 1864, S. 382–397.

Bei der Ausführung der Phosphorsäurebestimmung mittelst der titrirten Uranlösung nimmt man in der Regel jedesmal 50 CC. der zu untersuchenden Flüssigkeit (über die Darstellung der Lösungen der Düngmittel s. unten), und versetzt dieselben in einer kleinen Kochflasche mit 10 CC. der essigsauren Natronlösung. Auf Zusatz dieser Lösung scheidet sich das etwa vorhandene phosphorsaure Eisenoxyd ab. Ist die Menge desselben irgendwie erheblich, so ist die Methode nicht anwendbar, man erhält selbst nach dem Abfiltriren und Wägen des Eisenphosphats und hierauf folgendes Titriren des Filtrats nur annähernd richtige Resultate; man muss die Phosphorsäure dann durch Gewichtsanalyse bestimmen.

Tritt dagegen nur ein geringes Opalisiren der Flüssigkeit ein, so kann man die Gegenwart des Eisenphosphats unberücksichtigt lassen, der dadurch bedingte Fehler ist in diesem Falle äusserst gering. Man erwärmt nun die Flüssigkeit zunächst auf 50° und lässt nicht ganz soviel Uranlösung zufliessen, als nach der erwarteten Phosphorsäuremenge zur Ausfällung derselben erforderlich ist. Hierauf wird bis zum Sieden erhitzt, wodurch der gebildete gelbe Niederschlag sich leicht und vollständig abscheidet, dann die Flüssigkeit mit Blutlaugensalz geprüft. Zu diesem Zweck nimmt man mittelst eines Glasstabes einen Tropfen der Flüssigkeit und setzt ihn auf einen weissen Teller. Unmittelbar daneben bringt man mit einem anderen Glasstabe einen Tropfen einer Blutlaugensalzlösung, bestehend aus etwa gleichen Volumtheilen einer gesättigten Lösung des Salzes und Wasser. Sobald die beiden Tropfen in einander fliessen, entsteht bei dem geringsten Ueberschuss von Uran an der Berührungsstelle sofort eine braune Zone, bei grösserem Ueberschuss bildet sich ein starker brauner Niederschlag. Zeigt die erste Probe die Abwesenheit von überschüssigem Uran an, so fährt man mit dem Zusatz der Uranlösung fort und prüft jedesmal, nachdem 2 CC. zugegeben sind und die Flüssigkeit eine Minute lang aufgekocht war. Sobald alsdann eine starke Reaction eingetreten ist, so wiederholt man die ganze Operation mit neuen 50 CC. der betreffenden Lösung und nimmt jetzt innerhalb der beobachteten Grenzen nach jedem Zusatz von 0,2 CC. Uranlösung die Prüfung mit dem Blutlaugensalz vor. Auf diese Weise kann man bei der zweiten Operation die Menge der Phosphorsäure bis auf 1 Milligrm. genau ermitteln.

Bei einem grösseren Gehalt der Lösung an essigsaurem Natron (z. B. 50 : 30 CC.) wird die Reaction des Blutlaugensalzes nur sehr wenig verzögert und tritt nach Verlauf von etwa 1/2 Minute immer scharf und deutlich ein. Bei sehr gehaltreichen Superphosphaten, oder bei solchen, die viel freie Säure enthalten, kann der Fall eintreten, dass 10 CC. essigsaures Natron nicht ausreichend sind, um alle freie Säure an Natron zu binden. Man erhält dann eine Reaction auf Uran, ehe noch alle Phosphorsäure ausgefällt ist, weil die freie Säure das phosphorsaure Uranoxyd löst. Die hierbei beobachtete Reaction unterscheidet sich aber von der richtigen dadurch, dass eine im ganzen Tropfen verschwimmende Färbung entsteht, während bei richtiger Beschaffenheit der Flüssigkeit die braune Färbung sich als scharf umgrenzte Zone darstellt. Sobald man obiges bemerkt, gibt man noch etwa 5 CC. essigsaures Natron zu und findet, wenn wirklich freie Säure zugegen war, dass die Reaction nun verschwindet. Um in dieser Beziehung sicher zu gehen, sollte man jedesmal nach der ersten Titrirung wenigstens 5 CC. der essigsauren Natronlösung zugeben, zum Sieden erhitzen und von Neuem prüfen. Bleibt die Reaction constant, so war die Menge des essigsauren Natrons genügend.

b. Prüfung der Düngemittel auf den Kaligehalt.

Eine neue Methode, welche vorzugsweise bei der Untersuchung der Stassfurter Abraumsalze und Kalipräparate anwendbar ist, verdanken wir ebenfalls Stohmann*). Man verfährt hierbei wie folgt:

Etwa 10 Grm. des fein zerriebenen Salzes werden in einer Kochflasche mit ungefähr 300 CC. heissen Wassers übergossen, zum vollen Sieden erhitzt und nun, ohne dass man sich um das Unlösliche bekümmert, tropfenweise mit Chlorbariumlösung versetzt. Der schwefelsaure Baryt setzt sich fast augenblicklich ab, man kann daher durch vorsichtiges Eintröpfeln fast jeden Ueberschuss von Chlorbarium vermeiden. Da das Volumen des Niederschlages nur gering ist, so ist es kaum nöthig die Flüssigkeit zu filtriren; es wird dieselbe nach dem Erkalten einfach bis auf 1 Liter mit Wasser aufgefüllt und nachdem sie durch Hinstehen wieder völlig klar geworden ist, davon 100 CC. (also entsprechend c. 1 Grm. Salz) mit so viel Platinchlorid versetzt, dass darin etwa 2 Grm. metallisches Platina enthalten sind, hierauf im Wasserbade zur Trockne verdampft. Der Rückstand wird mit 80-procentigem

*) »Ueber die Untersuchungsmethoden der käuflichen Düngstoffe.« 2. Abhandlung. S. »Die landw. Versuchsstationen«, 1866. S. 404—407.

Alkohol übergossen, mit dem Glasstabe möglichst vertheilt und durch Decantation so lange mit Alkohol gewaschen, bis die Flüssigkeit völlig farblos ist. Das Decantirte wird durch ein gewogenes Filter gegossen und schliesslich der Rest des Kaliumplatinchlorids hinzugebracht. Nach dem Trocknen bei 100° wird das Filter mit seinem Inhalt gewogen und nach dem Gewicht des Kaliumplatinchlorids das Kali berechnet.

Die Methode beruht darauf, dass die Doppelsalze des Platinchlorids mit Chlorbarium, Chlorcalcium und Chlormagnesium sämmtlich in Alkohol löslich sind; es ist daher die Abscheidung der Erdsalze unnöthig und man kann nach Entfernung der Schwefelsäure das Kali sofort mit Platinchlorid ausfällen. Man braucht zu diesem Verfahren allerdings eine beträchtliche Menge von Platinalösung; indess geht von dem Platina bei vorsichtigem Arbeiten nichts verloren, man braucht dasselbe nur aus der von dem Kaliumplatinchlorid abfiltrirten Flüssigkeit mit Salmiak auszuscheiden, den Platinsalmiak zu glühen und das Platina in Königswasser wieder aufzulösen. Auch das Kaliumplatinchlorid ist durch Erhitzen in einem Strome von Wasserstoffgas leicht zu reduciren.

c. Bestimmung des Stickstoffes.

Von der durch Pulvern, Mischen etc. gehörig vorbereiteten Substanz wägt man, je nach dem zu erwartenden Stickstoffgehalt des Düngemittels, 0,5 bis zu 2 Grm. ab, mischt gut mit Natronkalk*) (bei Gegenwart von Ammoniaksalzen möglichst rasch in der Verbrennungsröhre mittelst der Messingspirale) und verbrennt in gewöhnlicher Weise in der Verbrennungsröhre mit vorgelegtem Säureapparat. Das hierbei sich bildende Ammoniak wird in verdünnter etwa 2-procentiger Schwefelsäure aufgefangen, deren Gehalt durch directe Analyse mit Chlorbarium ermittelt worden ist. Von der Schwefelsäure nimmt man jedesmal 20 CC. zum Füllen des Säureapparates und benutzt nach erfolgter Verbrennung zur Neutralisation eine Natronlauge, die frei von Kohlensäure und soweit verdünnt ist, dass 2 oder 4 CC. erforderlich sind, um 1 CC. der 2-procentigen Schwefelsäure zu neutralisiren, 1 CC. der Natronlauge also 3,5 oder 1,75 Milligrm. Stickstoff entspricht.

Die titrirte Natronlauge wird vor jeglicher Kohlensäure-Absorption bewahrt, indem man die Luft in die betreffende Flasche durch ein Röhr-

*) Ein gutes Präparat von Natronkalk, nach Stohmann's Angabe dargestellt, kann man von Fabrikant Meyer in Lehrte beziehen.

chen eintreten lässt, welches mit kleinen Stückchen eines Gemenges von Glaubersalz und Aetzkalk angefüllt ist. Man stösst krystallisirtes Glaubersalz und gebrannten Kalk, etwa gleiche Volumina, in einem Mörser zusammen und lässt sie vollständig ausquellen, dann trocknet man das Gemenge über freiem Feuer aus und füllt die kleinen Stücke ohne Pulver in die Glasröhre auf einen eingeschobenen Baumwollenpausch, damit nichts durchfalle. Zum Füllen des betreffenden Röhrchens kann man mit gleichem Erfolge auch gekörnten Natronkalk benutzen. — Mit titrirtem Aetzammoniak von entsprechender Verdünnung lässt sich die Säure noch etwas schärfer austitriren, als mit der Natronlauge.

2. Knochenmehl.

1. Von den gewöhnlichen Sorten des feinen gedämpften Knochenmehles nimmt man etwa 5 Grm., bestimmt zunächst den Feuchtigkeitsgehalt durch Trocknen bei 100—105° und sodann den Glühverlust, indem man bei gelinder Hitze im Platintiegel verbrennt, bis weisse Asche zurückbleibt.

2. Die so dargestellte Knochenasche wird in möglichst wenig Salpetersäure in der Wärme gelöst, die Lösung vom sandigen Rückstande in eine 250 CC. Flasche filtrirt, der Sand gut ausgewaschen, geglüht und gewogen. Die Flüssigkeit wird in der 250 CC. Flasche aufgefüllt und sodann in je 50 CC. derselben die Phosphorsäure mit Uranlösung bestimmt.

Es ist zu beachten, dass bei der Phosphorsäurebestimmung die freie Salpetersäure mit genügend essigsaurem Natron neutralisirt werden muss, da die mit Uran zu titrirende Flüssigkeit nur freie Essigsäure enthalten darf; — man setzt daher zu je 50 CC. der Flüssigkeit statt 10 CC. die doppelte Menge essigsaurer Natronlösung hinzu und überzeugt sich nach beendigtem Titriren der ersten Probe durch ferneren Zusatz von 10 CC. essigsaurem Natron, ob die angewandte Menge genügend war. — Wenn es sich um die Untersuchung eines grobsplitterigen gestampften Knochenmehles handelt, so muss man eine grössere Portion desselben (etwa 50 Grm.) in der Muffel bei gelinder Hitze weiss brennen, die Asche fein pulvern und von der gut gemischten Masse eine entsprechende Menge in Salpetersäure auflösen.

3. Der Stickstoffgehalt des Knochenmehles ergibt sich durch Verbrennen von etwa 1 Grm. mit Natronkalk.

4. Eine weitere chemische Untersuchung ist für die Beurtheilung der Güte des Knochenmehls in der Regel unnöthig. Will man dieselbe jedoch vornehmen, vielleicht um allerlei Zusätze von Kalk, Gyps etc. quantitativ zu bestimmen, so nimmt man 50 oder

100 CC. der salpetersauren Lösung der Knochenasche (1 oder 2 Grm. des Knochenmehles entsprechend), erwärmt unter Zusatz von einigen Tropfen Salzsäure im Wasserbade, fügt Ammoniak bis zum bleibenden Niederschlage und dann freie Essigsäure hinzu. Das hierbei ungelöst bleibende Eisenphosphat wird abfiltrirt und wenn die Menge desselben nur eine geringe ist, als $Fe^2 O^3$, PO^5 in Rechnung gebracht; ist die Menge eine beträchtliche, so löst man den Niederschlag noch feucht auf dem Filter in verdünnter Salzsäure auf und scheidet die Phosphorsäure nach Zusatz von etwas Weinsäure und Uebersättigung mit Ammoniak durch Magnesialösung aus. Bei sehr geringen Mengen des Eisenphosphats kann das Abfiltriren desselben ganz unterbleiben. Die heisse essigsaure Lösung wird dann unmittelbar mit oxalsaurem Ammoniak versetzt, um den Kalk auszufällen. Das Filtrat wird mit Ammoniak übersättigt, wodurch bei längerem Hinstehen eine kleine Menge von phosphorsaurer Ammoniak-Magnesia sich ausscheidet, welche, wenn sie wegen der Bestimmung der Magnesia im Knochenmehl Beachtung finden soll, abfiltrirt und mit ammoniakhaltigem Wasser ausgewaschen wird; im anderen Falle fügt man zur ammoniakalischen Flüssigkeit sofort schwefelsaure Magnesia hinzu, um die ganze Menge der Phosphorsäure abzuscheiden.

In einer zweiten ähnlichen Probe der Lösung wird zunächst die vielleicht vorhandene Schwefelsäure mit Chlorbarium ausgeschieden und das Filtrat, nachdem man mit Ammoniak, kohlensaurem und oxalsaurem Ammoniak gefällt hat, auf Alkalien untersucht (vgl. S. 12).

5. Der Werth des Knochenmehles ist nicht allein durch die chemische, sondern auch durch die mechanische Beschaffenheit desselben, durch den Grad der Feinheit des Pulvers bedingt. Das auf seine Güte zu prüfende Knochenmehl muss daher auch durch Siebe geschüttelt werden, und zwar sollten alle Chemiker zu diesem Zweck stets Siebe von gleicher Feinheit der Maschen verwenden. Man bedient sich nach Stohmann's Vorgange passend der drei feinsten Siebe, welche Hugershoff*) in seinem Satze lie-

*) Mechanikus Hugershoff in Leipzig liefert diese Siebe mit messingenem Netz, oben und unten mit Decken von Leder versehen, das Stück zu 1 Thlr. bis 1 Thlr. 10 Sgr.

fert. Nr. I. der Siebe hat auf einem Quadratcentimeter 1089 Maschen; Nr. II. 484 Maschen; Nr. III. 256 Maschen; auf einen Quadratmillimeter kommen daher bei I. 11, bei II. 5, bei III. 2,5 Maschen. Der Rest, welcher auf dem Siebe Nr. III. zurückbleibt, wird als Nr. IV. bezeichnet. Hinsichtlich der Beschaffenheit dieses Restes ist zu beachten, ob derselbe aus gleichförmigen rundlichen Körnern besteht, und also fast vollständig durch ein Sieb mit nur wenig grösseren Maschen hindurchgehen würde, oder ob noch grössere und eigentliche Knochensplitter vorhanden sind. Für jede Prüfung auf die Feinheit des Kornes nimmt man 100 Grm. Knochenmehl.

Das in Lehrte dargestellte gedämpfte Knochenmehl ist hinsichtlich der Feinheit und Gleichförmigkeit des Pulvers besonders ausgezeichnet. Es enthält bis zu 60 Proc. von feinster Substanz Nr. I., etwa 20 Proc. Nr. II., 10 Proc. Nr. III. und ungefähr 10 Proc. Nr. IV. Diese Zahlenverhältnisse können als normale angesehen werden und zur Vergleichung mit den untersuchten Proben anderer Knochenmehlsorten dienen.

3. Knochenkohle. Knochenasche. Phosphorit.

Für die Untersuchung der Knochenkohle zerreibt man 40—50 Grm. zu einem gleichförmig feinen Pulver und entnimmt demselben die für die Untersuchung nöthigen Einzelproben.

1. Um die Feuchtigkeit in der Knochenkohle zu bestimmen, trocknet man 3—4 Grm. anhaltend bei 150° C.

2. Etwa 4 Grm. Knochenkohle werden mit Wasser übergossen und nach Zusatz von 6—10 CC. Salpetersäure (1,4 spec. Gew.) im Wasserbade einige Stunden lang digerirt, hierauf die Lösung in eine 200 CC. Flasche filtrirt, der Rückstand mit heissem Wasser ausgewaschen, bei 150° C. getrocknet, gewogen und geglüht; der Glühverlust ergibt annähernd die Menge der kohligen Substanz, der Glührückstand, welcher nochmals geprüft werden muss, ob heisse verdünnte Salpetersäure nichts weiter auflöst, ist als sandige Beimengung in Rechnung zu bringen. Die salpetersaure Lösung wird auf 200 CC. verdünnt und in je 50 CC. mit titrirter Uranlösung die Phosphorsäure bestimmt.

Wenn eine vollständige Analyse der Knochenkohle vorgenommen werden soll, so verfährt man, nachdem die Lösung dargestellt worden ist, genau so, wie bei dem Knochenmehl (4) angegeben worden ist. Eswird alsdann zweckmässig der Salpetersäure bei der Lösung der Knochenkohle ein wenig Salzsäure zugesetzt.

3. Für technische Zwecke ist oftmals auch eine Kohlensäurebestimmung in der Knochenkohle vorzunehmen (s. S. 35), wozu ein Quantum von 3 Grm. ausreichend ist. Sollte auch Kalkhydrat zugegen sein, so feuchtet man eine neue Probe im Tiegel mit einer Lösung von kohlensaurem Ammoniak an, verdunstet die Feuchtigkeit unter aufgelegtem Deckel des Tiegels, wiederholt diese Operation mehrmals und erhitzt zuletzt vorsichtig etwas stärker, jedoch nicht bis zum Glühen, so dass von der Kohle nichts verbrennt. Hierauf wird nochmals die Kohlensäure bestimmt und aus der Differenz, welche man bei der ersten und zweiten Bestimmung findet, der vorhandene Aetzkalk berechnet.

4. Um einen Schwefelsäure- und Salzsäuregehalt der Knochenkohle zu ermitteln, prüft man die salpetersaure Lösung derselben beziehungsweise mit Chlorbarium und mit Silbersolution.

5. Reine Knochenasche wird gerade so untersucht, wie das Knochenmehl. Man hat durch Pulvern und Zerreiben einer grösseren Quantität dafür Sorge zu tragen, dass überall eine mittlere Probe für jede Bestimmung verwendet werden kann. Auch ist bei vollständigen Untersuchungen durch eine directe Kohlensäurebestimmung die Menge des kohlensauren Kalkes zu ermitteln.

6. Coprolithen, Phosphorite (Sombrerophosphorit) und andere phosphorsäurehaltige Mineralien und Gesteine sind meistens mit eisen- und thonhaltigen Substanzen vermischt, so dass man die Methode der Phosphorsäurebestimmung mit titrirter Uranlösung nicht anwenden kann. Man muss die Phosphorsäure durch die gewöhnliche Gewichtsanalyse ermitteln, indem man das fein gepulverte Mineral (behufs einer vollständigen Analyse wenigstens 15 bis 20 Grm.; für die Bestimmung von Phosphorsäure allein oder neben dem Kalk und unlöslichen Rückstand genügen meistens schon 2—3 Grm.) mit Salzsäure digerirt und damit, zuletzt im Wasserbade, zur Trockne eindampft, den Rückstand mit Wasser unter Zusatz von etwas Salzsäure auskocht und auswäscht, die Lösung auf 500 CC. verdünnt und davon, je nach dem zu erwartenden Phosphorsäuregehalt, 50 bis 200 CC. zur Bestimmung der Phosphorsäure, Kalkerde, Magnesia und des Eisenoxyd's, den Rest für die Bestimmung der etwa vorhandenen Alkalien ver-

wendet (vgl. Knochenmehl, 4). Der in Salzsäure unlösliche Rückstand des Minerals wird, ohne vorher geglüht zu werden, mit einer concentrirten Lösung von kohlensaurem Natron wiederholt ausgekocht (die darin gelöste Kieselsäure wieder abgeschieden und dem Gewichte nach bestimmt) und sodann mit dem 6—8fachen Gewichte concentrirter Schwefelsäure behandelt, um den Thon aufzuschliessen und von den sandigen Gemengtheilen zu trennen (vgl. S. 24).

Eine besondere Prüfung der schwefelsauren Lösung auf Alkalien ist bei Untersuchung des Minerales für den Zweck der Darstellung concentrirter Düngemittel unnöthig; soll dieselbe dennoch vorgenommen werden, so ist es zu empfehlen, nur in einem Theile des in Salzsäure unlöslichen Rückstandes die Kieselsäure mit kohlensaurem Natron abzuscheiden, den anderen Theil aber sofort mit concentrirter Schwefelsäure zu behandeln, wie solches bei der ausführlichen Analyse der Ackererde geschieht.

4. Peruguano. Bakerguano.

1. Von dem Peruguano wird eine grössere Quantität, etwa 300 bis 500 Grm. oder die ganze zur Verfügung stehende Probe (Knollen und Pulver mit einander) in einer Reibschale gleichmässig zerrieben, bis das Ganze durch ein ziemlich feines Sieb hindurchgeht, und davon 6—8 Grm. im Platintiegel vorsichtig verbrannt. Der Rückstand wird in Salpetersäure gelöst, vom Sande abfiltrirt (dieser gewogen) und das Filtrat zu 200 CC. verdünnt. In je 50 CC. der Flüssigkeit wird die Phosphorsäure titrirt.

2. Bei einer ausführlichen Gewichtsanalyse nimmt man eine gleiche Menge Guano, verbrennt denselben und löst die Asche in Salpetersäure, unter Zusatz einiger Tropfen Salzsäure auf. Die Lösung wird von dem sandigen Rückstande abfiltrirt und in zwei gleiche Hälften getheilt. In der einen Hälfte bestimmt man, wie bei dem Knochenmehl, den Kalk, die Magnesia und die Phosphorsäure, in der anderen Hälfte wird die Schwefelsäure mit Chlorbarium ausgeschieden, das Filtrat mit Ammoniak und kohlensaurem Ammoniak in der Wärme gefällt und die Flüssigkeit nach dem Abfiltriren des Niederschlages, zuletzt unter Zusatz von Salzsäure bis zur Trockne eingedampft, der Rückstand gelinde geglüht und zur Trennung der Magnesia von den Alkalien mit reiner Oxalsäure behandelt (s. S. 12).

Wenn man nur das Kali und nicht auch das Natron der Menge nach ermitteln will, so braucht man die Magnesia nicht erst von den Alkalien zu trennen, sondern löst den geglühten Rückstand in Wasser auf, filtrirt und behandelt die Flüssigkeit sofort mit Platinalösung (s. S. 112).

3. Die Gesammtmenge des Stickstoffes findet man durch Verbrennen von etwa 0,5 Grm. Guano im Gemenge mit Natronkalk; die Mischung muss in der Verbrennungsröhre mittelst der Messingspirale geschehen und der Säureapparat rasch angelegt werden, um das Entweichen von Ammoniakgas zu verhindern.

4. Das im Peruguano enthaltene, fertig gebildete Ammoniak wird am besten, ähnlich wie im Harn (s. S. 101) auf die Weise bestimmt, dass man 1 Grm. Guano im fein zerriebenen Zustande mit Kalkmilch übergiesst und das frei werdende Ammoniak unter der luftdicht schliessenden Glasglocke in einem Zeitraum von 48 Stunden mittelst titrirter Schwefelsäure auffängt.

5. Die Feuchtigkeit im Peruguano kann man nicht durch einfaches Trocknen desselben bei 100⁰ ermitteln, weil hierbei fortwährend Ammoniak entweicht. Dagegen gelingt die Wasserbestimmung im Peruguano leicht, wenn man hierzu denselben Apparat benutzt, wie er bei dem Austrocknen eines phosphorsäurereichen Harnes Anwendung findet (vgl. S. 99), indem man das beim Austrocknen im Wasserbade sich verflüchtigende Ammoniak mittelst eines Säureapparates in titrirter Schwefelsäure auffängt und die durch Rücktitriren der Säure ermittelte Menge von dem Gesammtverlust des Guano's in Abzug bringt. Man verwendet hierzu 1 bis 2 Grm. Guano. Das sich verflüchtigende Ammoniak beträgt nach Stohmann, je nach der kürzeren oder längeren Zeit des Trocknens 1 bis 2 Proc. vom Gewichte des Guano's.

Die Erkennungszeichen des ächten Peruguano's sind:

a. Gelblichbraun gefärbtes, lockeres Pulver, gemengt mit kleineren oder grösseren, meist leicht zerbrechlichen Klümpchen, welche auf dem Bruch weisse Punkte oder Adern, häufig auch eine blätterig krystallinische Beschaffenheit zeigen.

b. Eine kleine Menge ächter Guano, mit einigen Tropfen verdünnter Salpetersäure übergossen und vorsichtig bei gelinder Hitze zur Trockne verdunstet, hinterlässt einen Rückstand von schön purpurrother Färbung (Harnsäure).

c. Mit Kalkhydrat im Mörser zerrieben oder mit Kalkmilch erhitzt, entwickelt sich viel Ammoniak.

d. Mit Chlorkalklösung oder Javelle'scher Lauge übergossen, wird Stickstoffgas entwickelt; 1 Grm. Guano kann bis zu 60 und 70 CC. Gas liefern.

e. Durch Digeriren mit heissem Wasser wird ziemlich die Hälfte vom Guano gelöst, die Lösung ist dunkelgelb wie Madeira, bei schlechtem Guano hellgelb. Die Lösung gibt

aa. mit Kalkhydrat oder Kalilauge erwärmt einen starken Ammoniakgeruch;

bb. nach Zusatz von Salmiak und Ammoniak mit schwefelsaurer Magnesia einen Niederschlag von phosphorsaurer Ammoniak-Magnesia;

cc. mit Essigsäure und Chlorcalcium versetzt einen Niederschlag von oxalsaurem Kalk;

dd. mit Salzsäure und Chlorbarium einen Niederschlag von schwefelsaurem Baryt.

f. Der Glühverlust des ächten Peruguano's beträgt 60 bis 70 Proc.

g. Die Asche muss grauweiss, nicht roth gefärbt sein, und mit Salpetersäure übergossen nur eine schwache Entwicklung von Kohlensäure ergeben. Die Menge des sandigen, in Salpetersäure unlöslichen Rückstandes beträgt meist nur 1 bis 3 Proc., an Salzen der fixen Alkalien sind im Peruguano 5 bis 10 Proc. enthalten.

6. Der Bakerguano wird bei ausführlicher Analyse ebenso wie der Peruguano untersucht; bei seinem sehr geringen Gehalt an stickstoffhaltigen Verbindungen und an alkalischen Salzen genügt es aber meist, zur Beurtheilung des Werthes dieses Düngmittels, ausschliesslich eine Phosphorsäurebestimmung vorzunehmen, welches mittelst der Titrirmethode geschehen kann.

5. Superphosphate.

Der Werth der sog. Kalksuperphosphate ist zunächst bedingt durch deren Gehalt an in Wasser löslicher Phosphorsäure; die Untersuchung kann sich daher in der Regel auf die genaue Bestimmung der letzteren beschränken, wenigstens wenn das Präparat aus Knochenkohle, Knochenasche, Phosphorit oder Bakerguano dargestellt worden ist. Nur bei den aus gedämpftem Knochenmehl angefertigten Superphosphaten und bei Gemengen der letzteren mit Knochenkohle- Superphosphaten ist stets auch die in Wasser unlösliche Phosphorsäure (oft 5 bis 6 Proc.) zu beachten und ebenso, wenn es sich darum handelt, die Fabrikationsmethode zu beurtheilen und Vorschläge zu machen zur Verbesserung derselben.

Es ist zu bemerken, dass der Gehalt der Superphosphate an löslicher Phosphorsäure nicht selten bei längerer Lagerung derselben sich etwas vermindert, wie es scheint durch Einwirkung des sauren phosphorsauren Kalkes auf den noch vorhandenen basisch phosphorsauren Kalk und durch Bildung von HO, $_2$CaO, PO^5. Dies ist besonders häufig bei dem aus Sombrero-Phosphorit dargestellten Präparate der Fall. Wenn daher die Analyse einen unerwartet niedrigen Gehalt an löslicher Phosphorsäure ergibt, so muss auch die Gesammtmenge der Schwefelsäure und des Kalkes ermittelt, überhaupt eine vollständige Analyse des Superphosphats ausgeführt werden, um daraus ein sicheres Urtheil über die Güte des Fabrikates zu gewinnen. Zuweilen lässt sich auch die nicht aufgeschlossene Masse des ursprünglichen Phosphats durch sorgfältiges Abschlämmen von dem durch Einwirkung der Säure chemisch veränderten Antheil einigermassen trennen und der Menge nach ermitteln.

1. Zur Ausführung der Analyse wird die Probe zunächst möglichst sorgfältig gemischt. Ist das Superphosphat trocken genug, so wird das Feine abgesiebt und der Rest im Porzellanmörser zerrieben und gesiebt, hierauf das Ganze wieder sorgfältig gemischt.

Beim Baker- und Sombrero-Superphosphat ist ein Sieben selten möglich, da diese Fabrikate im Mörser leicht zu einer schmierigen Masse zusammenballen; man kann alsdann nur durch anhaltendes Zerreiben zwischen den Händen für eine möglichst gleichartige Mischung sorgen.

Von der so zubereiteten Probe werden annähernd 20 Grm. genau abgewogen, in einer Literflasche mit etwa 800 CC. kaltem Wasser übergossen und während drei Stunden häufig umgeschüttelt. Eine drei Stunden lange Berührung mit Wasser ist völlig genügend, um alle überhaupt lösliche Phosphorsäure aufzulösen.

Versuche, die von Stohmann besonders zu dem Zweck, um die zur Lösung erforderliche Zeit zu bestimmen, angestellt wurden, ergaben, dass bei dreistündiger Einwirkung etwa 0,5 Proc. Phosphorsäure mehr gelöst wurde, als wenn man nur eine Stunde digerirte, dass aber nach 5, 12 und 24 Stunden nicht mehr gelöst wurde, als nach 3 Stunden. Die Digestion mit kaltem Wasser wird angewendet, weil kaltes Wasser ganz genügend ist und weil eine Lösung von saurem phosphorsaurem Kalk sich beim Erwärmen zersetzt und ein in Wasser und Essigsäure unlösliches Kalksalz abscheidet.

Nach drei Stunden wird die Flüssigkeit in der Literflasche auf 1000 CC. gebracht, durch Umschütteln sorgfältig gemischt und eine beliebige Quantität davon durch ein trocknes faltiges Filter filtrirt. Von dieser Flüssigkeit verwendet man passend 50 CC. zum Titriren, welche also annähernd 1 Grm. Substanz entsprechen und für jedes Procent Phosphorsäure etwa 2 CC. der titrirten Uranlösung erfordern.

Mit Uranlösung können fast alle im Handel vorkommende Superphosphate auf Phosphorsäure untersucht werden, nur die Präparate, welche aus Phosphorit oder Coprolith, wie die sog. Sombrero-Superphosphate, dargestellt worden sind und ziemlich viel Eisenoxyd und Thonerde enthalten, werden genauer mittelst der Gewichtsanalyse untersucht; die Titrirmethode gibt bei diesen Superphosphaten gewöhnlich um $^1/_2$ bis 1 Proc. zu wenig Phosphorsäure.

2. Die in Wasser unlösliche Phosphorsäure, z. B. in den Knochenmehl-Superphosphaten wird in folgender Weise bestimmt. Es wird dieselbe Quantität Substanz wie bei der Darstellung der wässerigen Lösung in die Literflasche gebracht, mit Wasser übergossen, 20 CC. Salpetersäure (1,40 spec. Gew.) zugegeben und einige Stunden lang im Wasserbade digerirt. Beim Umschütteln sieht man leicht, ob die Menge der Salpetersäure genügend war, indem sich bei völliger Zersetzung alles, bis auf Kohle und Sand löst. Ist nach längerer Digestion nicht alles gelöst, so gibt man noch 10 CC. Salpetersäure mehr zu und erwärmt noch einige Stunden lang. Nach dem Erkalten wird zu 1000 CC. verdünnt und auf gewöhnliche Weise in 50 CC. der Lösung titrirt, wobei jedoch statt 10 CC. die doppelte Menge der essigsauren Natronlösung anzuwenden ist. Nach beendigtem Titriren der ersten Probe überzeugt man sich durch ferneren Zusatz von 10 CC. essigsauren Natron, ob die angewandte Menge genügend war. Man findet auf diese Weise die Gesammtmenge der Phosphorsäure, nach Abzug der vorher bestimmten löslichen also die unlösliche.

3. Bei der Untersuchung des Knochenmehl- und Peruguano-Superphosphats, sowie derjenigen Sorten, denen man bei der Fabrikation allerlei stickstoffhaltige Substanzen beigemischt hat, ist eine Probe von 0,5 bis 1 Grm. mit Natronkalk zu verbrennen, das hierbei gebildete Ammoniak in titrirter Schwefelsäure aufzufangen und durch Rücktitriren der letzteren mit Natron oder Ammoniak die Menge desselben zu ermitteln.

4. Eine vollständige Gewichtsanalyse der Superphosphate kann man in folgender Weise ausführen:

a. Die wässerige Lösung wird wie oben dargestellt und in je 50 CC. in einer Portion die Schwefelsäure, in einer zweiten Portion die etwa vorhandene Salzsäure, in einer dritten Portion nach Zusatz von essigsaurem Natron die Kalkerde mit oxalsaurem Ammoniak und die Phosphorsäure im Filtrat mit Ammoniak und Magnesialösung gefällt und bestimmt.

b. Eine zweite Portion des Düngemittels wird, wie in (2) angegeben, in Salpetersäure gelöst und wiederum in je 50 CC. die Gesammtmenge der betreffenden Stoffe, wie bei dem Knochenmehl erwähnt ist, ermittelt.

Enthält das Superphosphat von verbrennlichen Substanzen ausser Kohle auch leimartige oder sonstige organische Stoffe, so ist es räthlich, eine Probe von 5—6 Grm. vorher bei möglichst gelinder Hitze zu verbrennen und erst die Asche in Salpetersäure zu lösen, um sodann in dieser Lösung die Gesammtmenge der einzelnen mineralischen Bestandtheile zu bestimmen. Jedoch ist die Schwefelsäure und namentlich die Salzsäure, wenn letztere überhaupt vorhanden ist, stets in der nach (2) dargestellten Lösung zu ermitteln (vgl. Stallmist S. 96).

c. Die Menge der Feuchtigkeit findet man durch anhaltendes Trocknen von 3—4 Grm. bei 150—160° C. und durch gelindes Glühen der trocknen Masse annähernd die Menge der verbrennlichen Substanz.

d. Wenn fertig gebildetes Ammoniak zugegen ist, so ist dieses durch Uebergiessen von 1—2 Grm. mit Kalkmilch oder Natronlauge im verschlossenen Raume unter der Glasglocke zu verflüchtigen und in titrirter Schwefelsäure aufzufangen.

6. Stassfurter Abraumsalze und Kalipräparate. Kochsalz.

1. Von dem fein zerriebenen und gut gemischten Stassfurter Salze ist eine Probe von 3—4 Grm. in einem bedeckten Platinatiegel vorsichtig und langsam bis zur anfangenden Glühhitze zu erhitzen und der Gewichtsverlust als Wasser in Anrechnung zu bringen.

2. Etwa 10 Grm. werden in heissem Wasser gelöst, und wenn nur das Kali in der Lösung bestimmt werden soll, wie S. 112 angegeben ist, behandelt. Behufs vollständiger Analyse filtrirt man die Lösung in eine Literflasche, wäscht den Rückstand auf dem Filter aus und verdünnt die Flüssigkeit bis auf 1000 CC. Der unlösliche Rückstand wird mit dem Filter verbrannt und gewogen; er besteht meistens nur aus Sand und Thon.

Wenn in dem in Wasser unlöslichen Rückstand auch Gyps enthalten ist, so wird derselbe nach dem Glühen und Wägen mit verdünnter Salzsäure in der Wärme so lange digerirt, als sich noch etwas löst, und in der abfiltrirten Lösung nach Uebersättigung mit Ammoniak der hierbei vielleicht entstehende geringe Niederschlag von Eisenoxyd und Thonerde rasch abfiltrirt und sodann der Kalk durch oxalsaures Ammoniak vollständig ausgefällt. Das Filtrat säuert man mit Salzsäure etwas an und scheidet in der Kochhitze die Schwefelsäure mit Chlorbarium aus.

3. Von der Salzlösung (2) verwendet man 200 CC. zur Bestimmung von **Kalk** und **Magnesia**, und 50 CC. zur Bestimmung des **Chlor's**.

4. Weitere 100 CC. werden mit Wasser etwas verdünnt, mit einigen Tropfen Salzsäure angesäuert, mit genügend Chlorbarium versetzt und eine Zeitlang bei anfangender Kochhitze digerirt, nach dem Erkalten der Flüssigkeit die schwefelsaure Baryterde abfiltrirt und das Gewicht derselben ermittelt (vgl. »Gyps«, 2. a. Anm.). Das Filtrat versetzt man mit Ammoniak, kohlensaurem Ammoniak und etwas oxalsaurem Ammoniak, digerirt in der Wärme, filtrirt und dampft bis zur Trockne ein. Der Rückstand wird schwach geglüht, mit einer concentrirten Lösung reiner Oxalsäure wieder eingetrocknet, geglüht und mit Wasser ausgekocht. Die filtrirte Flüssigkeit versetzt man mit einigen Tropfen Salzsäure, dampft ein, glüht gelinde und wägt die so abgeschiedenen Chloralkalien. Nach dem Auflösen in Wasser wird dann mit Platinchlorid das **Kali** in bekannter Weise abgeschieden und dem Gewichte nach bestimmt.

5. Bei der Untersuchung von **Kochsalz** und **Viehsalz** verfährt man in derselben Weise, nur muss man entsprechend grössere Mengen zur Bestimmung des Kalkes, der Magnesia und der Schwefelsäure verwenden, weil die Mengen dieser Stoffe meistens nur geringe sind. Auch ist gewöhnlich eine Bestimmung des Kali's unnöthig oder kann direct nach S. 112 vorgenommen und die Menge des Chlornatriums einfach als Rest, nach Abzug der übrigen direct bestimmten Bestandtheile, berechnet werden.

7. Chilisalpeter.

1. Die **Feuchtigkeit** ergibt sich durch Trocknen von etwa 3 Grm. bei 110° C.

2. Weitere 20 Grm. des fein zerriebenen Salzes werden in heissem Wasser gelöst, die Lösung in eine Literflasche filtrirt, der Rückstand hierbei auf einem vorher bei 125° getrockneten und gewogenen Filter gesammelt und mit heissem Wasser vollständig ausgewaschen, hierauf mit dem Filter bei 125° getrocknet und verbrannt. Man findet auf solche Weise die Menge der sandigen und thonigen Bestandtheile, sowie annähernd die Menge der organischen Substanz.

3. Die Lösung wird bis auf 1000 CC. verdünnt und hiervon je 200 CC. zur Bestimmung der Schwefelsäure und des Chlor's und 500 CC. zur Bestimmung von Kalk und Magnesia verwendet. Das Natron ergibt sich entweder durch Rechnung oder auf die Weise, dass man 100 CC. obiger Lösung mit Schwefelsäure versetzt, zur Trockne eindampft, den Rückstand glüht, hierauf ein wenig trocknes kohlensaures Ammoniak in den Tiegel wirft, im bedeckten Tiegel nochmals glüht und diese Operation mehrmals wiederholt, bis das Gewicht des geglühten Rückstandes constant bleibt. Aus dem schwefelsauren Natron wird nach Abzug des schwefelsauren Kalkes und der schwefelsauren Magnesia die Menge des Natrons berechnet.

Ueber die etwaige Gegenwart einer grösseren oder geringeren Menge von Kali im Chilisalpeter erhält man annähernd Aufschluss, wenn man obigen Rückstand der schwefelsauren Salze in Wasser unter Zusatz von etwas Salzsäure auflöst und in der Lösung mit Chlorbarium die Schwefelsäure genau bestimmt (vgl. »Gyps« 2. a. Anm.). Es wird von der Gesammtmenge der schwefelsauren Salze zunächst die vorhandene schwefelsaure Kalkerde und Magnesia abgezogen und dann das schwefelsaure Kali und Natron nach folgender Formel berechnet:

$$N = \frac{S - (A \times 0{,}45919)}{0{,}10419}; \; K = A - N$$

A bedeutet die Gesammtmenge der schwefelsauren Alkalien, S die an Alkalien gebundene Schwefelsäure, N die Menge des schwefelsauren Natrons und K die des schwefelsauren Kali's.

4. Eine directe Bestimmung der Salpetersäure im Chilisalpeter ist in der Regel überflüssig, da sich die Menge der salpetersauren Salze aus der Differenz im Gewichte der angewandten Substanz und der direct bestimmten anderweitigen Bestandtheile ergibt. Will man jedoch eine solche vornehmen, so kann dieselbe nach einer der drei Methoden, welche S. 30 erwähnt sind, ausge-

führt werden. Es genügen hierzu 10 oder 20 CC. der Lösung in (3), entsprechend 0,2 oder 0,4 Grm. des zu untersuchenden Salzes. Ferner findet man die Menge der Salpetersäure, wenn man etwa 2 Grm. des Salzes in einem geräumigen Platintiegel mit concavem Deckel abwägt, bei möglichst gelinder Hitze schmilzt, hierauf auf den Kuchen die 2¼fache Menge von vorher geschmolzenem, saurem chromsaurem Kali legt, gelinde erwärmt, das Ganze wägt, dann anfangs gelinde und zuletzt bis zum kaum sichtbaren Glühen erhitzt. Der Gewichtsverlust ergibt die Menge der Salpetersäure. Eine Beimengung von Chloralkalien oder schwefelsauren Alkalien ist hierbei nicht störend; nur kohlensaure Salze dürfen nicht zugegen sein.

Der Chilisalpeter ist leicht von anderen Salzen, namentlich von Kochsalz, Soda, Glaubersalz und Bittersalz zu unterscheiden:

a. Leichtschmelzbarkeit des Chilisalpeters;

b. Funkensprühen auf glühender Kohle;

c. gelbrothe Dämpfe beim gelinden Erhitzen des trocknen Salzes in einer Reagirröhre mit concentrirter Schwefelsäure, oder wenn man die concentrirte Lösung mit Kupferspähnen und Schwefelsäure mässig erwärmt;

d. dunkle Färbung einer concentrirten Eisenvitriollösung, welche man vorsichtig zu einer erkalteten Mischung einer kleinen Menge der Salzlösung und concentrirter Schwefelsäure giesst, so dass beide Flüssigkeiten nicht sofort sich vermischen.

Man beobachtet bei etwaigen Verfälschungen mit

a. Kochsalz: reichlicher Niederschlag mit Silberlösung, unter Zusatz von etwas Salpetersäure;

b. Soda: Aufbrausen beim Uebergiessen mit einer Säure;

c. Bittersalz: reichliche Niederschläge mit Chlorbarium (nach Zusatz von etwas Salzsäure) und mit phosphorsaurem Natron (nach Zusatz von Salmiak und Ammoniak);

d. Glaubersalz: reichlicher Niederschlag mit Chlorbarium, aber kein Niederschlag mit phosphorsaurem Natron.

8. Gyps.

1. Der Wassergehalt ergibt sich aus dem Gewichtsverlust, wenn man etwa 2 Grm. von dem fein zerriebenen und gut gemischten Gypspulver bis zum schwachen Glühen erhitzt.

2. Es werden weitere 2 Grm. Gypspulver mit verdünnter Salzsäure so lange digerirt, als sich etwas auflöst, der Rückstand (Sand und Thon) abfiltrirt, mit heissem Wasser vollständig aus-

gewaschen, geglüht und gewogen. Die saure Lösung theilt man in zwei gleiche Hälften:

a. Die eine Hälfte dient zur Bestimmung der Schwefelsäure und wird zu diesem Zweck unter Erwärmen mit Chlorbarium gefällt.

Um zu verhindern, dass dem schwefelsauren Baryt Chlormetalle (resp. Nitrate) beigemischt bleiben, wird der Niederschlag zuerst durch mit Filtration verbundene Decantation ausgewaschen, bis das Filtrat keine Reaction auf Baryt und nur eine ganz schwache auf Chlor gibt, dann im Becherglas mit etwas Wasser und 40—50 CC. einer Lösung von essigsaurem Kupferoxyd (s. unten) übergossen, etwas Essigsäure zugesetzt und unter fleissigem Umrühren oder Umschwenken 10—15 Minuten lang nahe der Siedhitze digerirt. Hierauf filtrirt man, wäscht mit heissem Wasser aus, befeuchtet das Papier des Filters mit einigen Tropfen Salzsäure und wäscht weiter aus, bis im Filtrat mit Blutlaugensalz kein Kupfer mehr nachzuweisen ist*). Diese Methode ist besonders zu beachten, wenn neben der Schwefelsäure reichliche Mengen von alkalischen Salzen zugegen sind. — Die Kupferlösung wird bereitet, indem man käufliches essigsaures Kupferoxyd in siedendem Wasser unter Zusatz von Essigsäure auflöst und die Lösung mit einigen Tropfen Chlorbariumlösung versetzt, so dass das Filtrat eine schwache Barytreaction zeigt.

b. Die andere Hälfte verdünnt man, wenn nöthig, mit Wasser, erwärmt gelinde, übersättigt mit Ammoniak und filtrirt den hiedurch vielleicht entstehenden Niederschlag von Eisenoxyd und Thonerde rasch ab, bevor eine Gypsausscheidung stattfindet. Das Filtrat wird sofort reichlich mit oxalsaurem Ammoniak versetzt und bis zum Sieden erhitzt, um den Kalk auszuscheiden, hierauf filtrirt und die Flüssigkeit mit phosphorsaurem Natron auf Gegenwart von Magnesia geprüft.

Findet bei der Sättigung der salzsauren Gypslösung mit Ammoniak eine reichliche Abscheidung von Eisenoxyd statt, so kann mit dem letzteren auch Gyps gefällt werden; es ist alsdann vorzuziehen, etwa $1^1/_2$ Grm. Gypspulver, welches zu diesem Zweck besonders fein und sorgfältig zerrieben werden muss, mit einer wässerigen Lösung von 6 bis 8 Grm. reiner Soda 1 Stunde lang unter stetem Umrühren zu kochen, wodurch der Gyps, wenn keine gröberen Körner desselben zugegen sind, vollständig in kohlensauren Kalk verwandelt wird. Hierauf filtrirt man und wäscht das auf dem Filter Verbleibende mit heissem Wasser gut aus:

a. Das alkalische Filtrat wird mit Salzsäure übersättigt und unter Erwärmen mit Chlorbarium gefällt;

*) Stolba in Fresenius' Zeitschrift für analyt. Chemie, 1863. S. 390.

b. der Rückstand auf dem Filter wird vorsichtig mit verdünnter Salzsäure übergossen und mit heissem Wasser ausgewaschen (das Unlösliche ist Sand und Thon nebst Eisenoxyd) und in der Lösung wird dann Kalk und Magnesia bestimmt.

3. Soll auch eine Bestimmung der Alkalien vorgenommen werden, so kocht man wenigstens 10 Grm. des Gypspulvers wiederholt mit verdünnter Salzsäure aus, wobei nicht gerade nöthig ist, dass die Gesammtmenge des schwefelsauren Kalkes sich auflöst; aus dem Filtrat scheidet man zunächst unter Erwärmen die Schwefelsäure mit reinem, alkalifreiem Chlorbarium aus, fällt die abfiltrirte Flüssigkeit mit Ammoniak, kohlensaurem und etwas oxalsaurem Ammoniak, dampft nach dem Filtriren bis zur Trockne ein, behandelt den geglühten Rückstand mit reiner Oxalsäure und verfährt weiter, wie S. 12 angegeben ist.

4. Bei Gegenwart von kohlensaurem Kalk wird die Menge desselben durch eine Kohlensäure-Bestimmung ermittelt.

IV. Die Asche der Pflanzen, von thierischen Stoffen und von Brennmaterialien.

1. Die Pflanzenasche.

1. Als Vorbereitung der vegetabilischen Substanz zur Veraschung muss man eine möglichst sorgfältige Reinigung derselben vornehmen; man kann hierauf nicht genug Mühe und Umsicht verwenden, da eine Beimischung von thonigen und sandigen Substanzen die Analyse der Asche sehr erschwert und die Genauigkeit derselben oft wesentlich beeinträchtigt. Wurzeln und Knollen sind durch vorsichtiges Reiben mit weichen Bürsten unter Wasser und wiederholtes Abspülen mit destillirtem Wasser von allen erdigen Substanzen zu befreien und sodann mit einem weichen Leinwandtuche abzutrocknen. Von Blättern und Stengeln entfernt man den Staub etc., so weit die Beschaffenheit derselben solches gestattet, durch Abwischen mit einem weichen Tuche unter Anwendung eines möglichst gelinden Druckes. Samenkörner, namentlich die grösseren Sorten, kann man mit destillirtem Wasser übergiessen, darin einige Minuten lang aufrühren, dann aber sofort, bevor die

Feuchtigkeit eindringt und ein Aufweichen der Samenkörner bewirkt, auf einem Siebe abtropfen lassen, auf Fliesspapier legen und rasch wieder zwischen weichen Tüchern abtrocknen.

Grüne Blätter und Kräuter und ebenso in möglichst dünne Scheiben zerschnittene Rüben lässt man, an Fäden aufgehängt, im Trockenschranke völlig austrocknen. Kartoffeln müssen in Stückchen und Scheiben zertheilt und in grossen Porzellanschalen auf dem Dampfbade oder im Trockenschranke von ihrem Wassergehalte befreit werden; sie lassen sich hierauf, ebenso wie die getrockneten Rüben leicht zu Pulver zerstossen, welches jedoch nicht zu fein sein darf, damit es beim Veraschen sich hinreichend locker erhält und nicht fest zusammensetzt. Die getrockneten Blätter, Kräuter, sowie die Heu- und Stroharten werden zunächst mit der Scheere oder mittelst eines geeigneten Apparates in Stückchen zerschnitten und das Ganze gut durch einander gemischt. Die lufttrocknen Samenkörner muss man im Mörser zu einem groben Pulver zerstossen oder nur einfach quetschen, wodurch die Verbrennung sehr erleichtert und ein Umherspringen derselben beim Erhitzen vermieden wird.

2. Das Verbrennen der so vorbereiteten Pflanzenstoffe wird am besten in einer geräumigen Platinaschale (in Ermangelung derselben in der Porzellanschale) und zwar über dem freien Feuer der Lampe vorgenommen, indem man zunächst mehrere Stunden und selbst Tage lang nur eine ganz schwache Flamme einwirken lässt. Es findet hierbei eine sehr langsame Verkohlung statt, die Verbrennungsgase entwickeln sich ruhig und gleichförmig und die Masse behält eine lockere Beschaffenheit. Sobald die Gasentwicklung grossentheils aufhört, steigert man die Hitze allmählig, jedoch keineswegs bis zum Glühen, und bewirkt dadurch in der Regel, dass die Kohle in der lockeren Masse vollständig verbrennt, wenigstens, wenn man es mit Aschenarten zu thun hat, welche, wie die der meisten Futterkräuter, Holzarten und Rübenarten, reich sind an kohlensauren Salzen, und wenn die Hitze sorgfältig regulirt worden ist, so dass ein Schmelzen der Asche in keiner Weise stattfindet. Im Fall jedoch eine vollständige Verbrennung der kohligen Theilchen bei derartigen Pflanzen langsam und schwierig erfolgt, so muss die möglichst weit eingeäscherte Substanz zunächst mit Wasser extrahirt werden; in dem Rückstande verbrennt als-

dann die noch vorhandene Kohle in der Regel sehr leicht. Die wässerige Lösung wird entweder mit den unlöslichen Aschentheilen vereinigt und das Ganze verdampft, der Rückstand schwach geglüht und gewogen, — oder man bringt die wässerige Lösung auf ein bestimmtes Volumen und nimmt von derselben stets eine der zur Analyse abgewogenen unlöslichen Substanz entsprechende Menge in Untersuchung.

Kieselsäurereiche Pflanzen und Pflanzentheile, wie Wiesenheu, alle Gräser, sowie die Stroh- und Spreuarten der Cerealien, namentlich aber die an phosphorsauren Alkalien reichen Samenkörner verbrennen nur schwierig ohne Hinterlassung von kohliger Substanz. Derartige Substanzen werden am besten zunächst vorsichtig verkohlt, die Kohle sodann, ohne dieselbe umzurühren oder zu zerreiben, mit einer kalt gesättigten Auflösung von Barythydrat angefeuchtet, hierauf getrocknet und in der Muffel bei kaum anfangender Rothglühhitze verbrannt, was in der Regel im Verlauf von 8—12 Stunden vollständig gelingt. Man muss so viel Barytwasser, unter Umständen durch wiederholtes Anfeuchten und Eintrocknen der kohligen Masse hinzusetzen, dass die Asche etwa die Hälfte ihres Gewichtes an Baryterde enthält. Der Barytzusatz bewirkt eine wesentlich raschere Verbrennung der Kohle, verhindert grossentheils die Verflüchtigung von Chlor, ermöglicht das vollständige Aufschliessen der kieselsäurereichen Aschen durch concentrirte Säuren und sichert die Gegenwart der Phosphorsäure in einer Modifikation, in welcher sie am leichtesten genau bestimmt werden kann.

Das Gesammtquantum der durch Verbrennen der vegetabilischen Substanz dargestellten Asche muss stets auf das Sorgfältigste zerrieben und gemischt werden, bevor man die zur Analyse nöthigen Proben abwägt.

Die Analyse der kohlensäurereichen, ohne Zusatz von Baryt dargestellten Aschen wird in der Mehrzahl der Fälle übereinstimmend in folgender Weise ausgeführt.

3. Eine kleinere Portion der Asche, etwa 1 bis 2 Grm., dient zur Bestimmung der Kohlensäure, indem man die letztere mittelst Salpetersäure austreibt; in der abfiltrirten Flüssigkeit fällt man das Chlor mit Silbersolution.

4. Weitere 3 bis 4 Grm. Asche befeuchtet man in einer

Kochflasche mit concentrirter Salpetersäure, übergiesst mit starker Salzsäure und digerirt eine Zeitlang bei anfangender Kochhitze. Hierauf wird das Ganze in eine Porzellanschale gespült und bis zur Trockne, zuletzt im Wasserbade, unter Zertheilung aller Klümpchen verdampft; die trockne Masse lässt man längere Zeit im Trockenschranke stehen, feuchtet sodann mit concentrirter Salzsäure an und kocht mit Wasser aus. Die ungelösten Stoffe (Kieselsäure, Sand und geringe Mengen von Kohle) werden auf einem vorher bei 110° C. getrockneten und gewogenen Filter gesammelt, mit heissem Wasser gut ausgewaschen, mit dem Filter bei 110° getrocknet und gewogen. Nach dem Trocknen lässt sich der Inhalt des Filters so gut wie vollständig von dem letzteren ablösen, er wird in einer Platinschale mehrmals mit einer concentrirten Lösung von kohlensaurem Natron ausgekocht, die Flüssigkeit durch dasselbe Filter filtrirt, der Rückstand (Sand und Kohle) ausgewaschen, wieder bei 110° getrocknet und schliesslich das Filter nebst der Kohle verbrannt, so dass die sandige Substanz für sich allein zurückbleibt. Die Kieselsäure wird aus der alkalischen Lösung wieder abgeschieden, indem man mit Salzsäure übersättigt, zur Trockne verdampft, den Rückstand mit etwas angesäuertem Wasser auskocht und dem Gewichte nach bestimmt.

Wenn die Asche keine sandigen Theile enthält, was man schon beim Eindampfen der salzsauren Lösung daran bemerkt, dass bei dem Umrühren mit dem Glasstabe in keinerlei Weise durch Knirschen die Gegenwart von harten und festen Substanzen sich zu erkennen gibt, so unterlässt man die Behandlung des Rückstandes mit kohlensaurem Natron und bestimmt nach dem Trocknen sofort die Menge der Kohle durch Ausglühen der Masse. Man muss schon bei der Darstellung der Asche dafür Sorge tragen, dass in 3 bis 4 Grm. derselben nicht mehr als höchstens einige Centigramme kohliger Substanzen enthalten sind; ist die Menge eine grössere, so bleibt in der Kohle auch nach längerem Auswaschen derselben sehr leicht eine nicht unbedeutende Quantität von Phosphorsäure und alkalischen Salzen zurück, und die Analyse kann möglicherweise in Folge dessen sehr ungenau ausfallen.

5. Die von den unlöslichen Stoffen abfiltrirte Flüssigkeit wird bis auf ein bestimmtes Volumen, z. B. 500 CC. verdünnt und in zwei abgemessenen Portionen zu folgenden Bestimmungen benutzt.

a. In der einen Portion fällt man die Schwefelsäure mit Chlorbariumlösung (vgl. S. 124); das Filtrat wird hierauf in gelin-

9*

der Wärme mit Ammoniak, kohlensaurem und etwas oxalsaurem Ammoniak behandelt, die Flüssigkeit von dem gebildeten Niederschlag abfiltrirt, zur Trockne verdampft, der Rückstand mässig geglüht und mit reiner Oxalsäure erhitzt, um in bekannter Weise die Alkalien von der Magnesia zu trennen und das Kali und Natron quantitativ zu bestimmen.

b. Die zweite Portion der Lösung wird mit Ammoniak übersättigt, hierauf mit Essigsäure wieder angesäuert, auf solche Weise unter Erwärmen der Flüssigkeit die meist geringe Menge von phosphorsaurem Eisenoxyd ausgeschieden und hieraus die Phosphorsäure und das Eisenoxyd nach der Formel Fe^2O^3, PO^5 berechnet. Das Filtrat versetzt man unter Erhitzen bis zum Sieden mit genügend oxalsaurem Ammoniak, um den Kalk zu fällen; die abfiltrirte Flüssigkeit wird, wenn sie ein zu grosses Volumen hat, bis auf 200 oder 300 CC. verdampft, dann mit Ammoniak stark übersättigt und etwa 24 Stunden lang hingestellt. Die ausgeschiedene phosphorsaure Ammoniak-Magnesia sammelt man auf einem möglichst kleinen Filter, wäscht mit ammoniakhaltigem Wasser (1 : 4) aus und berechnet aus der geglühten Substanz die darin enthaltene Magnesia und Phosphorsäure. Das Filtrat wird, je nachdem noch überschüssige Phorphorsäure oder Magnesia zugegen ist, worüber man durch einen vorläufigen qualitativen Versuch sich Kenntniss verschafft hat, entweder mit Magnesialösung oder mit phosphorsaurem Natron gefällt.

Fast jede Pflanzenasche enthält Spuren von Mangan, welche meistens nicht weiter berücksichtigt werden; ist jedoch die Menge desselben eine ziemlich beträchtliche, wie in manchen Holz- und Rindenaschen, so ist eine quantitative Bestimmung vorzunehmen. Es wird dann die Portion (b) der Aschenlösung mit etwas Eisenchloridlösung (so viel als nöthig ist, um die vorhandene Phosphorsäure an Eisenoxyd zu binden), hierauf nicht mit Ammoniak und Essigsäure, sondern nach dem Erhitzen bis zum Kochen mit essigsaurem Natron versetzt, beziehungsweise vorher ein Theil der freien Salzsäure mit kohlensaurem Natron abgestumpft. Es scheidet sich so mit dem Eisenoxyd sämmtliche Phosphorsäure aus. Die abfiltrirte, schwach essigsaure Flüssigkeit erhitzt man auf 60—70° C. und leitet reines Chlorgas in dieselbe hinein; das ausgefüllte Manganhyperoxydhydrat wird nach S. 10 weiter behandelt, das Filtrat aber bis zum Sieden erwärmt, noch ein wenig essigsaures Natron hinzugefügt und sodann zuerst mit oxalsaurem Ammoniak die Kalkerde, hierauf mit Ammoniak und phosphorsaurem Natron die Magnesia ausgeschieden. Der

Niederschlag von phosphorsäurehaltigem Eisenoxyd wird noch feucht in Salzsäure gelöst, nach Zusatz von Weinsäure mit Ammoniak stark übersättigt und die Phosphorsäure durch Magnesialösung gefällt. Wenn das in einer Asche enthaltene Eisenoxyd bestimmt werden soll, so muss solches in der besonderen Portion der Asche geschehen.

6. Die unter Zusatz von Baryt dargestellten, an Kieselsäure oder an phosphorsauren Alkalien reichen Aschenarten behandelt man ebenso wie oben (4) mit concentrirter Salpeter-Salzsäure und dampft die Lösung bis zur Trockne ein. Die nach dem Eintrocknen unlöslichen Stoffe (Kieselsäure, Sand, schwefelsaurer Baryt und Kohle) werden auf einem bei 110° C. getrockneten Filter gesammelt und gewogen, hierauf

a. etwa die Hälfte des Gemenges wiederholt mit kohlensaurem Natron unter Zusatz von etwas Aetznatron ausgekocht, die zurückbleibende Masse auf demselben Filter wieder ausgewaschen, getrocknet, gewogen und nach dem Verbrennen der Kohle abermals gewogen. Die Kieselsäure findet man aus dem Gewichtsverlust oder besser nach Abscheidung aus der alkalischen Flüssigkeit durch directe Wägung.

b. Die zweite Hälfte des in Säuren unlöslichen Rückstandes behandelt man im Bleikasten mit flusssauren Dämpfen bis zur völligen Verflüchtigung der Kieselsäure; der Rückstand wird mit verdünnter Salzsäure digerirt, die schwefelsaure Baryterde abfiltrirt und nach dem Glühen gewogen, die Lösung geprüft, ob bestimmbare Mengen von basischen Stoffen zugegen sind.

Die zweite Hälfte des betreffenden Rückstandes kann man auch durch halbstündiges Schmelzen mit kohlensaurem Natronkali aufschliessen, die erkaltete Masse mit Wasser vollständig auskochen und auswaschen, die Lösung mit Salzsäure übersättigen, zur Trockne verdampfen und nach Abscheidung der Kieselsäure die Schwefelsäure mit Chlorbarium ausfällen und bestimmen.

Die von den unlöslichen Stoffen (Kieselsäure, schwefelsaurer Baryt etc.) abfiltrirte Flüssigkeit wird in zwei Hälften getheilt:

a. Die eine Hälfte wird mit Ammoniak, kohlensaurem und oxalsaurem Ammoniak gefällt und dient zur Bestimmung der Alkalien.

b. Die andere Hälfte sättigt man mit Ammoniak und fügt dann etwas Essigsäure bis zur entschieden sauren Reaction hinzu unter gelindem Erwärmen; das dadurch sich abscheidende phosphorsaure Eisenoxyd wird nach dem Glühen gewogen und aus dem Filtrat die Baryterde unter Erhitzen durch sehr verdünnte Schwefelsäure (1 : 300—400) ausgefällt, wobei ein Ueberschuss von Schwefelsäure so viel wie möglich zu vermeiden ist. Nach Ausscheidung der Baryterde wird die Flüssigkeit mit Ammoniak bis zur ganz schwach sauren Reaction gesättigt und hierauf der Kalk, die Magnesia und Phosphorsäure in gewöhnlicher Weise bestimmt.

Der ausgeschiedene schwefelsaure Baryt muss noch auf etwa vorhandene Spuren von Kalk geprüft werden, indem man die noch feuchte Masse mit einer Lösung von kohlensaurem Ammoniak und dann mit verdünnter Salzsäure behandelt, die abfiltrirte Flüssigkeit aber auf Kalk untersucht.

7. Bei dem Verbrennen der vegetabilischen Substanz wird bekanntlich der grössere Theil des in organischer Verbindung vorhandenen Schwefels verflüchtigt, ein Theil dagegen bleibt in der Form von Schwefelsäure in der Asche zurück; jedenfalls aber gibt der Schwefelsäuregehalt der Asche keinen Maassstab für den Bedarf der Pflanze an Schwefelsäure und für die Menge derselben, welche wirklich von der Pflanze aus dem Boden aufgenommen worden ist. Um die Gesammtmenge, sowohl der fertig als auch der durch Oxydation des organisch gebundenen Schwefels neu gebildeten Schwefelsäure zu finden, muss man 4—5 Grm. der fein zerriebenen oder gemahlenen vegetabilischen Substanz mit dem 7—8fachen Gewichte von reinem, schwefelsäurefreiem Kalihydrat (durch Auflösen in Alkohol etc. gereinigt) unter Zusatz von 2—3 Grm. reinem Salpeter vorsichtig zusammenschmelzen. Man schmilzt in einer Platinschale zuerst das Kalihydrat nebst dem Salpeter bei möglichst gelinder Hitze und rührt dann mittelst eines Platinspatels eine kleine Portion der abgewogenen Substanz in die schmelzende Masse hinein; sobald die Gasentwicklung aufgehört hat, trägt man eine neue Portion der Substanz ein und so fort, bis die ganze Menge der letzteren mit dem Aetzkali zusammengeschmolzen ist. Hierauf wird die Masse noch etwas stärker erhitzt, bis sie ganz weiss gebrannt ist, und sodann nach dem Erkalten in verdünnter Salzsäure gelöst und damit übersättigt. Die Lösung verdampft man zur Trockne,

scheidet die Kieselsäure ab und fällt die Schwefelsäure mit Chlorbarium*).

Dieselbe Masse kann man auch zur Bestimmung der Gesammtmenge des Chlor's benutzen, wenn man sich überzeugt hat, dass das Kalihydrat und der Salpeter keine Spur von Chlor enthalten. Man wird alsdann die geschmolzene Masse mit verdünnter Salpetersäure lösen und übersättigen und das Chlor mit salpetersaurem Silberoxyd ausfällen, hierauf das überschüssige Silber mit Salzsäure ausscheiden und die Flüssigkeit dann zur Trockne verdampfen und wie oben weiter behandeln.

8. Die meisten Kulturpflanzen enthalten, wie ich mich überzeugt habe**), kaum Spuren von fertig gebildeter Schwefelsäure; einige jedoch, wie namentlich die Rapspflanze, bilden eine Ausnahme. Wenn man die Menge dieser Schwefelsäure in der Pflanze und namentlich auch das Chlor, welches oftmals bei der gewöhnlichen Methode des Einäscherns grossentheils verloren geht, bestimmen will, so kann dieses wenigstens annähernd auf die Weise geschehen, dass man die getrocknete und fein zertheilte vegetabilische Substanz mit kaltem salpetersäurehaltigem Wasser möglichst vollständig extrahirt. Eine etwa 2 Fuss lange und 1 ½—2 Centimeter im Durchmesser haltende Glasröhre wird an dem einen Ende ausgezogen oder auch mit einem Kork, in welchen ein mit Kautschukröhre und Quetschbahn versehenes Glasröhrchen eingefügt ist, verschlossen. In das so verschlossene Ende der Glasröhre schiebt man ein wenig Baumwolle, die vorher mit salpetersäurehaltigem Wasser ausgekocht worden ist, und bringt dann 8—10 Grm. der fein zertheilten vegetabilischen Substanz in den Apparat. Man füllt nun die Glasröhre, indem man den Quetschhahn geschlossen hält, mit dem salpetersäurehaltigen Wasser (gewöhnliche reine Salpetersäure und Wasser etwa wie 1 zu 20) und lässt die Substanz damit einige Stunden lang einweichen; hierauf öffnet man den Quetschhahn und lässt etwas von der Flüssigkeit ausfliessen, so dass eine neue Portion der verdünnten Salpetersäure mit der Pflanzenmasse in Berührung kommt, während die Röhre auf's Neue gefüllt wird. Diese Operation wird wiederholt,

*) Vgl. meine Abhandlung »Beiträge zur Lehre von der Erschöpfung des Bodens durch die Kultur« in den »Hohenheimer Mittheilungen«, 5. Heft, 1860, S. 325 u. ff.

**) Am a. O., S. 326 ff.

bis eine Probe der abfliessenden Lösung entweder gar nicht oder doch nur ganz schwach mit der Silbersolution opalisirt. Die Flüssigkeit wird alsdann zuerst mit salpetersaurem Baryt und dann mit Silberlösung, oder zuerst mit salpetersaurem Silberoxyd und dann, nach Abscheidung des überschüssigen Silbers, mit Chlorbarium gefällt.

Jeder der beiden Niederschläge, besonders aber das Chlorsilber, wenn die Menge desselben einigermassen bedeutend ist, muss nach dem Trocknen von dem Filter sorgfältig getrennt und mit reinem kohlensaurem Natron geschmolzen werden. Die geschmolzene Masse wird mit Wasser ausgekocht und ausgewaschen, die abfiltrirte Flüssigkeit mit Salpetersäure übersättigt und abermals mit der Silbersolution gefällt.

9. Bei der Berechnung und Zusammenstellung der Resultate einer ausführlichen Aschenanalyse hat man die procentischen Verhältnisse der einzelnen Aschenbestandtheile, sowohl mit Einschluss der gefundenen Kohlensäure, Kohle und sandigen Substanz, als auch nach Abzug dieser unwesentlichen Bestandtheile der Asche anzugeben.

2. Die Asche thierischer Substanzen.

Thierische Substanzen, namentlich solche, welche vor dem Verkohlen zuerst schmelzen, sind sehr schwierig zu verbrennen, und es gelingt oft nur unter Anwendung besonderer Zusätze die kohligen Theilchen aus der Asche völlig zu entfernen. Es muss jedoch stets der Versuch gemacht werden, das Einäschern wo möglich ohne Zusätze zu bewirken, wenn dieses ohne wesentliche Verluste und Veränderungen der Aschenbestandtheile geschehen kann.

Die Substanz wird immer zuerst in einer Porzellan- oder besser Platinschale verkohlt, wobei man die Hitze wegen des Schmelzens der Masse nur langsam steigern darf. Wenn die Verkohlung so weit stattgefunden hat, dass beim Digeriren mit Wasser das letztere nicht mehr gefärbt wird, so zerstösst man die Kohle zu einem gröblichen (nicht feinen) Pulver und kocht und wäscht anhaltend mit Wasser aus, passend unter Zusatz von etwas Salpetersäure, wenn keine kohlensauren Salze zugegen sind oder doch die Kohlensäure nicht direct bestimmt zu werden braucht. Der kohlige Rückstand wird hierauf getrocknet und in der Muffel bei kaum anfangender Rothglühhitze vollends verbrannt. Unter Umständen muss man das Auslaugen mit Wasser und Erhitzen in der Muffel mehrmals wiederholen, bis die letzten Antheile der Kohle völlig verbrennen.

Das obige einfache Verfahren wird jedoch kaum in der Mehrzahl der Fälle anwendbar sein, hauptsächlich nur dann, wenn die betreffende Asche ziemlich reich ist an kohlensauren Alkalien und an Chlornatrium, oder wenn in einer verhältnissmässig kleinen Quantität der thierischen Substanz wenigstens annähernd die Gesammtmenge der Asche ermittelt werden soll. Da sehr häufig reichliche Mengen von phosphorsauren Alkalien zugegen sind und beim Glühen der Asche leicht pyrophosphorsaure Salze entstehen, so wird es meistens zu empfehlen sein, die zuerst bei möglichst niedriger Hitze verkohlte Masse mit Barytwasser zu behandeln und nach dem Eintrocknen bei anhaltender, aber sehr mässiger Glühhitze in der Muffel zu verbrennen.

Die Bestimmung der einzelnen Aschenbestandtheile wird ganz nach denselben Methoden vorgenommen, wie oben bezüglich der Pflanzenasche, ohne oder mit Zusatz von Aetzbaryt, angedeutet worden ist. Kieselsäure jedoch und sandige Stoffe sind in den frischen thierischen Geweben und Flüssigkeiten, mit sehr wenigen Ausnahmen, nicht vorhanden, durch welchen Umstand die Analyse in ihrem Verlaufe etwas vereinfacht wird. Der in organischer Verbindung oft reichlich vorhandene Schwefel muss in einer besonderen Portion der thierischen Substanz durch Schmelzen derselben mit reinem Aetzkali und Salpeter ermittelt werden.

3. Die Asche der Brennmaterialien.

Die Asche der Brennmaterialien, insofern sie nur als Düngemittel in Betracht kommt, wird ausschliesslich auf die in concentrirter kochender Salpeter-Salzsäure löslichen Bestandtheile untersucht; der darin unlösliche Rückstand, nachdem derselbe mit einer concentrirten Lösung von kohlensaurem Natron mehrmals ausgekocht worden ist, um die Kieselsäure zu bestimmen, wird nicht weiter berücksichtigt, sondern nur als Ganzes gewogen und als unlösliche Substanz in Rechnung gebracht.

1. Die Analyse der Holzasche wird fast genau in derselben Weise ausgeführt, wie eine an kohlensauren Salzen reiche reine

Pflanzenasche. Man nimmt jedoch eine etwas grössere Menge, z. B. 10 Grm., in Arbeit, behandelt diese mit Königswasser, dampft ein bis zur Trockne, kocht den Rückstand, nachdem derselbe mit concentrirter Salzsäure angefeuchtet worden ist, mit Wasser aus und verdünnt die Lösung bis auf 1000 CC.

a. 300 CC. werden bis zur gelblichen Färbung mit Eisenchlorid versetzt und das Eisenoxyd nebst Thonerde und Phosphorsäure aus der heissen Lösung durch essigsaures Natron ausgefällt, hierauf das Mangan mit Chlor (s. S. 10) abgeschieden und Kalkerde und Magnesia in gewöhnlicher Weise bestimmt. Das phosphorsäurehaltige Eisenoxyd löst man noch feucht in verdünnter Salzsäure und fällt die Phosphorsäure nach Zusatz von Weinsäure mit Ammoniak und Magnesialösung.

b. 300 CC. dienen zur Bestimmung der Schwefelsäure und der Alkalien.

c. 300 CC. behandelt man wie (a) mit essigsaurem Natron, aber ohne Zusatz von Eisenchlorid; der Niederschlag wird in Salzsäure gelöst, die Lösung in zwei Theile getheilt, in der einen Hälfte mit Ammoniak gefällt und das Gesammtgewicht des Niederschlags ermittelt, in der anderen Hälfte wie in (a) die Phosphorsäure bestimmt. Die Differenz ergibt die Menge des Eisenoxyds und der Thonerde.

In einer besonderen Portion der Asche (ca. 2 Grm.) bestimmt man die Kohlensäure durch Zersetzung mit Salpetersäure im Kohlensäureapparate und in der abfiltrirten Flüssigkeit das Chlor.

2. Die Torfasche und mehr noch die Braun- und Steinkohlenasche ist meist sehr arm an Phosphorsäure und Alkalien. Man verwendet zur Analyse 15—25 Grm. und verfährt hierbei ganz so, wie bei der Untersuchung der Holzasche. Wenn die Asche von Eisenoxyd röthlich gefärbt ist, dann wird selbstverständlich der Zusatz von Eisenchlorid unterlassen und man kann die Bestimmungen von 1. a und c mit einander verbinden und dazu 600 CC. der betreffenden Lösung verwenden. Bei sehr geringem Gehalt an Phosphorsäure wird der betreffende Niederschlag in Salpetersäure gelöst und aus der Lösung die Phosphorsäure mit molybdänsaurem Ammoniak ausgefällt (s. S. 13). Nach Abscheidung von Eisenoxyd, Phosphorsäure und Mangan genügt meistens ein kleinerer Theil der Flüssigkeit zur Bestimmung von Kalk und Magnesia.

Manche Sorten von Torf- und Steinkohlenasche sind reich an Gyps; es ist dann zu empfehlen, eine kleinere Portion der Asche, etwa 2 Grm., in möglichst fein zerriebenem Zustande 1 Stunde lang mit einer wässerigen Lösung von 6—8 Grm. kohlensaurem Natron zu kochen und auf die Weise, wie bei dem Gyps (S. 127) angegeben ist, die Bestimmungen der Kalkerde und Schwefelsäure zu controliren.

V. Futterstoffe und Nahrungsmittel.

1. Grünfutter und Rauhfutter.

Die Methode der Untersuchung von Grün- und Rauhfuttermitteln ist in neuerer Zeit namentlich auf der Versuchsstation Weende *), in Verbindung mit den dort angestellten Fütterungsversuchen über die Verdaulichkeit des Rauhfutters, sehr vervollkommnet und nach verschiedenen Richtungen hin auf ihre Genauigkeit geprüft worden. Das in Weende übliche Verfahren muss in Zukunft bei allen ausführlichen Analysen ähnlicher Futtermittel genau befolgt werden, was um so wünschenswerther ist, als nur in diesem Falle die Resultate der von verschiedenen Chemikern ausgeführten Untersuchungen unter sich vollkommen vergleichbar sind. Es schliesst dieses natürlich nicht aus, dass je nach den Umständen, ähnlich wie bei der Untersuchung der Ackererde, in der einen oder anderen Richtung ein wesentlich abgekürztes Verfahren eintreten kann. Uebrigens stimmt auch die vervollkommnete Methode vielfach mit derjenigen überein, welche ich schon in der ersten Auflage dieser Schrift vorgeschlagen habe und die bisher ziemlich allgemein befolgt worden ist, so dass die Resultate der älteren Analysen mit den Ergebnissen der neueren, wenigstens in manchen der wichtigeren Punkte immer noch vergleichbar sind.

Den folgenden Erörterungen lege ich zunächst das von Henneberg für die Analyse von Futterstoffen angegebene Schema**) zu

*) Vergl. die in Weende ausgeführten Versuche und Untersuchungen von Henneberg, Stohmann und Rautenberg, sowie die neueren von Kühn, Aronstein und Schulze, namentlich in »Beiträge zur Begründung einer rationellen Fütterung der Wiederkäuer«, 1. Heft, 1860 und 2. Heft, 1863; ferner in Henneberg's »Journal für Landwirthschaft«, 1865, S. 283—364 und 1866, S. 269—302.

**) Vgl. »Die landwirthschaftlichen Versuchsstationen«, 1864, S. 496—498.

Grunde, vervollständige das letztere aber nach den neueren, von Kühn, Aronstein und Schulze*) veröffentlichten Untersuchungen.

1. Probenahme der Futtermittel. Wenn die zur Analyse zu verwendende Probe der mittleren Beschaffenheit eines grösseren Haufens oder Vorrathes des Futters möglichst nahe entsprechen soll, so lässt man die ganze Futtermasse umstechen und nimmt von verschiedenen Stellen des Vorrathes jedesmal eine Handvoll heraus, im Ganzen 10—20 und mehr Einzelproben. Die so aufgenommene grössere Quantität des Futters wird auf der Häckselladc zu feinem Häcksel geschnitten und der Häcksel gehörig durch einander gemengt, bevor man zu den Probenahmen für die Analyse schreitet, wozu etwa 1000 Grm. der lufttrocknen Substanz genügen. Grünfutter bringt man zunächst auf den lufttrocknen Zustand, indem man 3—4 Kilo des betreffenden Häcksels sofort abwägt und ohne Verlust an Substanz an der Luft oder im Trockenschranke austrocknen lässt. Die lufttrockne Substanz wird mit einer Scheere oder mittelst einer passenden Schneidevorrichtung noch feiner zerschnitten und das Ganze abermals gut durch einander gemengt.

2. Wasser und Aschenmenge. Von der lufttrocknen, fein zerschnittenen Substanz werden zwei Proben genommen und (in Bechergläsern) sogleich abgewogen.

a. Die eine Probe von ca. 50 Grm. dient zur Wasserbestimmung. Man lässt sie in einem gewöhnlichen Trockenschrank bei 60—70° C. mehrere Tage stehen, alsdann einige Stunden lang offen an der Luft liegen, bestimmt den Gewichtsverlust durch Wägung der ganzen Masse, zermahlt dieselbe rasch auf einer kleinen Mühle mit stählernem Mahlwerk, wägt von der gemahlenen Substanz einige Gramme ab, bestimmt deren Gehalt an wasserfreier Substanz durch Trocknen bei 100—110° C. und berechnet danach den absoluten Trockengehalt der Gesammtmenge der lufttrocknen Substanz, beziehungsweise des Grünfutters.

b. Die zweite Probe von 50—100 Grm. dient zur Bestimmung des Gehalts an Mineralstoffen (Asche excl. Kohlensäure). Sie wird im Muffelofen (ohne durchgehendes Zugrohr) bei möglichst niedriger Temperatur verascht und die dabei resultirende Rohasche gewogen. Von dieser bringt man etwa 1 Grm. in einen Kohlen-

---

*) S. in Henneberg's »Journal für Landwirthschaft«, a. a. O.

säureapparat, bestimmt die Kohlensäure, sammelt den in Säure ungelöst gebliebenen Rückstand auf einem gewogenen Filter, wäscht aus, trocknet bei 100 bis 110° C., wägt und bestimmt den Gewichtsverlust (= Kohle), den der Rückstand durch anhaltendes Glühen im Platintiegel erleidet. Die gefundene Menge Kohlensäure und Kohle wird auf die Gesammtmenge der Rohasche berechnet, von dieser in Abzug gebracht und nach dem Rest der Gehalt des Futtermittels im natürlichen Feuchtigkeitszustande an kohle- und kohlensäurefreien Aschenbestandtheilen berechnet.

Wenn eine vollständige Aschenanalyse beabsichtigt wird, so ist dasjenige zu beachten, was hinsichtlich der Darstellung und Untersuchung der »Pflanzenasche« (S. 129) erwähnt worden ist.

3. Um das zu allen weiteren Untersuchungen geeignete Material zu erhalten, lässt man eine grössere Menge des feinen Häcksels (100—200 Grm.) im gewöhnlichen Trockenschranke mehrere Tage stehen, bringt sie noch warm auf die Mühle und stellt durch wiederholtes Absieben und Zurückgeben der Siebrückstände auf die Mühle ein feines und möglichst gleichförmiges Pulver daraus her. Die gemahlene Masse wird sorgfältigst gemischt, eine Zeit lang (24 Stunden) im Zimmer an der Luft stehen gelassen und alsdann in Glasgefässe mit gut schliessenden Stöpseln (Kautschukkörke) gefüllt. Die in den Gläsern befindliche Substanz nimmt man zu allen folgenden Bestimmungen. Man ermittelt ein für alle Mal deren Gehalt an wasserfreier Substanz durch Trocknen einer Probe bei 100—110° und berechnet danach jedesmal die Gewichtsmenge Trockensubstanz, welche in den von dem Vorrathe zur Analyse abgewogenen Quantitäten enthalten ist.

4. Aether-Extract (Fettsubstanz). 6—8 Grm. der zermahlenen Futtermasse werden in einem Kolben mit vorgelegtem, nach aufwärts gerichtetem Liebig'schem Kühlapparat wiederholt und jedesmal etwa 1/2 Stunde lang ausgekocht. Nach jedesmaligem Kochen wird die ätherische Lösung von dem Rückstande in der Weise abfiltrirt, dass man auf den Kolben einen Kautschukstopfen mit doppelter Durchbohrung steckt, in welchem sich wie bei einer Spritzflasche zwei Glasröhren befinden, von denen die längere an dem eintauchenden Ende mit einem Stückchen feinen und dichten Musselins zugebunden ist. Indem man die Oeffnung der zweiten kürzeren Röhre verschliesst und den Kolben erwärmt oder Luft

hineinbläst, wird der Aether durch den Musselin hindurchgetrieben und fliesst aus der äusseren Oeffnung der längeren Röhre nur wenig getrübt oder auch ganz klar ab. Nach dem Filtriren der einzelnen Auszüge durch ein Papierfilter werden sie sämmtlich vereinigt, der Aether abdestillirt und der Rückstand bei 100 bis 110° C. getrocknet.

In der Regel gelingt es auch, nach einigem Hinstehen, die ätherische Flüssigkeit von der pulverigen Futtersubstanz klar und fast vollständig durch einfaches Abgiessen zu trennen, wobei man die Lösung sofort auf das Papierfilter bringt. Man kann in einen 300 oder 500 CC.-Messkolben filtriren, das Gesammtfiltrat bis zur Marke auffüllen und in einem abgemessenen Theile der Flüssigkeit den Rückstand bestimmen. Die Operation des Extrahirens mit Aether ist erst dann als beendet anzusehen, wenn das Filtrat bei der bekannten Uhrglasprobe keinen Fettrückstand mehr erkennen lässt. — Es ist zu bemerken, dass das im Futter und Koth enthaltene Chlorophyll grossentheils in den ätherischen Extract mit übergeht; durch Thierkohle werden den ätherischen Extracten der Futterstoffe sowohl als des Kothes unter fast plötzlicher Entfärbung 30—50 Proc. der Trockensubstanz (Chlorophyll?) entzogen (Kühn).

5. Den Gehalt der Futtermittel an Proteinstoffen ermittelt man durch Verbrennen von 0,7 bis 1 Grm. der Futtersubstanz mit Natronkalk, indem man den gefundenen Stickstoff mit 6,25 multiplicirt.

6. Rohfaser. Eine etwa 3 Grm. wasserfreier Substanz entsprechende Menge der Futtermasse wird in einer Kochflasche mit 50 CC. 5 Proc. Schwefelsäure (50 Grm. Schwefelsäurehydrat im Liter) und 150 CC. Wasser (oder mit 200 CC. einer 1,25 Proc. Schwefelsäure) unter fortwährendem Ersetzen des verdunsteten Wassers oder besser mit vorgelegtem, nach aufwärts gerichtetem Kühlrohr, eine halbe Stunde lang gekocht, alsdann zum Absetzen hingestellt und hierauf die obenstehende Flüssigkeit mit einem am eintauchenden Ende etwas nach oben gebogenen Glasheber, zuletzt mit der Pipette in ein Becherglas möglichst klar abgehoben. Der Rückstand wird mit 200 CC. Wasser übergossen, abermals ½ Stunde unter Ersatz des verdunstenden Wassers gekocht, die Flüssigkeit abgehoben und mit der früheren vereinigt. Ebenso zum zweiten Male. Der nach der Behandlung mit Schwefelsäure bleibende Rückstand wird in derselben Weise zuerst mit 50 CC. 5 Proc. Kalilauge (50 Grm. geschmolzenes Aetzkali im Liter) und 150 CC.

Wasser, dann zweimal mit 200 CC. Wasser je ½ Stunde lang gekocht und die abgehobene Flüssigkeit in einem zweiten Becherglase gesammelt. Der ausgekochte Rückstand wird auf ein gewogenes Filter gebracht. Man hebt alsdann die in dem Becherglase aufbewahrte alkalische Flüssigkeit mit Heber und Pipette so weit als möglich klar ab und bringt den Bodensatz ebenfalls auf das Filter. Nachdem dies geschehen, wird das Filter zuerst mit heissem Wasser bis zum Verschwinden der alkalischen Reaction ausgewaschen und hierauf der Bodensatz aus der sauren Flüssigkeit aufgegeben. Danach wäscht man den Filterinhalt successive mit Wasser, Alkohol und Aether vollständig aus, trocknet bei 100 bis 110°, wägt und verbrennt den Rückstand zur Bestimmung der Asche. Als Rohfaser wird der aschenfreie Rückstand in Rechnung gebracht.

Die auf solche Weise erhaltene Rohfaser ist ein Gemenge von reiner Cellulose mit mehr oder weniger anderweitigen Stoffen, je nach der Substanz, aus welcher sie abgeschieden worden ist. Die Rohfaser der Gramineen (Wiesenheu, Stroh und Spreu der Cerealien) ist verhältnissmässig am reinsten, sie enthält aber immer noch in 100 Theilen 2—3 Th., die Rohfaser des Kleeheu's aber 5—6 Proc. Proteinsubstanz; in der Rohfaser, welche man aus dem unter dem Einfluss jener Futtermittel producirten Darmkoth dargestellt hat, findet man, nach dem Stickstoffgehalt berechnet, noch mehr Proteinsubstanz, nämlich beziehungsweise 4—5 und 9-10 Proc. Aber auch nach Abzug der Proteinsubstanz und der entsprechenden Menge von Kohlenstoff etc. ist die Elementarzusammensetzung des Restes immer noch wesentlich verschieden von derjenigen der reinen Cellulose; die proteinfreie Rohfaser der Gramineen enthält stets 1—2, die des Kleeheu's 3—4 Proc., und die des entsprechenden Darmkothes sogar 3—4, beziehungsweise 5—7 Proc. mehr Kohlenstoff als die Cellulose. Es ist daher eine wesentliche Vervollkommnung der Futteranalyse, dass es in neuester Zeit gelungen ist, eine Methode aufzufinden, nach welcher der Gehalt der Futtermittel und auch des Darmkothes der Grasfresser an reiner Cellulose direct und ziemlich genau bestimmt werden kann (s. unten).

Die im Vorgehenden erwähnten Bestimmungen hat man bisher bei der Untersuchung des Rauhfutters und überhaupt aller Futtermittel im Allgemeinen als genügend erachtet; man hat also Wasser, Asche, Fettsubstanz, die Gesammtmenge der Proteinstoffe, Rohfaser und als Rest die sog. stickstofffreien Extractstoffe ermittelt. Die in Weende seit einigen Jahren ausgeführten Versuche und Untersuchungen haben aber als Resultat ergeben, dass bei ausführlichen Futteranalysen noch weitere Bestimmungen vorzunehmen sind, um über die Güte und den Nahrungswerth der betreffenden Futtermittel durch directe chemische Analyse möglichst vollständigen Aufschluss zu erhalten. Zu diesem Zweck ist namentlich die

7. Bestimmung der in Wasser löslichen Stoffe von grossem Werthe. 10 bis 20 Grm. des zu extrahirenden Materiales werden in einer Kochflasche 8—10 Mal mit je 200—300 CC. Wasser jedesmal eine halbe Stunde gekocht, unter steter Erneuerung des verdunsteten Wassers. Nach jedesmaligem Kochen wird die Flüssigkeit rasch vom Rückstand getrennt, schliesslich die sämmtlichen Flüssigkeiten auf ein bestimmtes Volumen aufgefüllt und alsdann durch grosse Faltenfilter, die man durchstösst und erneut, sobald sie nicht mehr rasch durchlaufen lassen, möglichst schnell filtrirt.

Es ist besonders wichtig, dass nach dem jedesmaligen Kochen die Trennung der Flüssigkeit von dem Rückstande recht schnell erfolgt und überhaupt die ganze Operation des Extrahirens an einem Tage vollendet wird, weil man sonst, zumal im Sommer, Gefahr läuft, den Extract verschimmeln zu sehen, bevor man die weitere Verarbeitung desselben vornehmen kann. Eine wesentliche Beschleunigung der Filtration lässt sich durch den Piccard'schen Trichter*) erzielen, indem man mit dem Halse eines gewöhnlichen Trichters eine etwa 1 Fuss lange Glasröhre luftdicht verbindet, die an ihrem oberen Theile (nahe unter dem Trichterhalse) in ein Oehrchen umgebogen ist. Jedoch hat sich der bei der Aetherextraction (S. 141) beschriebene Apparat auch für die Extraction mit Wasser brauchbar gezeigt; nur ist es nöthig, dass man über das Leinenfilter der betreffenden Röhre noch einen dicken Bausch von Schiessbaumwolle (nicht gewöhnliche Baumwolle) bindet. Der Pyroxylinbausch muss wo möglich aus einer einzigen grossen Flocke gebildet werden und darf nicht unter 3/4 Zoll im Durchmesser haben und vor Allem hat man darauf zu achten, dass das Rohr mit dem Leinenfilter nicht weiter als bis in die Mitte des entstehenden Kugelfilters reiche, dass, mit andern Worten, die vorwiegend filtrirende Pyroxylinschicht nicht zu dünn wird. Nach jedesmaligem Auskochen der feinpulverigen Futtermasse wird der Kautschukstöpsel, — mit Filterröhre und der kurzen, zum Einblasen von Luft bestimmten Röhre versehen, — aufgesetzt, die heisse Flüssigkeit in ein Sammelgefäss übergespritzt und der Pyroxylinbausch mit der zur

---

*) Fresenius' Zeitschrift für analytische Chemie, 1865. S. 47.

folgenden Extraction bestimmten Wassermenge gereinigt. Auf diese Weise gelingt es, den sorgfältig bereiteten Bausch bis zum Ende der 10 Filtrationen zu gebrauchen. Die weitere Verarbeitung des wässerigen Extractes ist sofort vorzunehmen; wenn dieselbe ausnahmsweise verschoben werden muss, so hat man die Extractflüssigkeit in der heissen Jahreszeit an einem kühlen Orte, im Keller oder in einem Eisschranke aufzubewahren.

Mit dem filtrirten wässerigen Extract (wässeriger Rohextract) sind verschiedene Bestimmungen auszuführen.

a. Es wird eine abgemessene Menge, z. B. 200 CC., im Platinschälchen auf dem Wasserbade verdampft, das Schälchen mit dem fast trocknen Rückstande in Sand gestellt, den man auf 100° erwärmt hat, mit dem Sande unter den Recipienten einer Luftpumpe über Schwefelsäure gebracht und der Recipient ausgepumpt. Nach dem Erkalten des Sandes wägt man das Schälchen und bringt es nochmals und so oft mit heissem Sand unter die Luftpumpe, als es an Gewicht verliert; selten sind mehr als zwei Wägungen nöthig, da auf diese Weise ein vollständiges Austrocknen sehr rasch erfolgt.

b. Eine grössere Portion der Extractflüssigkeit (500—1000 CC.) wird zur Stickstoffbestimmung in der Platinschale verdampft, der feuchte Rückstand mit möglichst geringen Mengen gebrannten Gypses aufgerieben, in einem Gläschen gesammelt, einige Zeit im Dampftrockenschranke (bei 80 bis 95°) getrocknet und dann, wie gewöhnlich, mit Natronkalk in die Verbrennungsröhre gebracht.

c. Die Bestimmung der Rohasche in dem von Wasser Gelösten wird so ausgeführt, dass man diejenige Portion, welche zur Bestimmung des Trockenrückstandes (a) gedient hat, vorsichtig einäschert und den Rückstand wägt. Die Asche lässt sich meistens frei von kohligen Theilchen darstellen; wenn letztere vorhanden sind, müssen sie abgeschieden und bestimmt werden.

d. Zur Bestimmung der Kohlensäure in der Rohasche wird die gesammte noch übrige Flüssigkeit vereinigt, zur Trockne gebracht, der Rückstand in der Muffel eingeäschert und darin, nach gewöhnlicher Methode, die procentische Menge der Kohlensäure ermittelt. Nach dem Ergebnisse dieser Bestimmung wird die Rohasche auf Mineralstoffe umgerechnet.

In dem wässerigen Rohextract findet man immer einen gewissen Ueberschuss von Mineralstoffen, da das heisse Wasser bei seiner langen Einwirkung auch Bestandtheile des Glases der Kochflasche auflöst. Wenn der in Wasser unlösliche Theil des Futtermittels nicht einer weiteren Behandlung mit Weingeist und mit Aether (s. unten) unterworfen werden soll, so kann derselbe nach dem Trocknen und Wägen auf Asche und Stickstoff untersucht werden; man findet alsdann die Menge der betreffenden Stoffe in der wässerigen Lösung durch Rechnung aus der Differenz gegenüber der Gesammtmenge, welche man in den Futterstoffen selbst ermittelt hat, und der wässerige Extract kann in diesem Falle entweder ganz unberücksichtigt bleiben oder zu den Bestimmungen benutzt werden, welche gleich unten erwähnt worden sind. Da aber die durch Weingeist und Aether aus der mit Wasser erschöpften Substanz gelöste Trockenmasse nur ganz geringe Mengen von Mineralstoffen enthält, so wird man, zumal diese Trockenmasse selbst nur wenige Procente beträgt, keinen erheblichen Fehler begehen, wenn man annimmt, dass das mit Wasser erschöpfte Material dieselbe Aschenmenge enthält, als man später in dem nachträglich noch mit Weingeist und Aether extrahirten findet. Es lassen sich also hiernach die durch directe Bestimmung für den wässerigen Rohextract gefundenen Zahlen entsprechend corrigiren.

e. Es ist häufig von Interesse, auch die in der wässerigen Lösung enthaltenen zuckerartigen und gummiartigen Substanzen wenigstens annähernd genau zu bestimmen. Man verdampft 500 bis 1000 CC. des wässerigen Extractes auf dem Wasserbade, aber möglichst rasch (am besten im luftverdünnten Raume) zur Trockne. Der noch feuchte Rückstand wird mit Weingeist (80—85 Proc.) wiederholt und so lange ausgekocht, als derselbe noch gefärbt wird. Die filtrirte weingeistige Lösung wird mit Wasser versetzt und der Alkohol durch Erhitzen auf dem Wasserbade verdampft, die wässerige Lösung, wenn nöthig durch Thierkohle filtrirt, um sie möglichst zu entfärben und hierauf durch Zusatz von Wasser auf ein bestimmtes Volumen gebracht.

aa. In einem abgemessenen Theile bestimmt man direct die Menge des Traubenzuckers mit Hülfe der Fehling'schen Kupferlösung (s. den Artikel »Rüben«).

bb. Eine andere Portion der Lösung (etwa 50 CC.) wird mit 1—2 CC. einer verdünnten Schwefelsäure (1 Th. Schwefelsäurehydrat auf 5 Th. Wasser) versetzt, hierauf 2—3 Stunden lang auf dem Wasserbade erhitzt, alsdann mit 10 CC. Bleiessig gefällt und die Flüssigkeit ebenfalls mit der Fehling'schen Kupferlösung geprüft. Die Differenz im Zuckergehalt von (aa) und (bb) ergibt die

Menge des Rohrzuckers, wenn man jene Differenz mit 0,95 multiplicirt.

Der Rückstand von der Behandlung mit Weingeist wird bei 100° getrocknet, sodann gewogen und eingeäschert. Nach Abzug der Asche und der schon früher ihrer Menge nach ermittelten Proteinstoffe, wird der Rest als gummiartige Substanz im Gemenge mit Pflanzensäuren etc. anzusehen sein. In wie fern dieses Gemenge eine noch weitere Abscheidung oder Charakterisirung der einzelnen stickstofffreien organischen Bestandtheile zulässt, kann erst durch fortgesetzte genaue Untersuchungen entschieden werden.

f. Zur Controlirung der im eingedampften Rückstande des wässerigen Extractes, durch Verbrennung desselben mit Natronkalk gefundenen Gesammtmenge des Stickstoffes ist es offenbar von Wichtigkeit zu ermitteln, ob und in welcher Menge vielleicht unorganische Stickstoffverbindungen, also Salpetersäure und Ammoniak zugegen sind.

aa. Die quantitative Bestimmung der Salpetersäure wird ohne Schwierigkeit am besten nach der Schlössing'schen Methode ausgeführt, indem man den wässerigen Extract mit Kalkmilch behandelt, das Filtrat bis auf ein kleines Volumen verdampft und dann eine Lösung von Eisenchlorür in concentrirter Salzsäure unter den nöthigen Vorsichtsmassregeln einwirken lässt (vgl. S. 40)*).

Auch die Schulze'sche Methode kann man mit Erfolg zur Bestimmung der Salpetersäure (aus dem Wasserstoffdeficit, bei Auflösung von Aluminium in alkalischer Flüssigkeit) anwenden, wenn man den wässerigen Extract zunächst mit Kalkmilch kocht, filtrirt, aus dem Filtrat den aufgelösten Kalk durch Kohlensäure (s. unten) entfernt und die Flüssigkeit bis auf ein kleines Volumen eindampft.

Das Verfahren, welches Frühling für die Darstellung des Pflanzenextractes und bezüglich der Vorbereitung des letzteren zur Salpetersäurebestimmung (nach der Schlössing'schen Methode) bewährt gefunden hat, ist folgendes. Eine grössere Masse der zu untersuchenden Substanz wird, wenn sie grün und saftig ist, an der Sonne oder in einem mässig erwärmten Trockenschranke getrocknet, dann zu feinem Häcksel zerschnitten, innig gemischt und hiervon 100 bis 500 Grm. zur Analyse abgewogen. Die abgewogene Menge wird mit wässerigem (50 Proc.) Alkohol in starke, zwei Liter haltende Glasgefässe mittelst eines grossen porzel-

*) Vgl. Frühling und Grouven in den »Landwirthschaftlichen Versuchsstationen« 1866, S. 471–479 und 1867, S. 9—37.

lanenen Mörser-Pistilles fest eingestampft und durch eine welche mittelst eines mit Quecksilber gefüllten Glases bes unter dem Niveau der Flüssigkeit gehalten, so dass kein The Pflanze der Extraction sich entziehen kann. Ein Zeitraum vo den (vom Abend bis zum Morgen) genügt vollkommen, um die der Salze zu bewirken. Nach dieser Zeit wird der meistens färbte Alkohol abgegossen und die extrahirte Substanz, in g wand eingeschlagen, mittelst einer starkwirkenden Schraubenpre gepresst. Durch 4 bis 5 Mal wiederholtes Aufgiessen von v Alkohol auf die zwischen den metallenen Pressflächen befindli werden alsdann die letzten Reste des Extractes aus dieser und durch neues Pressen gewonnen. Man erhält so 1—2 I dunklen, alkoholischen Rohextractes, der sofort erhitzt ur chend, bis der Alkohol entfernt ist, auf ein kleineres Volumen ei wird. Hierauf versetzt man die Flüssigkeit mit einem Ueber ziemlich dicker Kalkmilch und kocht anhaltend, wodurch d sehr voluminöse Niederschlag eine compactere Beschaffenheit Man lässt den Niederschlag in der Schale absitzen und zieht ger Zeit die klare, darüber stehende Flüssigkeit mit dem Heb Rest wird durch Leinwand filtrirt und das Unlösliche mit heiss ausgewaschen. Hierauf erwärmt man das Filtrat und behande in der Hitze mit reiner Kohlensäure; der hiedurch entstehen schlag wird beim Kochen ganz compact und kann durch Fi heissen Flüssigkeit leicht und schnell von derselben getren Das Filtrat, der Reinextract, wird nun entweder auf ein Volumen gebracht, um ihn theilweilse der Analyse zu unterwe aber bei an Salpetersäure armen Substanzen ungetheilt anal Anwendung von 500 Grm. Trockensubstanz erhält man dann ir Falle als Endproduct der vorstehenden Operationen eine fas Flüssigkeit von einem specifischen Gewichte = 1,1010 bis 1,11

bb. Zur Bestimmung des fertig gebildeten Amn in dem wässerigen Pflanzenextracte möchte sich am besten sche Methode eignen (Zersetzung des Ammoniaks in d Eindampfen concentrirten Flüssigkeit mit bromirter Jav Lauge und Bestimmung des frei gewordenen Stickstoffes tometer. Vgl. S. 37).

In wiefern das directe Abdestilliren der feinpulverigen Pf stanz mit Wasser unter Zusatz von gebrannter Magnesia oder milch oder, nach Siewert und Hosaeus*), mit alkoholischer die Bestimmung des Ammoniaks hinreichend genau ausfallen über müssen erst noch weitere Untersuchungen angestellt wer

*) Stöckhardt's »Zeitschrift für deutsche Landwirthe«, 1864. S

8. Wenn man die stickstofffreien Extractstoffe in noch engere Gruppen einschliessen will, als nach den bisher beschriebenen Bestimmungen möglich ist, so wird das mit Wasser erschöpfte Material noch weiter zuerst mit gewöhnlichem Weingeist, sodann mit absolutem Alkohol so oft gekocht, bis der letztere ungefärbt bleibt und hierauf noch mit Aether bis zur Erschöpfung extrahirt. Bei der Extraction mit Weingeist behält man zur Trennung von Lösung und Rückstand das Schiessbaumwollenfilter bei, zum Abspritzen der ätherischen Lösungen genügt das gewöhnliche Leinwandfilter. Der weingeistige Extract sowohl als der ätherische werden auf ein bestimmtes Volumen gebracht und in einem aliquoten Theil oder auch in der ganzen Menge der Flüssigkeit der Trockenrückstand bestimmt.

Durch Verbrennen des trocknen Rückstandes der eingedampften Lösung findet man die Menge der Mineralstoffe. Indess kann auch die ganze Trockenmasse ohne erheblichen Fehler als organische Substanz in Rechnung gebracht werden, da z. B. ein Versuch mit Haferstroh einen Gehalt des trocknen weingeistigen Extractes von nur 2,94 Proc. Asche ergab, was, auf die ganze Masse des Strohes berechnet, nur 0,04 Proc. betrug und innerhalb der Fehlergrenze liegt. Der ätherische Extract ist noch ungleich ärmer an Asche. — Die Gesammtmenge des trocknen weingeistigen Extractes betrug bei verschiedenen Rauhfutterarten 1,33 bis 2,0 und bei den unter ihrem Einfluss producirten Kotharten 3—4 Proc., die Gesammtmenge des ätherischen Extractes 0,1 bis 0,7 Proc. der ursprünglichen Trockensubstanz. — Behufs der Beurtheilung des möglichen Maximums beigemischter Stoffwechselprodukte ist auch die Trockensubstanz des Kothes direct mit heissem Alkohol zu extrahiren und ausserdem der Stickstoffgehalt des Wasserextractes vom Koth als dem Maximum des darin enthaltenen Taurin's (mit 11,2 Proc. N) entsprechend in Betracht zu ziehen (G. Kühn).

9. Cellulose. Nach zahlreichen Versuchen und Untersuchungen, welche in Weende ausgeführt worden sind, ist eine directe und hinreichend genaue quantitative Bestimmung der reinen Cellulose in den Futtermitteln und in dem Kothe durch das Schulze'sche Verfahren ermöglicht, indem man den von der successiven Behandlung mit Wasser, Weingeist und Aether restirenden Theil trocknet, die trockne Masse zerkleinert und sodann in folgender Weise der Einwirkung von Salpetersäure und chlorsaurem Kali unterwirft. Es wird 1 Theil der betreffenden Trockensubstanz (zu jeder Bestimmung sind 2—4 Grm. zu verwenden) 12—14 Tage lang bei

höchstens 15° C. mit 0,8 Thln. chlorsauren Kali's und 12 Gwthln. Salpetersäure von 1,10 spec. Gw. im zugestöpselten Glase macerirt. Nach Ablauf dieser Zeit verdünnt man etwas mit Wasser, filtrirt und wäscht zuerst mit kaltem, dann mit heissem Wasser nach. Nach Beendigung des Auswaschens spült man den Inhalt des Filters in ein Becherglas und digerirt etwa ¾ Stunde bei ungefähr 60° C. mit Ammoniakflüssigkeit (1 Thl. käufliches Ammoniak auf 50 Thle. Wasser), sammelt auf gewogenem Filter, wäscht mit derselben kalten Ammoniakflüssigkeit nach, bis das Filtrat ganz farblos abläuft und wäscht schliesslich mit kaltem und heissem Wasser, mit Alkohol und Aether völlig aus.

Man hat vor allen Dingen während der Maceration ein Steigen der Temperatur über 15° C. zu vermeiden, da leicht die oxydirende Wirkung zu energisch auftritt und bei mangelhaftem Schutz vor strahlender Wärme sogar Explosionen stattfinden können; wenn die Gläser jedoch in richtig temperirten Räumen stehen, so ist kaum eine Erhöhung des Druckes zu bemerken. — In der nach obigem Verfahren abgeschiedenen »Rohcellulose« ist immer noch eine kleine Menge Proteinsubstanz enthalten, welche auf die Trockensubstanz der ursprünglichen Masse berechnet, bei verschiedenen Futtermitteln übereinstimmend nahezu 0,5, bei den betreffenden Kothsorten 0,7—0,8 Proc. betrug. Nach Abzug dieser Proteinsubstanz berechnet sich die Elementarzusammensetzung des Restes fast genau wie die der reinen Cellulose und ist entschieden als solche anzusprechen. Da die Kothcellulose um ein Weniges reicher an Kohlenstoff gefunden wurde, als die Futtercellulose, so scheint es räthlich zu sein, die erstere etwas länger maceriren zu lassen, anstatt 12—14 vielleicht 14—16 Tage. Dagegen hat es sich als durchaus überflüssig herausgestellt, die mit Wasser, Alkohol und Aether extrahirte Futter- oder Kothmasse vor der Maceration mit Salpetersäure etc. noch erst einer Behandlung mit Schwefelsäure zu unterwerfen, wie solche bei der Bestimmung der Rohfaser (s. S. 142) vorgenommen wird. Es wird vielmehr durch das Digeriren mit der verdünnten Schwefelsäure das absolute Gewicht der später erhaltenen Rohcellulose etwas vermindert und eine kleine Menge der Cellulose selbst aufgelöst, ohne dass die Proteinsubstanz von der letzteren vollständiger getrennt und die Elementarzusammensetzung den normalen Verhältnissen mehr genähert würde.

Die Differenz im Gewichte der Cellulose und der mit Wasser, Weingeist und Aether extrahirten Trockensubstanz des Futters (und des Kothes) ergibt, nach Abzug der betreffenden Proteinstoffe und Mineralbestandtheile, die Menge der »schwerlöslichen stickstofffreien Extractstoffe«.

10. Eine vollständige Elementaranalyse der Trockensubstanz im Futter und Koth, sowie des von der Behandlung mit Wasser, Alkohol und Aether zurückbleibenden Theiles gestattet oftmals interessante Folgerungen bezüglich der Beschaffenheit und des Nahrungswerthes der Hauptgruppen der stickstofffreien Bestandtheile.

2. Rüben.

1. Die Rüben werden, nachdem sie auf das Sorgfältigste gereinigt, von allen anhängenden Erdtheilchen befreit worden sind, in dünne Scheiben zerschnitten; oder, wenn es sich um die Untersuchung grösserer Rübensorten, z. B. der Runkelrüben oder Zuckerrüben handelt, wählt man eine Anzahl von Exemplaren (etwa 10 bis 20 Stück) aus, wie sie mit einander der durchschnittlichen Beschaffenheit der Ernte oder des Vorrathes entsprechen, theilt jede einzelne Rübe durch einen Längsschnitt in zwei gleiche Hälften und schneidet von der inneren Seite beider Hälften jedesmal mit einem scharfen Messer von oben nach unten möglichst dünne Scheiben ab. Die sämmtlichen Scheiben werden, nachdem das Gesammtgewicht (etwa 500—1000 Grm.) rasch ermittelt worden ist, an Fäden frei im Trockenschranke aufgehängt und also bei 60—70° C. ausgetrocknet. Die trockne Masse zerstösst man, unter Vermeidung jeglichen Verlustes zu einem nicht gar zu feinen Pulver, mischt das Ganze gut durch einander, bestimmt das Gesammtgewicht und wägt sofort eine kleinere Portion, 5—6 Grm. ab, um darin durch Trocknen bei 100—110° C. die noch vorhandene Feuchtigkeit zu bestimmen, während das Uebrige in luftdicht verschlossenen Gläsern zur chemischen Untersuchung aufbewahrt wird.

2. Passende Mengen des trocknen Pulvers verwendet man zur Bestimmung der Asche, des Stickstoffes, des Aetherextractes (Fett) und der Rohfaser (beziehungsweise der Cellulose), indem man hierbei dieselben Methoden befolgt, welche bei dem »Rauhfutter« ausführlich beschrieben worden sind, endlich zur Bestimmung des Zuckers, während die Menge der Pektinstoffe als Rest, nach Abzug aller übrigen direct bestimmten Bestandtheile von der Gesammt-Trockensubstanz der Rüben, berechnet wird.

3. Zur Bestimmung des **Zuckers** werden 2—3 Grm. der getrockneten und gepulverten Rübenmasse wiederholt und stets mit neuen Portionen von 80—85 Proc.-Weingeist ausgekocht, so lange bis der Rückstand vollständig erschöpft ist. Nach dem jedesmaligen Auskochen giesst man die alkoholische Flüssigkeit durch ein vorher bei 100° getrocknetes und gewogenes Filter, auf welchem schliesslich auch die in Weingeist unlösliche Masse gesammelt und noch mit heissem Alkohol ausgewaschen wird. Wenn man den Rückstand mit dem Filter bei 100° trocknet, wägt und ausserdem die darin enthaltene Asche bestimmt, so lässt sich die Menge der vom Weingeist aufgelösten organischen Substanz leicht berechnen; die letztere besteht fast ausschliesslich aus Zucker. Noch genauer aber findet man die Menge des Zuckers, wenn man die alkoholische Flüssigkeit reichlich mit Wasser versetzt und im Wasserbade erwärmt, bis der Alkohol vollständig verdampft ist, die wässerige Lösung bis auf etwa 300 CC. verdünnt, mit 5—6 Tropfen Schwefelsäurehydrat versetzt, hierauf 3 Stunden lang auf dem Wasserbade erhitzt und sodann, nachdem die Säure mit kohlensaurem Natron neutralisirt und die Flüssigkeit auf ein bestimmtes Volumen (etwa 500 CC.) gebracht worden ist, mit der Fehling'schen Kupferlösung auf den Zuckergehalt untersucht. Aus dem auf diese Weise gefundenen Traubenzucker berechnet man durch Multiplication mit 0,95 die Menge des ursprünglich in den Rüben vorhandenen **Rohrzuckers**.

Darstellung der Kupferlösung: Der käufliche Kupfervitriol wird in wässeriger Lösung mit etwas Salpetersäure erhitzt und durch Umkrystallisiren aus schwefelsäurehaltigem Wasser gereinigt, hierauf die Krystallmasse durch Zerreiben und Ausdrücken zwischen Fliesspapier von der anhängenden Feuchtigkeit befreit. Man löst nach Will*) 34,65 Grm. des reinen Kupfervitriols in 200 CC. Wasser auf, vermischt mit einer Auflösung von 173 Grm. reinem krystallisirtem weinsaurem Kalinatron in 480 CC. Aetznatronlauge von 1,14 sp. Gew. und verdünnt die Flüssigkeit bei + 15° C. auf 1000 CC. Von dieser Probelösung entsprechen 10 CC. 0,050 Grm. getrocknetem Traubenzucker, welches jedoch durch eine Auflösung von chemisch reinem, bei 100° getrocknetem Traubenzucker oder von reinem, durch Kochen mit Schwefelsäure invertirtem Rohrzucker direct zu bestätigen ist. Die alkalische Kupferlösung darf nicht in zu grossem Vorrath für lange Zeit dargestellt werden; man muss dieselbe

*) Will: Anleitung zur chemischen Analyse, 7. Auflage. S. 341.

jedenfalls in kleinen, gut verschlossenen Gläsern an einem kühlen und dunklen Orte (im Keller) aufbewahren und stets bei ihrer Verwendung zuvor prüfen, ob sie nicht bei dem Erwärmen von selbst Kupferoxydul ausscheidet.

Die auf ihren Zuckergehalt mit der titrirten Kupferlösung zu untersuchende Flüssigkeit darf höchstens ½ bis ¾ Proc. Zucker enthalten und ist also nöthigenfalls entsprechend zu verdünnen. Die Zuckerbestimmung kann man in doppelter Weise ausführen:

a. Zu einer zunächst annähernden Bestimmung werden 10 CC. der Kupferlösung mit 40 CC. Wasser verdünnt, in einer Porzellanschale oder in einem Kochfläschchen zum Sieden erhitzt und aus einer Gay-Lussac'schen Bürette in die Flüssigkeit so lange von der Zuckerlösung zugetropft, bis alles Kupferoxyd gerade reducirt und als Oxydul ausgefällt, d. h. die überstehende Flüssigkeit farblos geworden ist und beim vorsichtigen Zugiessen der Zuckerlösung keine Trübung mehr entsteht. Man filtrirt dann einige Tropfen der Flüssigkeit ab, prüft nach dem Ansäuern mit Salzsäure (resp. Essigsäure), mit einer sehr verdünnten Ferrocyankaliumlösung und setzt, wenn noch Kupferreaction auftritt, weitere Zuckerlösung zu. Hat man im Ganzen z. B. 10 CC. der Traubenzuckerlösung verbraucht, so werden in einer zweiten Probe 10 CC. der Probeflüssigkeit mit 40 CC. Wasser zum Sieden erhitzt, 10 CC. der Zuckerlösung auf einmal zugesetzt, die siedende Flüssigkeit nach einigen Augenblicken vom Feuer entfernt und nach kurzer Ruhe möglichst rasch auf ein benetztes Filter gegeben. Ist das Filtrat kupferfrei, so wiederholt man die Probe mit etwa 9,6 CC. der Zuckerlösung. Tritt die Kupferreaction hierbei noch auf, so enthalten 100 CC. der geprüften Flüssigkeit zwischen 0,50 und 0,52 Grm. trocknen Traubenzucker und eine weitere Operation mit etwa 9,8 CC. der Zuckerlösung kann diese Mengenverhältnisse noch enger begrenzen.

b. Man setzt zu einer siedenden Mischung von 20 CC. Kupferlösung und 80 CC. Wasser ein bestimmtes Volumen der zu untersuchenden Flüssigkeit, so viel, dass die Flüssigkeit nach dem Aufkochen nur noch ganz schwach blau gefärbt ist. Hierauf giesst man rasch und möglichst bei Ausschluss der Luft die heisse Flüssigkeit, ohne den Niederschlag aufzurühren, auf ein Filter, wäscht schnell heissem Wasser zuerst in der Schale und dann auf dem Filter ꞁllständig aus, trocknet das Filter mit dem Inhalt und wägt das Kupferoxyd, nachdem dasselbe nach dem Verbrennen des Filters mit etwas Salpetersäure angefeuchtet und geglüht worden ist. Das Gewicht des Kupferoxyds mit 0,453 multiplicirt, gibt die Menge des in dem abgemessenen Volumen der zu prüfenden Flüssigkeit enthaltenen Traubenzuckers, oder 100 Thle. wasserfreier Traubenzucker entsprechen 220,5 Thlen. Kupferoxyd.

Es ist ausdrücklich hervorzuheben, dass diese letztere Methode nur dann hinreichend zuverlässige Resultate liefert, wenn man zu der Kupferlösung so viel von der zuckerhaltigen Flüssigkeit hinzusetzt, dass die erstere nach dem Kochen nur noch ganz schwach blau erscheint, also eine nur sehr geringe Menge von Kupfer aufgelöst enthält.

4. Die Runkel- und Zuckerrüben enthalten fast ausschliesslich Rohrzucker, während in anderen Rübenarten oder Pflanzensäften neben dem Rohrzucker auch Traubenzucker oder auch der letztere vorherrschend zugegen ist. In diesem Falle bestimmt man in der betreffenden Lösung zunächst den fertig gebildeten Traubenzucker mit Hülfe der titrirten alkalischen Kupferlösung (wobei man jedoch die letztere nicht ganz bis zum Kochen, sondern im Wasserbade nur bis auf 80—90° C. erhitzen darf) und hierauf den Rohrzucker, nachdem man denselben durch anhaltendes Erhitzen der Flüssigkeit im Wasserbade, unter Zusatz einiger Tropfen Schwefelsäurehydrat, ebenfalls in Traubenzucker umgewandelt hat.

5. Die Rüben werden häufig auch im frischen Zustande auf ihren Zuckergehalt untersucht, wobei man in folgender Weise verfährt. Man zerreibt einige Rüben auf einer kleinen Reibe zu einem feinen Brei, bestimmt das Gesammtgewicht des letzteren und presst den Saft durch ein Flanellfilter möglichst vollständig aus. Die gesammten Pressrückstände werden sofort gewogen und in einer kleineren Portion derselben (20—30 Grm.) durch Trocknen bei 100° der Wassergehalt bestimmt; nach diesem Wassergehalt berechnet man, nach Massgabe der im ausgepressten Safte gefundenen Zuckermenge, den in den Presslingen zurückgebliebenen Zucker oder das absolute Gewicht des Rübensaftes. Bei Zuckerrüben kann man auch die Rechnung einfach auf die Annahme basiren, dass die absolute Menge des Saftes durchschnittlich nahezu 94 Proc.

vom Gewichte der Rüben beträgt. Von dem Rübensafte nimmt man etwa 50 CC. oder überhaupt so viel, dass in dem genau abgemessenen Volumen vermuthlich 4—5 Grm. Zucker enthalten sind, verdünnt mit Wasser auf 500 CC. und erhitzt hiervon 200 CC. mit 12 Tropfen Schwefelsäurehydrat 3 Stunden lang auf dem Wasserbade. Nachdem man die so invertirte Flüssigkeit wiederum bis 200 CC. aufgefüllt hat, fällt man davon 100 CC. unter Schütteln mit 10 CC. Bleiessig. Von der nach kurzer Zeit überstehenden, meist farblosen und völlig klaren Flüssigkeit werden endlich 50 CC. nochmals mit 50 CC. Wasser verdünnt und darin der Zucker mit der Fehling'schen Kupferlösung bestimmt. Es sind auf diese Weise die 50 CC. des ursprünglichen Saftes im Ganzen bis auf 1100 CC. verdünnt worden*).

Annähernd genau findet man auch die Menge des Zuckers, wenn man eine kleine Probe (10—15 Grm.) der sorgfältig zerschnittenen und gemischten Rübensubstanz mit Wasser zerreibt, sodann bis zum Kochen erhitzt, nach dem Erkalten das Ganze bis auf 200 CC. mit Wasser auffüllt und hierauf, direct oder nach dem Filtriren, einen Theil der Flüssigkeit mit der Kupferlösung prüft.

Den Bleiessig bereitet man, indem man in einer Flasche 120 Grm. krystallisirten Bleizucker und 60 Grm. schwach erhitztes und dann fein zerriebenes Bleioxyd mit 400 CC. Wasser übergiesst, das Gemenge oft umschüttelt, längere Zeit in gelinder Wärme stehen lässt und hierauf die Lösung filtrirt. — Dunkel gefärbte Rübensäfte oder auch sonstige Pflanzensäfte und zuckerhaltige Flüssigkeiten (Obst- und Traubensaft, Melasse, Honig etc.) werden durch den Bleiessig oftmals nicht ganz entfärbt; man erhitzt alsdann eine abgemessene Menge der Flüssigkeit bis zum anfangenden Kochen und setzt einige Tropfen Kalkmilch hinzu, wodurch meist ein starker Niederschlag entsteht. Hierauf filtrirt man durch gekörnte und von staubigen Theilchen befreite Thierkohle und giesst die ablaufende Flüssigkeit so oft auf das Kohlenfilter zurück, bis dieselbe hinreichend entfärbt ist. Wenn bei dieser Operation eine Wasserverdunstung vermieden worden ist, so braucht man nur einen Theil des Filtrats abzumessen und nach passender Verdünnung mit Wasser zur Zuckerbestimmung zu verwenden; im entgegengesetzten Falle muss man die Kohle vollkommen auswaschen und das mit dem Waschwasser vermischte Filtrat auf ein bestimmtes Volumen bringen.

---

*) Vgl. Ph. Zoeller in Henneberg's Journal für Landwirthschaft, 1866. S. 92 u. ff.

6. Die Rübensäfte enthalten nicht selten beträchtliche Mengen von salpetersauren Salzen. Um die Salpetersäure zu bestimmen, wendet man am besten das Schlössing'sche Verfahren an, indem man dieselbe durch Erhitzen mit einem hinreichend grossen Ueberschuss von Eisenchlorür und Salzsäure in Stickstoffoxydgas verwandelt und aus dem letzteren durch Sauerstoff die Salpetersäure regenerirt. Der bis auf 10 oder 20 CC. concentrirte Saft darf höchstens 2 bis 2,5 Grm. organische Substanz enthalten und zur Zersetzung ist ein grosser Ueberschuss von Eisenchlorür zu verwenden (auf 1 Grm. Trockensubstanz 6—7 Grm. metallisches Eisen)*). Vgl. auch S. 148.

7. Einige Rübenarten, z. B. die Mohrrüben, enthalten unter ihren Bestandtheilen auch Stärkmehl. Um letzteres zu bestimmen, zerreibt man ein etwa 3—4 Grm. Trockensubstanz entsprechendes Quantum der fein zerschnittenen Rüben im Mörser mit kaltem Wasser, spült das Ganze in ein Becherglas und fügt noch mehr Wasser hinzu, rührt gut durch einander und lässt ½ Stunde lang ruhig hinstehen. Hierauf giesst man die Flüssigkeit, ohne den Bodensatz aufzurühren, auf ein gewogenes Filter von gut filtrirendem Fliesspapier; zuletzt wird das Ungelöste auf das Filter gebracht, mit kaltem Wasser vollständig ausgewaschen, sodann das Filter mit dem Inhalt auf Fliesspapier gelegt, nach der Entfernung des grössten Theiles der Feuchtigkeit zwischen Fliesspapier gelinde ausgedrückt, bei 100° vollständig getrocknet und gewogen. Hierauf wird die Masse mit dem Filter in einer Kochflasche mit Wasser übergossen und bis etwa 70° C. erhitzt, sodann mit Malzextract vermischt und 3—4 Stunden lang auf dem Wasserbade bei 60—70° digerirt. Den Malzextract stellt man dar, indem man etwa 6 Grm. Grünmalz im Mörser zerquetscht, mit lauwarmem Wasser digerirt, hierauf filtrirt und den Rückstand mit Wasser von 60—70° C. auswäscht. Den klaren Malzextract theilt man genau in zwei Hälften, die eine Hälfte bringt man zu der stärkmehlhaltigen Substanz, die andere in einen besonderen Kol-

---

*) Diese Methode haben auch Henneberg und Stohmann mit sehr gutem Erfolge bei der Untersuchung von Rübenmelasse auf Salpetersäure angewendet. Siehe »Beiträge zur Begründung einer rationellen Fütterung der Wiederkäuer«, 1. Heft. S. 259 und 260.

ben, digerirt sodann beide Flüssigkeiten gleich lange und unter ganz gleichen Verhältnissen. Endlich bringt man den Inhalt beider Kolben auf ein bestimmtes gleiches Volumen, fällt ein abgemessenes Quantum von 100 CC. mit Bleiessig und ermittelt den Zuckergehalt mit der titrirten Kupferlösung. Die Differenz im Zuckergehalt ergibt die gesuchte Menge des Stärkemehles, indem man jene Differenz mit 0,90 multiplicirt.

8. In den Zuckerfabriken werden bekanntlich die Rübensäfte nach dem specifischen Gewichte mit dem Saccharometer auf ihre Concentration und mit dem Polarisationsinstrumente auf ihren Zuckergehalt geprüft, — ein Verfahren, welches man in den Lehrbüchern über »Landwirthschaftlich technische Gewerbe« und über »Technisch-analytische Chemie« ausführlich beschrieben findet.

3. Kartoffeln.

1. Hinsichtlich der Vorbereitung der Kartoffeln zur Analyse, sowie bezüglich der Bestimmung von Wasser, Stickstoff, Asche, Fett und Rohfaser (oder Cellulose) ist auf dasjenige zu verweisen, was oben (s. »Rüben« und »Rauhfutter«) gesagt worden ist.

2. Wenn die Menge der in Wasser löslichen und unlöslichen Stoffe ermittelt werden soll, so zerschneidet man eine grössere Anzahl von Kartoffeln in möglichst kleine Stücke, mischt das Ganze gut durch einander, wägt etwa 30 Grm. ab und zerreibt in einem Mörser unter Zusatz von kaltem Wasser. Die zerriebene Masse wird ebenso, wie bei den Rüben (7) erwähnt ist, auf ein Filter gebracht, mit kaltem Wasser ausgewaschen, bei 100° getrocknet, gewogen und in der Muffel eingeäschert, um die Menge der ungelöst gebliebenen Mineralstoffe zu bestimmen. Die wässerige Lösung bringt man auf ein bestimmtes Volumen.

a. Ein Drittel ungefähr der wässerigen Lösung wird auf dem Wasserbade eingedampft und in dem Rückstand die Trockensubstanz und Asche bestimmt.

b. Das zweite Drittel verdampft man ebenfalls auf dem Wasserbade, reibt den noch feuchten Rückstand mit Gypspulver auf, trocknet bei 100° und verbrennt mit Natronkalk, um den Gehalt an Proteinsubstanz zu ermitteln.

c. Von dem letzten Drittel wird die Hälfte sofort mit Bleiessig gefällt und auf etwa vorhandenen Traubenzucker untersucht.

d. Die zweite Hälfte von (c) versetzt man mit 4—5 Tropfen Schwefelsäure, digerirt 2—3 Stunden lang auf dem Wasserbade, fällt hierauf mit Bleiessig und prüft die klare Flüssigkeit ebenfalls mittelst der alkalischen Kupferlösung auf Traubenzucker.

3. Die Gesammtmenge der durch Digeriren mit Schwefelsäure in Zucker sich umsetzenden Bestandtheile (Stärkmehl nebst geringen Mengen von Gummi) bestimmt man zweckmässig auf folgende Weise*). 2,5—4 Grm. Trockensubstanz der Kartoffeln werden mit 100 CC. Wasser und 12—16 Tropfen Schwefelsäurehydrat 24 Stunden, unter Ersatz des verdampfenden Wassers (am besten in einer Kochflasche mit angelegtem, nach aufwärts gerichtetem Kühlrohr), auf dem Wasserbade erhitzt, dann die Flüssigkeit, um die Ueberführung des Stärkmehles in Traubenzucker vollständig zu machen, in Glasröhren eingeschlossen und nochmals 12 Stunden im Oelbade bei 120° C. belassen. Wie Versuche mit reinem Stärkmehl ergaben, gelingt auf diese Weise die so schwierige Ueberführung desselben in Traubenzucker vollkommen. In der mit Bleiessig gefällten und auf 500 CC. verdünnten Flüssigkeit wird dann mittelst alkalischer Kupfervitriollösung der Traubenzucker bestimmt und daraus das Stärkmehl berechnet.

Wenn auch in dem Wasserauszuge (2) die darin enthaltene zucker- oder gummiartige Substanz bestimmt worden ist, so corrigirt man danach die in (3) gefundene Menge des Stärkmehles.

4. Für technische Zwecke ist es zuweilen genügend, einfach das specifische Gewicht der Kartoffeln zu bestimmen und danach die Güte derselben, d. h. deren Gehalt an Trockensubstanz und Stärkmehl zu beurtheilen. Man hat nämlich durch directe Versuche ermittelt, dass spec. Gewicht, Trockensubstanz und Stärkmehlgehalt der Kartoffeln durchschnittlich in dem folgenden Ver-

---

*) Nach Ph. Zoeller in Henneberg's Journal für Landwirthschaft, 1866. S. 217.

hältniss zu einander stehen, obgleich im Einzelnen ziemlich beträchtliche Abweichungen vorkommen:

Spec. Gew.	Trocken-substanz. Proc.	Stärk-mehl. Proc.	Spec. Gew.	Trocken-substanz. Proc.	Stärk-mehl. Proc.
1,060	17,0	9,5	1,096	25,3	17,8
1,063	17,6	10,2	1,099	25,9	18,5
1,066	18,3	10,9	1,102	26,7	19,3
1,069	19,0	11,5	1,105	27,4	19,6
1,072	19,6	12,1	1,108	28,1	20,7
1,075	20,3	12,8	1,111	29,4	21,6
1,078	21,0	13,5	1,114	29,7	22,0
1,081	21,7	14,2	1,117	30,3	22,6
1,084	22,4	14,9	1,120	30,9	23,3
1,087	23,1	15,7	1,123	31,6	24,1
1,090	23,8	16,4	1,126	32,4	24,8
1,093	24,6	17,1	1,129	33,1	25,5

Man verfährt bei dem Versuche am einfachsten in der Weise, dass man etwa 2 Liter einer kalt gesättigten Kochsalzlösung in ein geräumiges, 5—6 Liter fassendes Glas bringt, hierauf 20 Stück der zu prüfenden Kartoffeln, welche vorher mit reinem Wasser sorgfältig gereinigt sind, hineinwirft und nun unter Umrühren so lange Wasser nachgiesst, bis die Hälfte der Kartoffeln zu Boden sinkt. Man bestimmt hierauf das specifische Gewicht der Salzlösung mittelst eines hierzu geeigneten Aräometers*) und findet danach den mittleren Gehalt der Kartoffel an Trockensubstanz und Stärkmehl in der Tabelle.

Kartoffeln, welche von der Kartoffelkrankheit (Trockenfäule) angegriffen sind, können auf diese Weise nicht direct untersucht werden; wenigstens muss man vorher aus einer grösseren Zahl derselben die kranken Stellen sorgfältig herausschneiden und nur die gesunden Stücke zu dem Versuche verwenden, um ein annähernd richtiges Resultat zu erzielen.

5. Topinamburknollen werden ganz nach denselben Methoden chemisch untersucht, wie die Kartoffeln; nur ist es bei den

*) Einen zu obigem Zweck besonders construirten Aräometer (sogenannten Krocker'schen Kartoffelprober) erhält man nebst Gebrauchsanweisung von J. H. Büchler in Breslau für 25 Sgr.

ersteren noch wichtiger, auch den mit kaltem Wasser dargestellten Auszug (2) zu prüfen, weil darin eine grössere Menge von fertig gebildetem Traubenzucker enthalten zu sein pflegt. Das Inulin der Topinamburknollen, welches neben der Rohfaser nach dem Auswaschen der zerriebenen Substanz mit kaltem Wasser zurückbleibt, wird ebenfalls durch längeres Digeriren mit verdünnter Schwefelsäure und zwar leichter als das Stärkmehl, in Traubenzucker verwandelt.

4. Samenkörner.

1. Die Körner werden zunächst entweder einfach im Mörser zerquetscht und zerrieben oder auch auf der Mühle zu einem ziemlich feinen und gleichförmigen Pulver zermahlen; das letztere bewahrt man im lufttrocknen Zustande in gut verschlossenen Gläsern auf, nachdem man ein für alle Mal in einer abgewogenen Probe die Menge der Feuchtigkeit bestimmt hat.

2. Die Körner der Cerealien, Hülsen- und Oelfrüchte, ebenso Mehl, Schrot, Kleien und Oelkuchen werden auf ihren Gehalt an Fett, Proteinsubstanz, Rohfaser und Asche nach den gewöhnlichen Methoden untersucht; auch kann man hierbei dieselben Mengenverhältnisse der zur Analyse zu verwendenden Substanz einhalten, wie solche bei dem »Rauhfutter« angegeben worden sind.

3. Um die in kaltem Wasser löslichen Bestandtheile (Eiweiss, Zucker, Dextrin, Gummi) zu bestimmen, nimmt man etwa 20 Grm. der gepulverten Substanz in Arbeit und verfährt ganz so, wie bei den Kartoffeln (2) erwähnt ist. Zur Bestimmung des Stärkmehles ist es zweckmässig, eine neue kleinere Portion (etwa 2 Grm.) abzuwägen, diese auf einem Papierfilter zuerst mit kaltem Wasser und sodann, um den grössten Theil des Klebers zu entfernen, mit schwefelsäurehaltigem Weingeist, endlich wiederum mit etwas kaltem Wasser auszuwaschen. Hierauf durchstösst man das Filter und spült den Inhalt möglichst vollständig in ein Kochfläschchen. Das Filter zerreisst man in einige Stückchen und kocht es für sich mit Wasser, wozu man 4 oder 5 Tropfen verdünnter Schwefelsäure (1 : 5) hinzugefügt hat, eine Zeit lang aus; die Flüssigkeit bringt man ebenfalls in das Kölbchen zu der Hauptmasse,

setzt noch 7—8 Tropfen Schwefelsäurehydrat hinzu und erhitzt auf dem Wasserbade (s. S. 158). Die Gesammtmenge der Flüssigkeit darf nur ungefähr 100 CC. betragen und das etwa verdunstende Wasser ist häufig wieder zu ersetzen.

In den meisten Samenkörnern ist nur wenig in Wasser lösliche gummi- oder zuckerartige Substanz enthalten; man kann daher auch das betreffende Pulver in einem Glasröhrchen sofort mit schwefelsäurehaltigem Weingeist extrahiren, nach Entfernung des Alkohols den Rückstand mit verdünnter Schwefelsäure behandeln und schliesslich die gefundene Gesammtmenge des Traubenzuckers auf Stärkmehl berechnen.

5. Milch.

1. Der Wassergehalt wird ermittelt, indem man 50 Grm. Milch in einem Glas- oder Porzellanschälchen mit 8 Grm. krystallinischem Gypspulver bis zum Kochen erhitzt und nach dem Gerinnen im Wasserbade bis zur völligen Trockne verdampft, wobei man gegen Ende des Eindampfens fortwährend umrühren und alle Klümpchen mit dem Glasstabe zertheilen muss. Der Rückstand wird entweder in derselben Schale, wenn diese vorher genau gewogen worden ist, bei 100° vollends ausgetrocknet, oder auch sorgfältig und vollständig in ein kleineres Schälchen gebracht und in dem letzteren getrocknet, bis das Gewicht völlig constant bleibt.

Den Gyps nimmt man am besten in seinem natürlichen, krystallisirten und nicht zu fein gepulverten Zustande, in welchem er nur sehr wenig hygroskopisch ist; übrigens ist er auf einen etwaigen Gewichtsverlust durch anhaltendes Austrocknen bei 100° zu prüfen und gepulvert in gut verschlossenen Gläsern für den Gebrauch aufzubewahren. Anstatt des Gypses kann man auch reinen schwefelsauren Baryt, welcher künstlich dargestellt, ausgeglüht und zerrieben worden ist, oder gut gewaschenen feinen Quarzsand anwenden; im letzteren Falle muss man aber eine beträchlich grössere Menge abwägen, auf 10 Grm. Milch z. B. 30—40 Grm. Quarzsand, weil sonst der Rückstand leicht eine gelbe oder bräunliche Farbe annimmt. Wenn es sich um ein möglichst rasches Austrocknen kleiner Mengen von Milch (3—5 Grm.) handelt, so wendet man hierbei sehr zweckmässig den bei dem »Harn« S. 99 beschriebenen Apparat an, indem man reinen Quarzsand mit der Milch anfeuchtet und bei 100° im Luftstrome austrocknet. Auch das S. 145 erwähnte Verfahren ist in diesem Falle mit gutem Erfolg zu benutzen.

2. Um die Gesammtmenge der Butter zu bestimmen, wird der getrocknete Rückstand (1) in eine Kochflasche gebracht und

darin wiederholt mit Aether ausgekocht, indem man durch ein vorgelegtes, nach aufwärts gerichtetes Kühlrohr das Zurückfliessen des verdunsteten Aethers bewirkt. Die ätherischen Lösungen werden in eine Messflasche filtrirt, die Flüssigkeit bis auf ein bestimmtes Volumen mit Aether aufgefüllt und in einem aliquoten Theil die Menge der Butter durch Verdampfen der Lösung und anhaltendes Trocknen des Rückstandes bei 100° bestimmt.

3. Wenn man den Rückstand von der Behandlung mit Aether (2) auf einem gewogenen Filter sammelt, bei 100° austrocknet und wägt, hierauf 4—5 Mal mit etwa 150 CC. Weingeist von 80 bis 83 Proc. auskocht, den Rückstand abermals sorgfältig trocknet und dem Gewichte nach bestimmt, so ergibt die Gewichtsdifferenz annähernd die Menge des vom Weingeist aufgelösten Milchzuckers. Der letztere lässt sich aber direct noch genauer und rascher bestimmen, indem man eine neue Portion der zu untersuchenden Milch (20 Grm.) mit etwa dem doppelten Volumen Wasser verdünnt, bis auf 40—50° C. erhitzt, mit 3—4 Tropfen Essigsäure zum Gerinnen bringt, die geronnene Masse auf einem Filter von feiner Leinwand sammelt und mit Wasser gut auswäscht. Das Filtrat wird bis auf 200 CC. verdünnt und, wenn es noch trübe ist, ein beliebiges Volumen durch ein Papierfilter klar filtrirt und hierauf mit der Fehling'schen Kupferlösung auf den Zuckergehalt untersucht (s. S. 153).

Die Kupferlösung ist vor ihrer Anwendung auf das Verhalten gegen eine Auflösung von 1 Grm. reinem Milchzucker in 200 CC. Wässer zu prüfen. Die Gewichtsmengen von Traubenzucker und Milchzucker, welche eine bestimmte Menge Kupferoxyd in der alkalischen Lösung zu Oxydul reduciren, verhalten sich nach Rigaud wie 1 : 1,383; wenn daher 10 CC. der Kupferlösung 0,050 Grm. Traubenzucker entsprechen, so wären dafür bei dem Milchzucker 0,06915 Grm. des letzteren in Anrechnung zu bringen. Da aber die Angaben über die reducirende Wirkung des Milchzuckers bei verschiedenen Beobachtern beträchtlich differiren, so ist es jedenfalls sicherer, wenn man in der obigen filtrirten Milchflüssigkeit durch Zusatz von einigen Tropfen Schwefelsäurehydrat und ein- bis zweistündiges Digeriren im Wasserbade den Milchzucker zuerst in Traubenzucker verwandelt und hierauf den letzteren bestimmt. Man findet dann ohne weitere Rechnung die Menge des Milchzuckers, da der letztere mit dem Traubenzucker gleiche Zusammensetzung hat.

4. Asche: 30 Grm. Milch verdampft man nach Zusatz von

einigen Tropfen Essigsäure und verbrennt den Rückstand bei möglichst niedriger Glühhitze.

Die letzten schwer verbrennenden Kohlentheilchen kann man auf die Weise entfernen, dass man auf die schwach glühende Masse an den Stellen, wo noch kohlige Substanz vorhanden ist, etwas trocknes salpetersaures Ammoniak fallen lässt; jedoch ist ein Ueberschuss des letzteren zu vermeiden, weil sonst eine wesentliche Veränderung in der Beschaffenheit der Asche eintritt und die Bestimmung der Gesammtasche ungenau ausfällt. Ein noch mehr zuverlässiges Resultat wird man erhalten, wenn man die gut verkohlte Masse mit Wasser mehrmals auskocht; der Rückstand lässt sich dann gewöhnlich leicht weiss brennen und wird hierauf mit dem wässerigen Auszug vereinigt, das Ganze zur Trockne verdampft und nach gelindem Glühen gewogen.

5. Der Käsestoff ergibt sich als Rest, nach Abzug der Butter, des Milchzuckers und der Asche von der Gesammt-Trockensubstanz. Auch direct ermittelt man den Käsestoff, wenn man 6—7 Grm. Milch mit 1 Grm. geglühtem Gyps oder schwefelsaurem Baryt eindampft, in dem trocknen Rückstand durch Verbrennen desselben mit Natronkalk den Stickstoff bestimmt und die gefundene Menge des letzteren mit 6,25 multiplicirt.

6. Eiweiss ist in der gewöhnlichen Milch stets in geringer (nur in dem sog. Colostrum und bei gewissen Krankheiten der Thiere in grösserer) Menge enthalten. Um dasselbe zu bestimmen, coagulirt man in etwa 100 Grm. Milch den Käsestoff am besten durch Labmagen (unter Erwärmung der Flüssigkeit auf 40—50° C.), filtrirt denselben sammt dem mitausgeschiedenen Fette ab und erhitzt das Filtrat bis zum anfangenden Kochen. Das vorhandene Eiweiss wird dadurch in feinen Flocken ausgefällt und nach dem Auswaschen auf einem gewogenen Filter, zuerst mit Wasser und dann mit Aether ausgewaschen, bei 100° getrocknet und gewogen.

7. In der Milch haben Millon und Commaille*) ausser dem Caseïn und Albumin noch einen dritten Proteinkörper aufgefunden, das sog. Lactoproteïn, welches man, sowie die übrigen Bestandtheile der Milch, nach Angabe jener Chemiker auf folgende Weise bestimmt. 20 Grm. Milch werden mit 4 Vol. Wasser verdünnt, darauf mit 5—6 Tropfen Essigsäure versetzt und durch gründliches Umrühren zum Coaguliren gebracht. Das Coagulum

*) Fresenius' Zeitschrift für analyt. Chemie, 1864. S. 518.

wäscht man auf dem Filter zuerst drei oder vier Mal mit möglichst wenig Wasser und sodann mit Alkohol von 40% aus. Durch die Berührung mit dem schwachen Alkohol zieht sich das Coagulum so zusammen, dass man es von dem ausgebreiteten Filter leicht und ohne Verlust abnehmen kann. Diese Masse wird nun in absolutem Alkohol vertheilt, die Mischung auf ein Filter gebracht und die Butter sodann mit Aether, dem $^1/_{10}$ Thl. absoluter Alkohol zugesetzt ist, vollständig ausgewaschen. In dem ätherischen Filtrat ermittelt man die Menge der Butter, während der Inhalt des Filters nach dem Verdunsten des Aethers ein rein weisses, trocknes, leicht zerreibliches Caseïn liefert, welches ohne alle Schwierigkeit gewogen werden kann.

Die von dem ersten Coagulum abfiltrirte Molke theilt man in drei Theile:

a. Die Hälfte etwa der Flüssigkeit erhitzt man unter Umschwenken in einem Kölbchen zum Kochen, filtrirt das coagulirte Albumin heiss ab und wäscht zuerst mit Wasser, darauf mit Alkohol und endlich mit Aether aus; hierauf wird es getrocknet und gewogen. Das gesammte Filtrat wird vorsichtig mit einer Lösung von salpetersaurem Quecksilberoxyd versetzt, wobei ein Ueberschuss von dem Reagens sorgfältig zu vermeiden ist. Die niederfallende Verbindung von Lactoprotein mit Quecksilberoxyd bringt man auf ein gewogenes Filter, wäscht einmal mit Wasser, dem $^1/_{100}$tel Salpetersäure zugesetzt ist, darauf mit reinem Wasser, so lange als Schwefelwasserstoff im Filtrat noch eine Färbung erzeugt, alsdann mit Alkohol und endlich mit wenig Aether. Die Verbindung wird darauf getrocknet, gewogen und für 100 Theile 60 Thle. Lactoprotein in Rechnung gebracht.

b. In $^1/_4$ der Molke bestimmt man den Milchzucker durch Titriren mit Kupferlösung.

c. Das letzte Viertel der Molke verdunstet man in einer gewogenen Platinschale zur Trockne, trocknet und wägt den Rückstand. Nach dem Verbrennen, was mit Leichtigkeit gelingt, erhält man die Gesammtmenge der Salze. Zieht man diese, sowie das Gewicht des Albumins, des Lactoproteins und des Milchzuckers von dem zuerst erhaltenen Gewicht des Abdampfrückstandes der Molke ab, so ergibt sich die Gesammtmenge der nicht näher zu bestimmenden Extractivstoffe.

1. Zur Bestimmung des Wassers werden etwa 50 Grm. (der Käse vorher fein zerrieben oder in kleine und möglichst dünne Stückchen zerschnitten) bei 100° anhaltend getrocknet, bis das Gewicht fast ganz constant bleibt.

Das Austrocknen der Butter wird wesentlich erleichtert, wenn man derselben eine entsprechende Menge von reinem Quarzsand beimischt.

2. Der Rückstand von (1) wird in einem Glaskölbchen mehrmals mit Aether ausgekocht, die Lösung filtrirt, das in Aether Unlösliche auf einem gewogenen Filter gesammelt und mit Aether vollständig ausgewaschen. Die Lösung bringt man auf ein bestimmtes Volumen und ermittelt in einem aliquoten Theil derselben durch Verdampfen und Trocknen bei 100° das Fett.

3. Die in Aether unlösliche, auf dem Filter zurückgebliebene Masse wird mit Wasser gut ausgewaschen, die wässerige Lösung zur Trockne verdampft, der Rückstand wieder in Wasser gelöst und wenn hierbei etwas Unlösliches sich ergeben sollte, dieses auf demselben Filter gesammelt und das Ganze nochmals mit Wasser vollständig ausgewaschen. Das Filter mit dem Inhalt wird getrocknet, gewogen und nach dem Verbrennen und der Bestimmung der etwa vorhandenen Asche als Käsestoff in Rechnung gebracht.

4. Die wässerige Lösung oder (bei grösserem Kochsalzgehalt) einen aliquoten Theil derselben verdampft man zur Trockne, glüht vorsichtig und findet so die Menge des Kochsalzes in der Butter oder dem Käse.

Anhang.

1. Untersuchung der Schafwolle.

Um über die Beschaffenheit der Wolle einer Schafrace ein möglichst klares und practisches Urtheil zu gewinnen, nimmt man die Untersuchung nach folgenden Methoden vor, welche hauptsächlich auf den Angaben von Henneberg*) beruhen.

---

*) S. »Die landwirthschaftlichen Versuchsstationen«, 1864. S. 366 und 498.

1. Die Proben sind unmittelbar vor der gewöhnlichen Schurzeit, nachdem die Thiere kurz vorher in üblicher Weise gewaschen worden sind, von mehreren Durchschnittsthieren und zwar von folgenden Stellen jedes einzelnen Thieres je eine Probe zu nehmen: 1. vom Blatt, 2. von der Seite, 3. von der Mitte des Kreuzabhanges, 4. vom Widerriss, 5. vom Hals dicht am Genick, 6. von der Mitte der Keule, 7. von der Mitte des Bauches. Die Proben von reichlich 1 Zoll Durchmesser werden dicht an der Haut abgeschnitten, ohne Zerrung, damit sie möglichst ihre natürliche Form behalten, sogleich in hinreichend weite und lange, mit Stöpseln verschliessbare Glasröhren von bekanntem Gewicht gebracht und gewogen. Die Nummer des Versuchsthieres und die Körperstelle, von welcher die Probe herrührt, sind auf einer angeklebten Etiquette zu notiren.

Wenn die Wolle auch auf ihre physikalischen Eigenschaften untersucht oder einem geübten Sachverständigen zur praktischen Beurtheilung vorgelegt werden soll, so sind von jeder der angegebenen Stellen des Thieres noch zwei weitere Proben zu nehmen, und zwar eine Probe unmittelbar vor der Wäsche, die andere unmittelbar vor der Schur, also die letztere gleichzeitig mit den obigen, für die chemische Untersuchung bestimmten Proben. Diese weiteren Proben werden ebenfalls sofort eingekapselt und gewogen.

2. Man nimmt jede von einer bestimmten Körperstelle herrührende Probe für sich in Untersuchung, entweder von jedem einzelnen Thiere oder auch, indem man von den entsprechenden Proben mehrerer Thiere gleiche Theile abwägt und auf solche Weise für jede weitere Behandlung eine Durchschnittsprobe sich verschafft.

Sollen vielleicht auch Proben von ungewaschener Wolle untersucht werden, so ist zunächst jede einzeln zu wägen, darauf in einer kleineren Portion durch Trocknen bei 100° der Wassergehalt zu bestimmen und das Uebrige mit kaltem weichem Wasser unter mässigem Drücken mit den Händen zu waschen, bis das Wasser klar abfliesst, dann zu trocknen und im lufttrocknen Zustande wieder zu wägen. Die weitere Behandlung wird ganz wie bei der gewaschenen Wolle vorgenommen.

3. Die Menge der Feuchtigkeit wird durch Trocknen von 3—4 Grm. bei 100° bestimmt und zwar ist das Trocknen der Wolle in gewogenen, bei der Wägung mit Stöpseln geschlossenen Glasröhren zu bewirken.

4. Eine weitere gewogene Quantität der Wolle wird nach Art der Fabrikwäsche mit Seifenwasser gewaschen. Zu diesem Zweck wird eine Lösung in dem Verhältniss von 3 Gwthln. Kernseife und 2 Th. krystallisirter Soda auf 100 Th. destillirtes oder Regenwasser angewandt. Man bringt die Lösung (etwa 20 Gwthle. derselben auf 1 Th. der rohen Wolle) auf die Temperatur von 50 bis 55° C., thut die Wolle hinein und lässt sie unter gelindem Umherbewegen 15—20 Minuten in dem Bade, indem man hierbei die Temperatur auf gleicher Höhe erhält. Hierauf wird die Wolle herausgenommen, in öfter erneuertem Wasser vollständig ausgewaschen, sodann die etwa anhängenden fremden Theile, indem man die lufttrockne Substanz auf einem feinen Drahtnetze ausbreitet und an die untere Seite desselben gelinde anschlägt, zuletzt mit der Pincette entfernt, der Rückstand bei 100° C. getrocknet und gewogen. Danach extrahirt man das noch vorhandene Fett mit Aether oder Schwefelkohlenstoff, trocknet den Rückstand wiederum bei 100° und wägt.

Sollte die Wolle, nachdem sie mit Seifenwasser behandelt, ausgewaschen und wieder abgetrocknet ist, sich noch fettig anfühlen, so ist die Wäsche in einem etwas verstärkten Bade zu wiederholen.

5. Eine andere Portion der Wolle wird in umgekehrter Reihenfolge, d. h. zuerst mit Aether und nach dem Trocknen und Wägen des Rückstandes mit Seifenwasser behandelt. Die ätherische Lösung oder einen aliquoten Theil derselben kann man verdampfen und durch Trocknen des Rückstandes bei 100° und Wägen das Fett direct bestimmen.

6. Die von der Behandlung in (4) und (5) zurückgebliebene Wollfaser ist zu verbrennen und darin nach einem passenden Verfahren (s. S. 163) die Gesammtasche zu bestimmen. Die Asche muss noch auf ihren etwaigen Sandgehalt untersucht werden, indem man dieselbe mit verdünnter Salzsäure digerirt und den ausgewaschenen Rückstand, ohne denselben zu glühen, mehrmals mit einer concentrirten Lösung von kohlensaurem Natron auskocht, sodann die sandige Substanz auf einem Filter sammelt, auswäscht und nach dem Glühen dem Gewichte nach bestimmt.

7. In mancherlei Hinsicht ist es auch wünschenswerth, das specifische Gewicht der reinen Wollfaser (4. und 5.) durch

Abwägen derselben unter Schwefelkohlenstoff oder einer anderen hierzu geeigneten Flüssigkeit zu ermitteln.

2. Bestimmung der Gerbsäure.

Zur Bestimmung des Gerbstoffes, namentlich in der Eichenrinde, sind in neuerer Zeit vielfach verschiedene Methoden vorgeschlagen worden, von denen ich hier nur drei erwähne als solche, welche mir besondere Beachtung zu verdienen scheinen.

1. Fällung der Gerbsäure durch neutrales essigsaures Kupferoxyd und Wägung des nach dem Verbrennen des Niederschlages zurückbleibenden Kupferoxyds*). Es ist zu empfehlen, bei vergleichenden Untersuchungen bei den einzelnen Operationen stets in gleicher Weise zu verfahren. Die zu untersuchende Rinde wird der ganzen Dicke und Länge nach mit einem scharfen Messer in ganz dünne und feine Spähne geschnitten, hiervon etwa 1 Grm. bei 100° C. getrocknet und gewogen. Die Substanz übergiesst man sodann in einem Kochfläschchen mit 100 CC. destillirten Wassers und digerirt ¼ Stunde lang in der Kochhitze, worauf die Flüssigkeit durch ein Filter gegossen und mit dem Rückstand die ganze Operation noch zweimal genau in derselben Weise wiederholt wird. Den abfiltrirten wässerigen Auszug erhitzt man nach Zusatz von 15 CC. einer Lösung von neutralem essigsaurem Kupferoxyd (33,3 Grm. des reinen, mehrfach umkrystallisirten Salzes im Liter) bis zum Kochen der Flüssigkeit; der gebildete Niederschlag wird auf einem gewogenen Filter gesammelt, mit 200 CC. kochend heissen Wassers ausgewaschen, bei 100—110° C. getrocknet, gewogen, hierauf im Tiegel verbrannt, der Rückstand gewogen, mit Salpetersäure angefeuchtet und nochmals geglüht und gewogen. Die Gewichtsdifferenz zwischen dem getrockneten Niederschlage und dem Glührückstande ergibt die Menge des Gerbstoffes. Uebrigens kann man auch aus dem Gewichte des geglühten Kupferoxyd's durch Multiplikation desselben mit der Zahl 1,304 die Menge des Gerbstoffes berechnen, da der mit essigsaurem Kupferoxyd gebil-

*) Vgl. meine Abhandlung: »Ueber den Gerbstoffgehalt der Eichenrinde,« in den »Kritischen Blättern für Forst- und Jagdwirthschaft«, 1861. S. 167 bis 205.

dete, bei 105° C. getrocknete Niederschlag im Mittel zahlreicher Bestimmungen 43,36 Proc. Kupferoxyd enthält.

Auch eine Lösung von essigsaurem Eisenoxyd (16 Grm. einer essigsauren Eisenoxydlösung von 1,14—1,145 sp. Gew. = liquor ferri oxydati acetici, 16 Grm. krystallisirtes essigsaures Natron und 8 Grm. starke Essigsäure bis auf 1 Liter verdünnt) kann man benutzen zum Ausfällen des Gerbstoffes. Wenigstens fand Handtke*) den Niederschlag (gewaschen, getrocknet, geglüht und der Rückstand mit Salpetersäure behandelt) von constanter Zusammensetzung, nämlich auf 0,1 Grm. Gerbsäure 0,0457 Grm. Eisenoxyd; ebenso Gauhe**) auf 0,05 Grm. Gerbsäure 0,0234 Grm. Eisenoxyd.

2. Fällung der Gerbsäure durch eine Cinchoninlösung von bestimmtem Gehalt. Mittelst dieser, von R. Wagner***) empfohlenen Methode ist man im Stande den Gerbstoffgehalt in der Eichen-, Fichten- und Weidenrinde, in dem Sumach und überhaupt in den gewöhnlichen Gerbmaterialien sehr rasch und, wie es scheint hinreichend genau zu bestimmen. Zur Darstellung der Cinchoninlösung wägt man 4,523 Grm. neutrales, durch Umkrystallisiren gereinigtes, schwefelsaures Cinchonin†) ab, löst in Wasser, verdünnt bis auf 1 Liter und färbt die Lösung mit 0,08 bis 0,10 Grm. essigsaurem Rosanilin (Anilinroth, Fuchsin) roth. 1 CC. der Lösung fällt alsdann genau 0,01 Grm. Gerbsäure, oder entspricht, wenn man 1 Grm. Gerbmaterial zum Versuch anwendet, 1 Proc. Es ist vortheilhaft, die Cinchoninlösung mit etwa 0,5 Grm. Schwefelsäure anzusäuern, weil dadurch die Unlöslichkeit des Niederschlags erhöht und dessen Absitzen befördert wird.

Da das gerbsaure Cinchonin in Wasser nicht ganz unlöslich ist, so darf man nicht gar zu verdünnte Gerbstofflösungen zu dem Versuch verwenden. Man verfährt zweckmässig auf folgende Weise.

Es werden 10 Grm. der gerbstoffhaltigen Substanz durch Auskochen mit destillirtem Wasser erschöpft und die Abkochungen nach dem Filtriren auf 500 CC. gebracht. 50 CC. davon (1 Grm.

*) Journal für practische Chemie. 1861. Bd. 82. S. 345.

**) Fresenius' Zeitschrift für analyt. Chemie, 1864. S. 128.

***) Fresenius' Zeitschrift für analyt. Chemie, 1866. S. 1—10.

†) Das schwefelsaure Cinchonin kann aus einer chemischen Fabrik (z. B. C. Merck in Darmstadt), die Unze zu ca. 16 Sgr., das Pfund zu 7—8 Thlr. bezogen werden.

Gerbmaterial entsprechend) werden mit der Cinchoninlösung gefällt, bis die über dem flockigen Niederschlage stehende Flüssigkeit nicht mehr trüb ist, sondern eine schwach röthliche Färbung die Ausfällung der Gerbsäure anzeigt. Bei einiger Uebung ist es übrigens leicht, sofort aus der Beschaffenheit des Niederschlages und der Leichtigkeit, mit welcher er aus der Flüssigkeit sich absetzt, Schlüsse auf das Stadium der Probe zu ziehen, da der Niederschlag um so eher sich zusammenballt und die darüber stehende Flüssigkeit um so klarer erscheint, je näher der Punkt kommt, bei welchem alle Gerbsäure gefällt ist.

Bei vergleichenden Proben zweier Sorten eines und desselben Gerbmaterials ist es oft genügend, wenn ohne Bürette, sondern nur mit der Pipette gearbeitet wird, und man 50 CC. der Abkochung mit z. B. 15 CC. der Cinchoninlösung und 50 CC. derselben Abkochung mit 10 CC. der Cinchoninlösung versetzt. Sollten 15 CC. zu viel und 10 CC. zu wenig sein, so lässt sich durch Zusammengiessen der beiden Flüssigkeiten ermitteln, ob der Gerbstoffgehalt mehr als 12,5 Proc. oder weniger, in jedem Falle aber mehr als 10 Proc. und weniger als 15 Proc. beträgt.

Die Niederschläge, aus gerbsaurem Cinchonin (nebst etwas gerbsaurem Rosanilin) bestehend, werden gesammelt und von Zeit zu Zeit verarbeitet, indem man dieselben mit überschüssigem Bleizucker und Wasser kocht, bis die röthliche Farbe der Niederschläge in eine braune übergegangen und alles Cinchonin in Lösung getreten ist. Aus der siedend heiss filtrirten Flüssigkeit wird der Ueberschuss des Bleies durch überschüssige Schwefelsäure abgeschieden und die vom Bleisulfat getrennte, röthlich gefärbte Cinchoninlösung durch Eindampfen und mehrfaches Umkrystallisiren in neutrales schwefelsaures Cinchonin übergeführt.

3. Bestimmung der Gerbsäure nach Hammer*) aus dem specifischen Gewicht der Lösung vor und nach der Behandlung derselben mit thierischer Haut. Es ist wichtig, dass die Gerbstofflösung möglichst klar und nicht zu sehr verdünnt ist. Man erschöpft 20—40 Grm. des Gerbmateriales durch Auskochen mit Wasser, so dass die gesammte Lösung höchstens 400—500 Grm. beträgt. Das Gewicht der Flüssigkeit wird genau bestimmt und mittelst Aräometer oder Pyknometer das specifische Gewicht ermittelt. Hierauf wägt man in einem trocknen oder mit der gerb-

*) Journal f. praktische Chemie, Bd. 81. S. 159—168.

säurehaltigen Flüssigkeit ausgespülten Kolben etwas mehr von derselben ab, als man braucht, um den Cylinder des Aräometers zu füllen, setzt ungefähr die vierfache Menge des aus dem specifischen Gewichte für die abgewogene Flüssigkeitsmenge berechneten Gerbstoffes an Hautpulver (welches vorher in Wasser eingeweicht und hierauf in einem leinenen Tuche zwischen den Händen gut ausgepresst worden ist) hinzu, verschliesst den Kolben mit einem Korke und schüttelt tüchtig. Man filtrirt die auf diese Weise vom Gerbstoff befreite Lösung durch ein leinenes Tuch geradezu in den Cylinder des Aräometers, indem man denselben mit den ersten Portionen des Filtrates etwas ausspült. Zu der Differenz im specifischen Gewicht der Flüssigkeit vor und nach dem Ausfällen des Gerbstoffes mit der thierischen Haut addirt man die Zahl 1 hinzu und sucht für die so erhaltene Zahl den entsprechenden Procentgehalt an Gerbstoff in der folgenden Tabelle.

Spec. Gew. bei 15° C.	Proc. an Gerbstoff.	Spec. Gew. bei 15° C.	Proc. an Gerbstoff.	Spec. Gew. bei 15° C.	Proc. an Gerbstoff.
1,0000	0,0	1,0068	1,7	1,0136	3,4
1,0004	0,1	1,0072	1,8	1,0140	3,5
1,0008	0,2	1,0076	1,9	1,0144	3,6
1,0012	0,3	1,0080	2,0	1,0148	3,7
1,0016	0,4	1,0084	2,1	1,0152	3,8
1,0020	0,5	1,0088	2,2	1,0156	3,9
1,0024	0,6	1,0092	2,3	1,0160	4,0
1,0028	0,7	1,0096	2,4	1,0164	4,1
1,0032	0,8	1,0100	2,5	1,0168	4,2
1,0036	0,9	1,0104	2,6	1,0172	4,3
1,0040	1,0	1,0108	2,7	1,0176	4,4
1,0044	1,1	1,0112	2,8	1,0180	4,5
1,0048	1,2	1,0116	2,9	1,0184	4,6
1,0052	1,3	1,0120	3,0	1,0188	4,7
1,0056	1,4	1,0124	3,1	1,0192	4,8
1,0060	1,5	1,0128	3,2	1,0196	4,9
1,0064	1,6	1,0132	3,3	1,0201	5,0

Kennt man so den Gehalt der Lösung an Gerbstoff in Procenten, so findet man sofort auch den Gerbstoffgehalt der ihrem Gewichte nach bekannten Gesammtlösung, oder, was dasselbe ist, den Gerbsäuregehalt der untersuchten Menge des Gerbmaterials durch eine einfache Rechnung.

Das zum Ausfällen des Gerbstoffes dienende Hautpulver bereitet man, indem man ein bis zum Gerben vorbereitetes Stück Haut (sog. Blösse) mit Wasser vollständig auswäscht, alsdann, auf einem Brette ausgespannt, in gelinder Wärme trocknet und die trockne Haut mit einer rauhen Feile in ein grobes Pulver verwandelt, welches sich in gut verschlossenen Gefässen unverändert aufbewahren lässt. — Aräometer, welche die specifischen Gewichte von 0 bis 1,0409 umfassen und die denselben entsprechenden Gerbstoffprocente in der Skala direct angeben, werden von dem Mechanikus Niemann in Alfeld (Hannover) verfertigt. Uebrigens ist es häufig bequemer das Pyknometer zur Bestimmung des specifischen Gewichtes zu verwenden, weil die mit Haut gemischten Lösungen langsam filtriren, so dass es nicht selten ziemlich lange dauert, bis man ein zum Füllen des Aräometer-Cylinders ausreichendes Quantum von klarem Filtrat erhält.

In neuerer Zeit hat J. Löwe*) darauf aufmerksam gemacht, dass in dem wässerigen Auszug der Eichenrinde etc. auch Pektinstoffe enthalten sind, welche gegen Fällungsmittel und gegen die thierische Haut sich ähnlich verhalten wie die Gerbsäure. Er verdampft daher den wässerigen Extract der Rinde zunächst im Wasserbade unter Zusatz von einem Tropfen Essigsäure zur Trockne, extrahirt den Rückstand mit starkem Weingeist, verdampft bis zur Entfernung des Alkohols abermals im Wasserbade und nimmt den Rückstand mit destillirtem Wasser auf. In der letzteren Lösung kann alsdann der Gerbstoff nach der einen oder anderen Methode bestimmt werden.

VI. Getränke.

1. Wasser.

1. Die Gesammtmenge der aufgelösten, nicht flüchtigen Stoffe findet man, wenn man etwa 1000 Grm. Wasser in einem genau gewogenen Platingefäss vorsichtig und ohne die Hitze bis zum Kochen der Flüssigkeit zu steigern eindampft, den Rückstand bei 150—180° C. trocknet und wägt. Durch Glühen der völlig trocknen Masse ergibt sich die Menge der organischen Substanz annähernd aus dem Gewichtsverluste.

---

*) Fresenius, Zeitschrift, 1865. S. 368.

Das Verbrennen der organischen Substanz wird passend in der Weise ausgeführt, dass man das Platingefäss bei aufgelegtem Deckel nur stellenweise und mit einer spitzen Flamme bis zum anfangenden Glühen erhitzt, hierbei ein Schmelzen der Masse und damit die Verflüchtigung von Chloralkalien vermeidet. Ein genaueres Resultat erhält man*), wenn man nach dem Glühen den Rückstand im Platingefäss mit etwas Wasser auflöst, in die Flüssigkeit längere Zeit kohlensaures Gas leitet, dann vorsichtig verdampft und den Rückstand abermals wägt, nachdem man wiederum anhaltend bei 150—180° getrocknet hat. Wenn man ausserdem die Kohlensäure sowohl in der ungeglühten Masse des trocknen Wasserrückstandes, als auch in der geglühten Substanz, nachdem dieselbe die erwähnte Behandlung mit kohlensaurem Gas erlitten hat, genau bestimmt, so ergibt sich die Gesammtmenge der unorganischen Stoffe, sowie der organischen Substanz durch eine einfache Rechnung (die vorhandene, kohlensaure Magnesia ist als 4 MgO, 3 CO^2 + 4 HO in dem bei 160° C. getrockneten Rückstand zugegen). Da in dem Wasser häufig verhältnissmässig viel Chlormagnesium enthalten ist, welcher beim Eindampfen unter Entweichung von Chlorwasserstoffsäure sich zersetzt, so ist es zu empfehlen, in das Platingefäss vor dem Abdampfen des Wassers eine genau gewogene Menge von geglühtem, kohlensaurem Natron zu bringen, welches nach dem Glühen des Rückstandes und nach Behandlung desselben mit Kohlensäure von dem Gesammtgewichte der festen Substanz wieder in Abzug gebracht wird. Uebrigens dient diese ganze Operation nur zur Controle der Einzelbestimmungen, welche bei richtiger Ausführung durch Addition der direct gefundenen Stoffe ebenfalls die Gesammtmenge der im Wasser aufgelösten Substanz genau ergeben muss.

2. Um die Gesammtmenge der basischen Stoffe genau zu bestimmen, bindet man die letzteren am besten durchaus an Schwefelsäure. 1000 oder 2000 Grm. Wasser werden mit einigen Tropfen Schwefelsäure versetzt und bis auf ein kleines Volumen eingedampft, sodann in einer kleineren gewogenen Platinschale vollends eingetrocknet, der Rückstand geglüht und mit einigen Stückchen von kohlensaurem Ammoniak im bedeckten Gefäss wiederholt erhitzt, bis das Gewicht constant bleibt.

3. Die schwefelsauren Salze kocht man mehrmals mit Wasser aus, indem man die Flüssigkeit jedesmal von dem Ungelösten abgiesst und filtrirt; das Filter wird schliesslich verbrannt und die Asche desselben in das Platinschälchen zu der darin vorhandenen

*) Vgl. Heintz: »Ueber die Bestimmung der Menge unorganischer Substanz im Wasser«, in Fresenius' Zeitschrift für analytische Chemie, 1866. S. 11—22.

ungelösten Substanz gebracht. Die filtrirte Flüssigkeit wird nach Zusatz von Salmiak mit oxalsaurem Ammoniak gefüllt, der Niederschlag getrocknet, geglüht und ebenfalls mit dem Rückstand im Platinschälchen vereinigt; den ganzen Inhalt des letzteren feuchtet man sodann mit einigen Tropfen verdünnter Schwefelsäure an, glüht, wägt und prüft, ob durch Behandlung mit kohlensaurem Ammoniak eine Gewichtsveränderung stattfindet. Der Rückstand wird sodann mit verdünnter Salzsäure so lange digerirt, bis sich nichts mehr auflöst und die darin unlösliche Kieselsäure bestimmt. Das von der Salzsäure Aufgelöste ist schwefelsaurer Kalk, woraus die Menge des Kalkes zu berechnen ist.

Häufig enthält die salzsaure Lösung neben dem schwefelsauren Kalk auch etwas Eisenoxyd und vielleicht Thonerde; man verdünnt die alsdann gelblich gefärbte Flüssigkeit mit Wasser, erwärmt gelinde und übersättigt mit Ammoniak; der Niederschlag wird rasch abfiltrirt, mit heissem Wasser ausgewaschen und das geglühte Eisenoxyd nebst Thonerde bei der Berechnung des Kalkes aus dem schwefelsauren Kalk in Abzug gebracht. Bei grösserem Gehalt des Wassers an Eisenoxyd ist übrigens die Bestimmung der Gesammtmenge der basischen Stoffe als schwefelsaure Salze ungenau und man muss alsdann das Eindampfen nach (1) ohne Zusatz von Schwefelsäure vornehmen.

4. Die von dem oxalsauren Kalk (3) abfiltrirte Flüssigkeit wird verschieden behandelt, je nachdem man die Alkalien nur aus dem Verluste oder auch direct bestimmen will.

a. Im ersteren Falle versetzt man die, wenn nöthig durch Eindämpfen etwas concentrirte, Flüssigkeit mit Ammoniak und phosphorsaurem Natron und scheidet dadurch die Magnesia vollständig aus; dieselbe wird wie gewöhnlich als pyrophosphorsaure Magnesia gewogen; die Menge des schwefelsauren Natrons und somit auch des Natrons ergibt sich alsdann nach Abzug der Kieselsäure, des schwefelsauren Kalkes nebst Eisenoxyd und Thonerde und der berechneten schwefelsauren Magnesia von dem Gesammtgewicht der in (2) gefundenen schwefelsauren Salze.

b. In agrikulturchemischer Hinsicht ist häufig die directe Bestimmung der Alkalien und namentlich auch des Kali's von Wichtigkeit. Man säuert zu diesem Zweck die von dem oxalsauren Kalk abfiltrirte Flüssigkeit mit Salzsäure an, erhitzt bis zum Kochen und fällt die Schwefelsäure mit Chlorbarium aus. Das Filtrat wird mit Ammoniak und kohlensaurem Ammoniak digerirt, und die Flüssigkeit nach dem Filtriren bis zur Trockne verdampft, der Rückstand geglüht und zur Trennung der Magnesia von den Alkalien mit Oxalsäure behandelt, überhaupt die Magnesia, das Kali und Natron nach der S. 12 u. 18 angegebenen Methode quantitativ bestimmt.

5. Das Chlor ist aus einer besonderen Portion Wasser (500 oder 1000 Grm.), nach Eindampfen desselben bis auf $\frac{1}{2}$ oder $\frac{1}{4}$ Volumen, durch Zusatz von salpetersaurem Silberoxyd zu der mit Salpetersäure angesäuerten und gelinde erwärmten Flüssigkeit auszuscheiden; ebenso die Schwefelsäure, nach Entfernung des überschüssig zugesetzten Silbers mittelst Salzsäure, durch Chlorbarium.

6. Die Kohlensäure findet man durch Rechnung, indem man die der Schwefelsäure und dem Chlor entsprechende Menge der basischen Stoffe von der Gesammtmenge der letzteren in Abzug bringt und den Rest als mit Kohlensäure verbunden annimmt. Zuverlässiger ist die directe Bestimmung der Kohlensäure. Man bereitet eine klare ammoniakalische Chlorbariumlösung (1 Vol. Chlorbariumlösung [1 : 10] und 2 Vol. wässeriges Ammoniak von 0,96 spec. Gew.) durch Aufkochen und Abfiltriren der Mischung; von dieser Lösung werden 50 CC. mit 200 bis 300 CC. des zu prüfenden Wassers vermischt und der Niederschlag nach längerem Stehen an einem warmen Orte oder nach förmlichem Aufkochen möglichst rasch und bei Ausschluss der Luft filtrirt und gut ausgewaschen; in dem gelinde geglühten Niederschlage (das Filter verbrennt man für sich und fügt die Asche zu dem vom Filter genommenen Niederschlage hinzu) bestimmt man in einem hierzu passenden Apparate die Kohlensäure.

Wenn man anstatt der Chlorbariumlösung eine ebenso dargestellte Mischung von Chlorcalcium und Ammoniak zum Ausfällen der Kohlensäure verwendet, so kann man die Menge der Kohlensäure rasch und genau auf maassanalytischem Wege mit titrirter Salpetersäure bestimmen. Man bringt den reinen kohlensauren Kalk, nachdem er schwach geglüht worden ist, in eine Kochflasche mit Wasser, färbt das letztere mit etwas Lackmustinktur blau und fügt titrirte Salpetersäure hinzu bis aller kohlensaurer Kalk zersetzt ist; hierauf wird die Flüssigkeit erhitzt, um die freie Kohlensäure zu entfernen und sodann die Flüssigkeit mit titrirter Natronlauge neutralisirt, bis sie sich eben blau färbt. Die Berechnung ergibt die Menge der Kohlensäure, welche an Kalk gebunden war.

7. Zur Bestimmung des **Ammoniaks** im Wasser werden 2000 oder 3000 Grm. oder CC. desselben mit ein wenig Salzsäure angesäuert, bis auf etwa 200 CC. verdampft, dann mit frisch bereiteter Natronlauge übersättigt und in einer Retorte mit vorgelegtem Kühlrohr fast bis zur Trockenheit abdestillirt. Das Destillat sammelt man in einem Kolben, in welchem etwas Salzsäure sich befindet, verdampft dasselbe, nach Zusatz von Platinchlorid auf dem Wasserbade zur Trockne und bestimmt den gebildeten Platinsalmiak in gewöhnlicher Weise.

Um die Bestimmung des Ammoniaks ganz genau auszuführen, ist es zu empfehlen, dass man die mit dem Wasser und dem Destillat vermischte Salzsäure und ebenso die Natronlauge und das Platinchlorid genau abmisst und mit gleichen Mengen dieser Stoffe den Gegenversuch anstellt; ergibt sich hierbei vielleicht eine kleine Menge von Ammoniak, so ist dieses von dem bei der Destillation des Wassers gefundenen abzuziehen. — Das Ammoniak kann man auch nach dem Knop'schen Verfahren bestimmen, indem man das Wasser, nach Zusatz von etwas Salzsäure vorsichtig bis auf ein kleines Volumen (25 CC.) verdampft, dann das vorhandene Ammoniak mit der bromirten Javelle'schen Lauge zersetzt und den freien Stickstoff im Dietrich'schen Azotometer dem Volumen nach ermittelt.

8. Die Salpetersäure im Wasser bestimmt man entweder nach dem Schulze'schen (S. 39) oder nach dem Schlössing'schen (S. 40) Verfahren, indem man eine grössere Quantität Wasser (z. B. 2000 CC.) unter Zusatz von etwas kohlensaurem Natron eindampft, den sich bildenden Niederschlag abfiltrirt, auswäscht und das Filtrat auf ein passendes kleines Volumen bringt. Auch kann man die vorhandene Salpetersäure in alkalischer Lösung durch die Spirale von Zink und Eisen (S. 39) in Ammoniak verwandeln, letzteres abdestilliren und nach dem Auffangen in Säure entweder durch Titration oder durch Zersetzung mit bromirter Javelle'scher Lauge im Azotometer bestimmen.

Die **qualitative Prüfung auf Salpetersäure** geschieht am leichtesten auf die Weise, dass man etwa 100 CC. Wasser mit 2—3 Tropfen Schwefelsäurehydrat ansäuert, einige Stückchen reines Zink in die Flüssigkeit bringt und sodann eine frisch bereitete Lösung von Jodkalium mit etwas Stärkmehllösung hinzufügt. Die Gegenwart von Salpetersäure gibt sich durch blaue Färbung zu erkennen. Es ist jedoch stets der Gegenversuch mit derselben Schwefelsäure und dem Jodkalium unter Anwendung von reinem destillirtem Wasser zu machen. Wenn das Wasser salpetrige Säure enthält, so tritt die blaue Färbung schon ein ohne Zusatz von Zink. — Auf **Ammoniak** prüft man mit dem Nessler'schen Reagens (concentrirte Lösung von Jodkalium-Quecksilberjodid, vermischt mit dem $1^1/_2$fachen Volumen concentrirter Kalilauge) und beobachtet, ob nach dem Umschütteln eine röthliche bis rothe Trübung, später ein solcher Niederschlag entsteht. Noch deutlicher sind geringe Mengen von Ammoniak nachzuweisen, wenn man zu 1 Liter Wasser 25 CC. Barytwasser (oder Kalkmilch) hinzusetzt, sodann $^1/_4$ der Flüssigkeit abdestillirt und das Destillat mit dem Nessler'schen Reagens prüft. Ein sehr empfindliches Reagens auf Ammoniak ist ferner die Sublimatlösung (1 : 30) indem man etwa 15 Tropfen zu 100 CC. der zu prüfenden Flüssigkeit und ausserdem eben so viel Tropfen einer kohlensauren Kalilösung (1 : 50) hinzusetzt.

9. Zur Bestimmung der **organischen Substanzen** im Wasser wird von Kubel*) eine sehr verdünnte Chamäleonlösung benutzt (früher schon von Forchhammer, Mounier, Wood, Miller u. A. zu demselben Zweck empfohlen), welche man bei der Siedhitze auf dieselben einwirken lässt; ausserdem ist noch eine Oxalsäurelösung nöthig, welche im Liter 0,398 Grm. reine, krystallisirte Oxalsäure enthält.

Die Chamäleonlösung ist so weit zu verdünnen, dass etwa 5 bis 6 CC. derselben genügen, um die Oxalsäure in 10 CC. obiger Lösung zu oxydiren. Man löst 0,350 bis 0,400 Grm. reines käufliches übermangansaures Kali in 1 Liter Wasser auf und verfährt bei der Titerstellung dieser Lösung in folgender Weise:

100 CC. destillirtes Wasser werden in einem 500 CC. fassenden Kolben mit weitem Halse mit 10 CC. einer verdünnten Schwefelsäure versetzt, welche in 100 CC. 30 Grm. reine concentrirte Säure enthält, zum Sieden erhitzt, dann von der verdünnten Chamäleonlösung 3 bis 4 CC. hinzugegeben, die roth gefärbte Flüssigkeit 5 Minuten gekocht, darauf vom Feuer entfernt, aus einer in $^1/_{10}$ CC. getheilten Bürette 10 CC. der verdünnten Oxalsäurelösung zulaufen gelassen und schliesslich die farblos gewordene Flüssigkeit bis zur schwachen Röthung mit Chamäleonlösung versetzt. Die verbrauchten CC. derselben entsprechen also 10 CC. der Oxalsäurelösung und enthalten 2 Milligrm. übermangansaures Kali. So wurden z. B. bei mehreren Versuchen zur Oxydation der Oxalsäure in 10 CC. obiger Lösung 5,6 CC. Chamäleonlösung gebraucht, 1 CC. derselben enthielt demnach $\frac{2}{5,6} = 0,357$ Milligrm. übermangansaures Kali. (Eine so verdünnte Chamäleonlösung ist sehr haltbar; sie hatte sich bis zum vollständigen Verbrauch, länger als 2 Monate, unverändert gehalten).

*) Dr. W. Kubel: Anleitung zur Untersuchung von Wasser etc., Braunschweig 1866.

Zum Titriren der organischen Substanzen im Wasser werden 100 CC. desselben in einem Kolben von 500 CC. Inhalt bis etwa ⅔ eingekocht, um durch den fast nie fehlenden kohlensauren Kalk die etwa vorhandenen Ammonverbindungen zu zersetzen, dann annähernd durch Zusatz von destillirtem Wasser auf das frühere Volumen gebracht, 10 CC. der verdünnten Schwefelsäure zugesetzt, zum Sieden erhitzt und hierauf so viel von der verdünnten Chamäleonlösung zufliessen gelassen, dass die Flüssigkeit stark roth gefärbt ist und die Färbung auch nach dem nun folgenden 5 Minuten langen Kochen nicht verschwindet. Gewöhnlich genügen hierzu 5 bis 6 CC. der obigen Chamäleonlösung. Dann lässt man 10 CC. der Oxalsäurelösung zufliessen und titrirt darauf die farblos gewordene Flüssigkeit bis zur schwachen Röthung. Was von der Chamäleonlösung mehr gebraucht ist, als zur Oxydation der zugesetzten Oxalsäure nöthig war, ist zur Oxydation der organischen Substanz verwendet.

Nach Versuchen von Wood, die von Kubel bestätigt worden sind, werden durchschnittlich 5 Theile organischer Substanz durch 1 Theil übermangansaures Kali oxydirt; es ist daher, um die Menge derselben im Wasser zu finden, nur nöthig, den Mehrverbrauch des übermangansauren Kali's in Milligrammen mit 5 zu multipliciren. Man erfährt so die Menge (Theile) in 100,000 Theilen Wasser. Natürlich kann diese Angabe nur als Anhaltspunkt dienen, da in der That die im Wasser enthaltenen organischen Substanzen eine sehr verschiedene Zusammensetzung haben und daher verschiedene Mengen Sauerstoff zur Oxydation bedürfen. Ein gutes Trinkwasser darf nicht mehr als höchstens 3 bis 4 Theile organischer Substanz in 100,000 Theilen Wasser enthalten.

Findet sich in einem Wasser salpetrige Säure (qualitative Nachweisung s. 8. Anm.), so kann eine Correction angebracht werden. 100 CC. des Wassers werden mit 10 CC. der verdünnten Schwefelsäure versetzt und dann Chamäleonlösung (in der Kälte) bis zur ersten schwachen Röthung zugefügt. Die hierzu verbrauchte Menge ist dann später von der Gesammtmenge der Chamäleonlösung abzuziehen.

10. Der **Kalk**, welcher hauptsächlich die sog. Härte des Wassers bedingt, wird für sich allein und direct bestimmt, indem man 100 bis 500 CC. Wasser mit einigen Tropfen Salzsäure versetzt, erwärmt, dann mit Ammoniak übersättigt und siedend mit oxalsaurem Ammoniak fällt. Der Niederschlag wird abfiltrirt, gut ausgewaschen, geglüht und gewogen oder in dem Niederschlag der Kalk noch genauer durch Titriren der darin enthaltenen Oxalsäure

durch Chamäleonlösung ermittelt. Zu diesem Zweck wird der feuchte Niederschlag von dem Filter abgespritzt und das Filter mit etwas Salpetersäure und heissem Wasser vollständig ausgewaschen; die gesammte Kalklösung wird bis auf 50—60° C. erwärmt und mit Chamäleonlösung austitrirt.

Die Chamäleonlösung (etwa 3 Grm. käufliches reines übermangansaures Kali in 1 Liter Wasser) wird in ihrem Titer mittelst einer $^1/_{10}$ atomigen Oxalsäurelösung geprüft, welche man erhält, wenn man 6,300 Grm. reine krystallisirte Oxalsäure zu 1 Liter Flüssigkeit auflöst.

Rascher, aber etwas weniger genau findet man den Kalkgehalt des Wassers durch die folgende Restmethode. 100 CC. Wasser werden, in einer Messflasche von 300 CC. Inhalt mit 25 CC. (bei sehr hartem Wasser 50 CC.) $^1/_{10}$ atomige Oxalsäurelösung vermischt, dann etwas Ammoniak bis zur schwach alkalischen Reaction hinzugefügt und die Flüssigkeit bis zum Sieden erhitzt. Nach dem vollständigen Erkalten füllt man die Flasche bis zur Marke (300 CC.) mit destillirtem Wasser auf, mischt die Flüssigkeit gut durch einander und filtrirt durch ein trocknes, nicht angefeuchtetes Filter in ein trocknes Glas (die ersten, oft trüb ablaufenden Portionen der Flüssigkeit sind auf das Filter zurückzugiessen). Von dem klaren Filtrat werden 200 CC. in einer geräumigen Kochflasche mit 10 bis 15 CC. concentrirter reiner Schwefelsäure versetzt, bis auf 50—60° C. erwärmt und nun so lange die titrirte Chamäleonlösung zugefügt, bis eine bleibende schwache Röthung entsteht. Durch Multiplication der verbrauchten CC. mit $1^1/_2$ erfährt man die Menge der Chamäleonlösung, welche zum Titriren der ganzen Menge der Flüssigkeit (300 CC. = 100 CC. Wasser) nöthig gewesen wäre. (1 CC. der $^1/_{10}$ atomigen Oxalsäurelösung entspricht 0,0028 Grm. CaO).

11. Für technische Untersuchungen des Wassers auf dessen Härtegrad ist die Clark'sche Methode sehr bequem und oft ausreichend, obgleich sie nicht auf grosse Genauigkeit Anspruch machen kann. Als Härtegrade bezeichnet man am einfachsten die Gewichtstheile (z. B. Milligramme) Kalk (die Magnesia ist im Verhältniss zum Kalk meistens nur in geringer Menge zugegen und scheint auch nach Schneider*) der Bestimmung durch die Seifenlösung sich zu entziehen), welche in 100,000 Gwthln. (z. B. 100 Grm.) Wasser enthalten sind. Die Bestimmung der Menge der Kalkerde geschieht mittelst einer titrirten Seifenlösung.

Die Seifenlösung bereitet man nach Kubel am besten, indem man 150 Thle. Bleipflaster und 40 Thle. kohlensaures Kali zusammenreibt, die

*) Fresenius, Zeitschrift für analytische Chemie, 1865. S. 225.

gleichförmige Masse mit Alkohol auszieht, das Filtrat im Wasserbade verdampft und den Rückstand in Alkohol von 56° Tr., etwa 2 Thle. Seife in 100 Thln. des verdünnten Alkohols auflöst. Ausserdem werden 0,523 Grm. reines und trocknes, krystallisirtes Chlorbarium in Wasser gelöst und die Flüssigkeit bis zu 1 Liter Flüssigkeit verdünnt. 100 CC. dieser Lösung werden so lange mit der Seifenlösung versetzt, bis nach starkem Umschütteln der charakteristische Seifenschaum (s. unten) entsteht. Nach dem Resultat dieses Versuches wird die concentrirte Seifenlösung so weit mit Alkohol von 56° Tr. verdünnt, dass von der Lösung genau 45 CC. nöthig sind, um in 100 CC. der Chlorbariumlösung die Schaumbildung hervorzurufen. Die in 100 CC. der Chlorbariumlösung enthaltene Menge Baryt entspricht genau 12 Milligrammen Kalk (CaO).

Bei der **Ausführung des Versuches** werden 100 CC. des zu untersuchenden Wassers in ein Glas mit eingeschliffenem Stöpsel von etwa 200 CC. Inhalt gebracht. Ist die Härte des Wassers grösser als 12, was von vornherein immer beim Brunnenwasser anzunehmen ist, so werden beim ersten Versuche nur 10 CC. des zu prüfenden Wassers abgemessen und in dem Stöpselglase bis 100 CC., d. i. bis zur Marke mit destillirtem Wasser aufgefüllt. Aus einer Bürette lässt man nun so lange die titrirte Seifenlösung zulaufen, bis nach kräftigem Schütteln ein dichter, zarter Schaum entsteht, welcher 5 Minuten lang stehen bleibt. Anfangs lässt man die Seifenlösung zwischen jedesmaligem Schütteln reichlicher auf einmal zufliessen, gegen Ende jedesmal nur etwa 0,5 bis 1 CC., zuletzt tropfenweise, bis ein geringer Ueberschuss derselben durch die Schaumbildung sich zu erkennen gibt. Zu der nöthigen Wiederholung des Versuches nimmt man dieselbe Menge Wasser, oder wenn zu dem verdünnten Wasser (10 zu 100) nur wenig Seifenlösung verbraucht war, entsprechend mehr, 25 oder 50 CC., so dass die nun im Voraus annähernd zu berechnende nöthige Menge Seifenlösung 45 CC. nie übersteigt. Die beim ersten Versuche gebrauchte Menge (resp. die berechnete) lässt man nun bis auf 1 oder 2 CC. auf einmal zulaufen und beendigt dann den Versuch, indem man nach fernerem Zusatz von je einigen Tropfen jedesmal schüttelt. Die Anzahl der verbrauchten CC. Seifenlösung ergibt nach folgender Tabelle den entsprechenden Härtegrad, welcher, wenn das Wasser mit destillirtem Wasser verdünnt worden war, mit der betreffenden Zahl zu multipliciren ist.

CC. Seifenlösung.	Härtegrad oder Milligrm. CaO.	CC. Seifenlösung.	Härtegrad oder Milligrm. CaO.
3,4	0,5	26,2	6,5
5,4	1,0	28,0	7,0
7,4	1,5	29,8	7,5
9,4	2,0	31,6	8,0
11,3	2,5	33,3	8,5
13,2	3,0	35,0	9,0
15,1	3,5	36,7	9,5
17,0	4,0	38,4	10,0
18,9	4,5	40,1	10,5
20,8	5,0	41,8	11,0
22,6	5,5	43,4	11,5
24,4	6,0	45,0	12,0

Ob ein Wasser weit mehr Kalk als 12 Thle. in 100,000 Thln. enthält, dasselbe also zu verdünnen ist, zeigt sich beim ersten Zugeben der Seifenlösung zu dem unverdünnten Wasser durch die Bildung flockiger Ausscheidungen und einer eigenthümlichen schaumigen Haut auf dem Wasser, während Wasser von geringerem Kalkgehalt durch den anfänglichen Zusatz der Seifenlösung nur opalisirend wird. — Das Schütteln des Wassers nach Zusatz von Seifenlösung muss immer auf dieselbe Weise geschehen, am besten von oben nach unten, indem der Stöpsel und Hals des Glases mit der rechten, der Boden desselben mit der linken Hand angefasst wird.

Bezüglich der Härte des Wassers hat man zu unterscheiden:

a. Gesammthärte des Wassers, welche bedingt ist durch die ganze im frischen Wasser enthaltene Menge der Kalkerde, einerlei an welche Säuren dieselbe gebunden ist.

b. Bleibende oder permanente Härte, bedingt durch die Kalksalze, welche durch blosses Aufkochen des Wassers sich nicht abscheiden (schwefelsaurer Kalk, Chlorcalcium etc.).

Zur Bestimmung der bleibenden Härte werden 300 oder 500 CC. Wasser in einem etwa das doppelte Volumen fassenden Kolben wenigstens 1/2 Stunde lang gekocht, wobei man das verdampfte Wasser recht oft durch destillirtes Wasser annähernd wieder ersetzt. Nach dem Erkalten wird das gekochte Wasser in eine 300 CC., resp. 500 CC. Flasche gegossen und der Kolben mit destillirtem Wasser nachgespült, schliesslich die Messflasche bis zur Marke gefüllt, das Ganze durchgeschüttelt und filtrirt. In 100 CC. des filtrirten Wassers (bei grösserem Kalkgehalt in 50 CC., mit 50 CC. destillirtem Wasser verdünnt) wird dann, wie oben angegeben, die Härte bestimmt.

c. Die temporäre Härte des Wassers ergibt sich aus der Differenz zwischen der gefundenen Gesammthärte und der bleibenden Härte und ist abhängig von der Menge Kalk (und Magnesia), welche durch freie Kohlensäure aufgelöst erhalten wird und also durch Kochen aus dem Wasser sich abscheidet.

Wenn das Wasser für technische Zwecke möglichst weich und kalkfrei gemacht werden soll, dann ist dasselbe zu kochen oder wenigstens in flachen Gefässen längere Zeit an der Luft stehen zu lassen und auf etwa 600 Pfd. Wasser für jeden Grad der bleibenden Härte 1 Loth krystallisirte Soda darin aufzulösen. Auf Kochsalz und Gyps ist das Wasser namentlich zu untersuchen, wenn es in den Zuckerfabriken zum Verdünnen des Saftes benutzt werden soll. Sowie in diesen Fabriken ein grösserer Gypsgehalt des Wassers von bedeutendem Nachtheil ist, weil dadurch die Knochenkohle gypshaltig wird und an Wirksamkeit verliert, so ist oft auch ein irgend beträchtlicher Kochsalzgehalt sehr schädlich; derselbe bedingt nämlich theilweise das Feuchtwerden der Zuckerbrode. Der Kochsalzgehalt darf in einem derartigen Wasser die Menge von 50 Theilen in 100,000 Theilen nicht erreichen.

2. Bier.

1. Der Alkohol wird durch Abdestilliren bestimmt, indem man 500 Grm. Bier, aus welchem man durch starkes Schütteln oder Umrühren die Kohlensäure grossentheils entfernt hat, in einer geräumigen Glasretorte mit vorgelegtem Kühlrohr vorsichtig (namentlich anfangs, damit die Flüssigkeit nicht übersteigt) kocht, bis fast die Hälfte des Volums vom Bier übergegangen ist. Das Destillat wird gewogen und das specifische Gewicht desselben mittelst eines guten Aräometers oder im Pyknometer bestimmt. Bei 14° R. oder 17,°5 C. entspricht dem specifischen Gewicht des Destillats ein Gehalt an Alkohol in Gewichts- und Volum-Procenten:

Volumprocente (Tralles).	Gewichtsprocente.	Spec. Gew. nach Brix.	Volumprocente (Tralles).	Gewichtsprocente.	Spec. Gew. nach Brix.
1	0,80	0,9985	19	15,46	0,9770
2	1,60	0,9970	20	16,28	0,9760
3	2,40	0,9956	21	17,11	0,9750
4	3,20	0,9942	22	17,95	0,9740
5	4,04	0,9928	23	18,78	0,9729
6	4,81	0,9915	24	19,62	0,9719
7	5,62	0,9902	25	20,46	0,9709
8	6,43	0,9890	26	21,30	0,9698
9	7,24	0,9878	27	22,14	0,9688
10	8,05	0,9866	28	22,99	0,9677
11	8,87	0,9854	29	23,84	0,9666
12	9,69	0,9844	30	24,69	0,9655
13	10,51	0,9832	31	25,55	0,9643
14	11,33	0,9821	32	26,41	0,9631
15	12,15	0,9811	33	27,27	0,9618
16	12,98	0,9800	34	28,13	0,9605
17	13,80	0,9790	35	28,99	0,9592
18	14,63	0,9780	36	29,86	0,9579

Je nachdem man die zur Untersuchung benützte Bierprobe abgewogen (Grm.) oder abgemessen (CC.) hat, wird auch das Destillat gewogen oder gemessen und der in der Tabelle dem specifischen Gewichte entsprechende Alkoholgehalt nach Gewichts- oder Volumprocenten auf die ganze Menge des Biers berechnet. Wenn das Bier sauer ist und Essigsäure enthält, so geht diese Säure theilweise in das Destillat über; das letztere muss alsdann mit kohlensaurem Natron versetzt und nochmals destillirt werden, bevor man aus dem specifischen Gewicht den Alkoholgehalt ermitteln kann.

2. Der Extract oder die Gesammtmenge der festen im Bier aufgelösten, nicht flüchtigen Stoffe kann auf zweierlei Weise ermittelt werden.

a. Etwa 20 Grm. Bier werden im Wasserbade verdampft; der Rückstand wird bei 100° so lange getrocknet, bis das Gewicht sich nicht mehr verändert.

Das völlige Austrocknen wird erleichtert, wenn man das Bier mit einer gewogenen Quantität von reinem Quarzsand vermischt und unter Umrühren verdampft. Auch ist das S. 145 erwähnte Verfahren des Austrocknens bei dem Bier sehr gut anwendbar.

b. Man verdampft 300 Grm. Bier bis ungefähr auf das halbe Volumen, um die Kohlensäure und den Alkohol vollständig zu entfernen, bestimmt das absolute und das specifische Gewicht der so concentrirten Flüssigkeit und ersieht aus der folgenden Tabelle annähernd genau den Extractgehalt, welcher auf das ursprüngliche Gewicht des Bieres zu berechnen ist.

Extract-procente.	Spec. Gew.	Extract-procente.	Spec. Gew.	Extract-procente.	Spec. Gew.
1	1,0040	9	1,0363	17	1,0700
2	1,0080	10	1,0404	18	1,0744
3	1,0120	11	1,0446	19	1,0788
4	1,0160	12	1,0488	20	1,0832
5	1,0200	13	1,0530	21	1,0877
6	1,0240	14	1,0572	22	1,0922
7	1,0281	15	1,0614	23	1,0967
8	1,0322	16	1,0657	24	1,1013

3. Die Gesammtasche findet man durch Eindampfen von 100 oder 200 Grm. Bier und Verbrennen des Rückstandes unter den bei der »Pflanzenasche« angegebenen Vorsichtsmassregeln.

Kohlensäure ist in der Asche des Biers meist nur in geringer Menge enthalten; findet man einen reichlichen Gehalt an Kohlensäure und überhaupt eine verhältnissmässig sehr beträchtliche Menge von Gesammtasche, so hat ein Zusatz von kohlensauren Salzen, gewöhnlich von Pottasche oder Soda stattgefunden. Normales Lagerbier enthält 0,161 bis 0,370, im Mittel 0,259 Proc. Asche oder im wasserfreien Extract 3,83—7,93, im Mittel 5,12 Proc. — Wenn es sich nur um die Bestimmung der Phosphorsäure und alkalischen Erden handelt, so wird das Bier unter Zusatz von etwas Kali oder Natron eingedampft und der Rückstand eingeäschert.

4. Zur Bestimmung der Proteinsubstanz sind 15 bis 20 Grm. Bier im Wasserbade zu verdampfen, die noch feuchte Masse mit Gypspulver zu mischen und aufzureiben, hierauf das Gemenge bei 100° C. vollends auszutrocknen und in der Verbrennungsröhre mit Natronkalk zu verbrennen. Der gefundene Stickstoff wird mit 6,25 multiplicirt.

5. Gummi (Malzgummi) wird der Menge nach ermittelt, wenn man 100 Grm. Bier fast bis zur syrupartigen Consistenz auf dem Wasserbade eindampft, den Rückstand wiederholt mit 80—85% Alkohol unter Umrühren digerirt, bis eine neue Portion des letzteren nicht mehr gefärbt wird, sodann die in Alkohol unlösliche

Masse bei 100° trocknet, wägt und darin durch Verbrennung die Menge der Asche bestimmt. Der Gummigehalt ergibt sich, wenn man von dem Gewichte der in Alkohol unlöslichen trocknen Substanz die Asche und die in (4) gefundene Proteinsubstanz abzieht.

6. Die alkoholische Lösung (5) dient zur Bestimmung des Zuckers. Sie wird passend in zwei gleiche Theile getheilt:

a. Die eine Portion verdampft man auf dem Wasserbade, trocknet den Rückstand bei 100°, wägt und bestimmt die darin vorhandene Asche.

b. Die andere Portion versetzt man mit Wasser und erwärmt auf dem Wasserbade bis der Alkohol völlig verdunstet ist, verdünnt mit Wasser bis auf 200 CC. und bestimmt darin den Zucker (Malz- oder Traubenzucker) mit einer titrirten Kupferlösung (s. S. 153), entweder direct oder nachdem man die Flüssigkeit durch Behandlung mit Knochenkohle vorher möglichst entfärbt hat.

7. Das Lupulin oder Hopfenbitter lässt sich quantitativ nicht wohl bestimmen; es ist grossentheils in dem alkoholischen Auszug des eingetrockneten Bierextractes (6), also neben Zucker und geringen Mengen von Salzen enthalten.

8. Die Kohlensäure wird aus 100 oder 200 Grm. Bier, indem man in einem Glaskolben vorsichtig bis zum anfangenden Kochen längere Zeit erwärmt, gasförmig entwickelt und in eine klare Mischung von Chlorcalcium oder Chlorbarium mit Ammoniak geleitet; der kohlensaure Kalk (Baryt) wird rasch auf einem Filter gesammelt, mit heissem Wasser ausgewaschen und entweder nach schwachem Glühen gewogen oder besser die in dem Niederschlage enthaltene Kohlensäure in einem passenden Apparate bestimmt.

Die Entwicklung der Kohlensäure wird sehr erleichtert und beschleunigt, wenn man in den Glaskolben auf 100 Grm. Bier etwa 10 Grm. reines Kochsalz hineinwirft, den Apparat rasch schliesst und die Flüssigkeit langsam erwärmt.

9. Von freien organischen Säuren findet man im Bier oft Essigsäure und Milchsäure. Um diese Säuren mittelst titrirter Natronlauge zu bestimmen, ist es nöthig, zuerst die Kohlensäure vollständig zu entfernen, indem man 100 Grm. Bier, vielleicht mit Wasser verdünnt, in einer Kochflasche mit vorgelegtem und nach aufwärts gerichtetem Kühlrohr (so dass die abdestillirende Flüssigkeit zurückläuft) eine Zeit lang bis zum anfangenden Kochen er-

wärmt. Hierauf wird die Flüssigkeit wieder gewogen und ein Theil derselben mit hinreichend Wasser versetzt, um derselben eine hellere Farbe zu ertheilen; nach Zusatz von Lackmustinktur titrirt man mit der Natronlauge bis zum Eintreten der blauen Färbung und ermittelt auf diese Weise die Gesammtmenge der Essigsäure und Milchsäure. Ein anderer Theil der Bierflüssigkeit wird im Wasserbade, zuletzt unter Zusatz von reinem Quarzsand und unter häufigem Umrühren verdampft, bis der Rückstand durchaus keinen sauren Geruch mehr verbreitet. Die so behandelte Masse löst man in Wasser wieder auf und untersucht mit titrirter Natronlauge aut Milchsäure.

9. Um aus dem gefundenen Alkohol- und Extractgehalt die Concentration der Würze, aus welcher das Bier in Folge des Gährungsprozesses sich bildete, zu berechnen, kann man nach Balling folgendermassen verfahren. Da man annimmt, dass bei vollständiger Vergährung von 100 Thln. Malzzucker 51,11 Thle. Alkohol entstehen, so hat man den im Bier gefundenen Alkohol zunächst mit der Zahl 1,956 zu multipliciren, welche Rechnung als Resultat die Menge des vergohrenen Malzzuckers ergibt. Auf 100 Thle. des vergohrenen Malzzuckers entstehen ferner bei der Gährung durchschnittlich 5,619 Thle. Hefe; die Menge der zur Bildung der letzteren erforderlichen Bestandtheile der Würze findet man also, wenn man den bei der Gährung zersetzten Malzzucker mit 0,05619 multiplicirt. Die Summe endlich des bei der Analyse gefundenen Bierextractes, des aus dem Alkoholgehalt berechneten Malzzuckers und der aus letzterem berechneten Hefenstoffe hat man erfahrungsmässig noch mit der Zahl 0,964 zu multipliciren, um nahezu die Concentration der ursprünglichen Bierwürze zu erhalten. Hat man z. B. in einem Bier 4 Proc. Alkohol und 5 Proc. Extract gefunden, so ergibt sich $4 \times 1{,}956 = 7{,}82$ Malzzucker; ferner $7{,}82 \times 0{,}05619 = 0{,}44$ Hefenstoffe; also $5 + 7{,}82 + 0{,}44 = 13{,}26$ und endlich $13{,}26 \times 0{,}964 = 12{,}78$ Proc. als Gehalt der Bierwürze.

3. Wein.

1. Alkohol, Gesammt-Extract, Zucker, Gummi, Asche, etwa vorhandene Proteinsubstanz, Gesammtmenge

der **freien Säure** und die **Essigsäure** bestimmt man ganz nach denselben Methoden, wie diese für die betreffenden Bestandtheile im Bier angedeutet worden sind.

Der Alkoholgehalt des Weins, Biers und anderer alkoholischer Getränke ist auch annähernd auf die Weise zu finden, dass man die Zahl, um welche das **specifische Gewicht** des bis etwa zur Hälfte verdampften und dann wieder mit Wasser bis auf das ursprüngliche Gewicht (resp. Volumen) versetzten Weines etc. grösser ist als 1, — vom specifischen Gewicht des ursprünglichen Weines etc. abzieht; was dann übrig bleibt, ist das specifische Gewicht des Alkoho's und Wassers, welche zusammen im Weine etc. enthalten sind; z. B. specifisches Gewicht des Weines = 0,9951, spec. Gew. des zur Hälfte verdunsteten und mit Wasser wieder aufgefüllten Weines = 1,0089, also 0,9951 — 0,0089 = 0,9862; ein Weingeist von 0,9862 spec. Gew. hat einen Alkoholgehalt von 8,19 Gewichtsprocenten. Fast dieselbe Zahl erhält man, wenn man das spec. Gew. des ungekochten Weines etc. durch das des gekochten dividirt, z. B. $\frac{0,9951}{1,0089} = 0,9863$.

Wird der Alkohol des Weines durch Destillation ermittelt, so ist das Destillat auf Essigsäure zu prüfen und bei saurer Reaction dasselbe nach Neutralisation mit kohlensaurem Natron nochmals zu destilliren.

2. Die Bestimmung des **Zuckers** im Weine kann nach Nessler*) auch direct vorgenommen werden, indem man etwa 100 Grm. Wein mit 2—3 Grm. gereinigter Thierkohle entfärbt und im Filtrat mit titrirter Kupferlösung die Menge des Zuckers ermittelt.

Wird der Wein mit Aetzkalk neutralisirt, dann um Aepfelsäure und Bernsteinsäure auszufällen, mit Weingeist versetzt, so erhält man im Filtrat durch Zusatz von wenig Baryt einen mehr oder weniger starken Niederschlag, je nachdem im Wein viel oder wenig Zucker gefunden wurde. Diese Reaction auf Rohr- und auf Traubenzucker ist nach Nessler sehr empfindlich und wird durch Schwefelsäure, Aepfelsäure und Bernsteinsäure nicht gestört.

3. Die **Gerbsäure** im Wein lässt sich annähernd bestimmen durch eine sehr verdünnte Lösung von essigsaurem Eisenoxyd oder von Eisenchlorid, im letzteren Falle unter gleichzeitiger Anwendung von essigsaurem Kali, indem man die Eisenlösung so lange zusetzt,

---

*) Dr. J. Nessler: Der Wein, seine Bestandtheile und seine Behandlung. Chemnitz, 1865. S. 100. Auch die im Texte angegebenen Methoden zur Bestimmung von Weinsäure, Aepfelsäure und Gerbsäure beruhen grossentheils auf den von Nessler ausgeführten zahlreichen Untersuchungen.

bis die Flüssigkeit keine dunklere Färbung mehr annimmt. Die Eisenlösung ist vorher durch eine sehr verdünnte Auflösung einer gewogenen Menge reiner Gerbsäure auf ihr quantitatives Verhalten gegen die letztere zu untersuchen.

Der Gerbstoff wirkt auf eine alkalische Kupferlösung ähnlich wie Traubenzucker; 3,7 Theile desselben reduciren so viel Kupfer, als 5,0 Theile Zucker. Durch gereinigte Thierkohle wird aus einer verdünnten Lösung der Gerbstoff vollständig entfernt. Aus der Differenz im scheinbaren Zuckergehalt des Weines vor und nach dem Entfärben des letzteren mit Thierkohle lässt sich daher die Menge des Gerbstoffes berechnen.

Die Rechnung gibt freilich kein richtiges Resultat, da ausser dem Gerbstoff noch andere Stoffe im Weine enthalten sind, welche Kupfer reduciren und durch Kohle entfernt werden. Die Menge Gerbstoff im Wein ist jedenfalls weit geringer, als sie nach obigem Verfahren sich ergeben würde, denn wenn man eine Auflösung von Gerbstoff in Wasser von entsprechender Concentration mit der Eisenlösung versetzt, so tritt eine viel dunklere Färbung ein, als es bei irgend einem weissen Weine der Fall ist. Jedoch können jene Bestimmungen einen Anhalt gewähren, weil die so gefundene Menge in einem gewissen Verhältniss zu der wirklich vorhandenen Menge Gerbstoff zu stehen scheint, denn bei Weinen, welche nach der Entfärbung mit Thierkohle viel weniger Kupferlösung reduciren als vorher, tritt auch in dem ursprünglichen Wein nach Zusatz von essigsaurem Kali und Eisenchlorid eine stärkere Färbung ein, als bei Weinen, die vor und nach dem Entfärben nahezu gleichviel Kupferlösung reduciren.

4. Zur Bestimmung des Weinsteins werden 20 CC. Wein mit Weingeist von 90 Proc. auf 60 CC. verdünnt, mehrere Tage in einem gut verschlossenen Gefäss stehen gelassen, dann die Hälfte, also 30 CC. der klaren Flüssigkeit mit Natronlauge titrirt. Von der nöthigen Natronlauge werden 0,3 CC. abgezogen und hierauf aus der Abnahme des Säuregehalts im Wein die Menge des ausgefällten Weinsteins berechnet. Für je 1 Aequivalent Säure (Weinsäure = 75), das aus der Flüssigkeit verschwunden ist, rechnet man 1 Aequivalent Weinstein (= 188).

Diese Methode gründet sich auf folgende Voruntersuchungen Nesslers: Zu 25 CC. kalt gesättigter Lösung von Weinstein waren 7,5 CC. Natronlauge (1 CC. = 0,0031 Grm. NaO) nöthig; 25 CC. dieser Lösung wurden mit Weingeist von 90 Proc. zu 50 CC. verdünnt und von der klar gewordenen Flüssigkeit brauchten 25 CC. zur Sättigung 0,50 CC. Natronlauge; 25 CC. ferner einer gesättigten Lösung von Weinstein in 11proc.

Weingeist mit Weingeist von 90 Proc. auf 75 CC. verdünnt und 2 Tage stehen gelassen, brauchten in 30 CC. der klaren Flüssigkeit 0,3 CC. Natronlauge.

5. Um die Gesammtmenge der Weinsäure zu ermitteln, werden 100 CC. Wein etwa auf die Hälfte eingedampft, die Weinsäure mit Kalkwasser in geringem Ueberschuss gefällt, der abfiltrirte Niederschlag mit kohlensaurem Kali und Wasser gekocht, die filtrirte Flüssigkeit etwas eingedampft, dann mit Essigsäure angesäuert und der Weinstein durch viel Weingeist gefällt, getrocknet, gewogen und daraus die Weinsäure berechnet.

Nur sehr selten ist im Wein ein Ueberschuss von Weinsäure, gegenüber dem vorhandenen Weinstein enthalten; nur wenige Weinsorten nämlich geben auf Zusatz von essigsaurem Kali nach 24stündigem Hinstehen einen Niederschlag von Weinstein. Dagegen scheidet sich der letztere fast regelmässig aus, wenn man zu dem Wein etwas Weinsäurelösung hinzusetzt; es ist also meistens ein Ueberschuss von Kali vorhanden.

6. Die von dem weinsauren Kalk abfiltrirte Flüssigkeit dient zur Bestimmung der Aepfelsäure, indem man etwa bis zu $1/3$ eindampft, mit viel Weingeist den äpfelsauren, bernsteinsauren und schwefelsauren Kalk fällt und den Niederschlag mit Weingeist auswäscht, sodann bei 100° trocknet und wägt. Nach Abzug des schwefelsauren Kalkes ($CaO, SO^3 + 2 HO$) berechnet man diesen Niederschlag als äpfelsauren Kalk und hieraus das Aepfelsäurehydrat.

Die Schwefelsäure bestimmt man in einer besonderen Probe durch directe Fällung des Weines mit Barytlösung. Die Bernsteinsäure ist gegenüber der Aepfelsäure nur in sehr geringer Menge zugegen, die Menge der letzteren wird daher bei obiger Bestimmungsweise etwas, aber nicht beträchtlich zu hoch gefunden. — Die flüchtige Säure (Essigsäure), die Aepfelsäure (die Bernsteinsäure) und der Weinstein (nebst der zuweilen vorhandenen freien Weinsäure) geben zusammen gewöhnlich sehr annähernd die Menge der durch alkalimetrische Bestimmung gefundenen gesammten freien Säure; die etwaige geringe Differenz ist hauptsächlich durch die Gerbsäure und durch Spuren von anderen, nicht direct bestimmbaren Säuren bedingt.

7. Die Gesammtasche wird durch Eindampfen von etwa 500 CC. Wein und durch vorsichtiges Einäschern des Rückstandes ermittelt. In der Asche bestimmt man nach den gewöhnlichen Methoden die Kohlensäure und die sonstigen wichtigen Bestand-

theile, namentlich die Alkalien und alkalischen Erden. Die **Gesammtmenge der Alkalien** findet man ziemlich genau auch auf folgende Weise. Die Bestimmung des Weinsteins geschieht, wie oben (4) angegeben, durch Zusatz von Weingeist und Titriren eines Theiles der klaren Flüssigkeit. Zu der übrig bleibenden Flüssigkeit werden 5 CC. einer weingeistigen Lösung von Weinsteinsäure von genau bekanntem Gehalt zugesetzt, einige Tage stehen gelassen, abfiltrirt und davon 25 CC. titrirt. Aus der Abnahme des Säuregehaltes durch das Herauskrystallisiren des Weinsteins und weinsauren Natrons, welches letztere ebenfalls in Weingeist unlöslich ist, wird der Gehalt der Alkalien als Kali berechnet. Jedes Aequivalent Säure, das aus der Flüssigkeit verschwindet, wird hierbei einem Aequivalent Kali gleich gerechnet.

Aequivalente der einfachen Stoffe.

(Nach Fresenius: Anleitung zur quantitativen chemischen Analyse.
5. Aufl. 1866.)

Wasserstoff = 1.

Aluminium	Al	13,75	Molybdän	Mo	46,00
Antimon	Sb	122,00	Natrium	Na	23,00
Arsen	As	75,00	Nickel	Ni	29,50
Baryum	Ba	68,50	Palladium	Pd	53,00
Blei	Pb	103,50	Phosphor	P	31,00
Boron	B	11,00	Platin	Pt	98,94
Brom	Br	80,00	Quecksilber	Hg	100,00
Cadmium	Cd	56,00	Rubidium	Rb	85,40
Caesium	Cs	133,00	Sauerstoff	O	8,00
Calcium	Ca	20,00	Schwefel	S	16,00
Chlor	Cl	35,46	Selen	Se	39,50
Chrom	Cr	26,24	Silber	Ag	107,97
Eisen	Fe	28,00	Silicium	Si	14,00*)
Fluor	Fl	19,00	Stickstoff	N	14,00
Gold	Au	196,00	Strontium	Sr	43,75
Jod	J	127,00	Thallium	Tl	203,00
Kalium	K	39,11	Titan	Ti	25,00
Kobalt	Co	29,50	Uran	Ur	59,40
Kohlenstoff	C	6,00	Wasserstoff	H	1,00
Kupfer	Cu	31,70	Wismuth	Bi	208,00
Lithium	Li	7,00	Zink	Zn	32,53
Magnesium	Mg	12,00	Zinn	Sn	59,00
Mangan	Mn	27,50			

*) Kieselsäure = SiO^2.

Factoren zur Berechnung der gesuchten Substanz aus der gefundenen.

Gesucht.	Gefunden.	
Aepfelsäure — $C^8H^4O^8$, 2HO	2 Aeq. Schwefelsäure — $2SO^3$	1,675
Aluminium — 2Al	Thonerde — Al^2O^3	0,534
Ammoniak — NH^3	Ammoniumplatinchlorid — NH^4Cl, $PtCl^2$	0,0761
Ammoniak — NH^3	Chlorammonium — NH^4Cl	0,318
Ammoniak — NH^3	Schwefelsäure — SO^3	0,425
Ammoniak — NH^3	Stickstoff — N	1,214
Ammoniumoxyd — NH^4O	Ammoniumplatinchlorid — NH^4Cl, $PtCl^2$	0,1164
Arsen — As	Arsenige Säure — AsO^3	0,758
Arsenige Säure — AsO^3	Arsensulfür — AsS^3	0,805
Arsenige Säure — AsO^3	Arsensaure Ammonmagnesia — 2MgO, NH^4O, AsO^5 + aq	0,521
Baryt — BaO	Kohlensäure — CO^2	3,477
Baryt — BaO	Kohlensaurer Baryt — BaO, CO^2	0,777
Baryt — BaO	Schwefelsaurer Baryt — BaO, SO^3	0,657
Blei — Pb	Schwefelsaures Bleioxyd — PbO, SO^3	0,683
Chlor — Cl	Chlorsilber — AgCl	0,247
Chlorkalium — KCl	Kaliumplatinchlorid — KCl, $PtCl^2$	0,305
Eisen — Fe	Eisenoxydul — FeO	0,778
Eisen — Fe	Eisenoxyd — Fe^2O^3	0,700
Eisen — Fe	Eisendoppelsalz — NH^4O, SO^3 + FeO, SO^3 + 6aq	0,143
Eisenoxyd — Fe^2O^3	2 Aeq. Eisenoxydul — 2FeO	1,111
Eisenoxyd — Fe^2O^3	2 Aeq. Eisendoppelsalz — 2(NH^4O,SO^3+FeO,SO^3+6aq.)	0,204
Eisenoxyd — Fe^2O^3	Phosphors. Eisenoxyd — Fe^2O^3, PO^5	0,530
Eisenoxydul — 2FeO	Eisenoxyd — Fe^2O^3	0,900

Gesucht.	Gefunden.	
Eisenoxydul — FeO	Eisendoppelsalz — $NH^4O, SO^3 + FeO, SO^3 + 6aq.$	0,184
Essigsäure — $C^4H^3O^3, HO$	Schwefelsäure — SO^3	1,500
Essigsäure — $C^4H^3O^3, HO$	2 Acq. Kohlensäure — $2 CO^2$	1,364
Humus	Kohlensäure	0,471
Humus	Kohlenstoff	1,724
Kali — KO	Chlorkalium — KCl	0,632
Kali — KO	Kaliumplatinchlorid — KCl, $PtCl^2$	0,193
Kali — KO	Kohlensäure — CO^2	2,141
Kali — KO	Schwefelsäure — KO	1,178
Kali — KO	Schwefelsaures Kali — KO, SO^3	0,541
Kalk — CaO	Kohlensäure — CO^2	1,273
Kalk — CaO	Kohlensaurer Kalk — CaO, CO^2	0,560
Kalk — CaO	Schwefelsaurer Kalk — CaO, SO^3	0,412
Kohlenstoff — C	Kohlensäure — CO^2	0,273
Kohlensäure — CO^2	Kohlensaurer Kalk — CaO, CO^2	0,440
Kohlensäure — CO^2	Kohlensaurer Baryt — BaO, CO^2	0,223
Kohlensaures Kali — KO, CO^2	Kohlensäure — CO^2	3,142
Kohlensaures Kali — KO, CO^2	Schwefelsäure — SO^3	1,728
Kohlensaurer Kalk — CaO, CO^2	Kohlensäure — CO^2	2,273
Kohlensaure Magnesia — MgO, CO^2	Kohlensäure — CO^2	1,909
Kohlensaure Magnesia — 2 (MgO, CO^2)	Pyrophosphors. Magnesia — 2 MgO, PO^5	0,757
Kohlensaures Natron — NaO, CO^2	Kohlensäure — CO^2	2,409
Kohlensaures Natron — NaO, CO^2	Schwefelsäure — SO^3	1,325
Kupfer — Cu	Kupferoxyd — CuO	0,798
Magnesia — 2 MgO	Pyrophosphors. Magnesia — 2 MgO, PO^5	0,360
Magnesia — MgO	Schwefels. Magnesia — MgO, SO^3	0,334
Manganhyperoxyd — MnO^2	2 Aeq. Eisendoppelsalz — 2($NH^4O, SO^3 + FeO, SO^3 + 6aq.$	0,111
Manganhyperoxyd — MnO^2	2 Aeq. Kohlensäure — $2 CO^2$	0,991
Manganoxyd — $1\frac{1}{2} Mn^2O^3$	Manganoxyduloxyd — $MnO + Mn^2O^3$	1,035
Manganoxydul — 3 MnO	Manganoxyduloxyd — $MnO + Mn^2O^3$	0,930
Milchzucker — $C^{12}H^{11}O^{11} + HO$	Traubenzucker — $C^{12}H^{12}O^{12}$	1,000
Natron — NaO	Chlornatrium	0,530
Natron — NaO	Kohlensaures Natron — NaO, CO^2	0,585
Natron — NaO	Salpeters. Natron — NaO, NO^5	0,365

Gesucht.	Gefunden.	
Natron — NaO	Schwefels. Natron — NaO, SO^3	0,437
Nickel — Ni	Nickeloxydul — NiO	0,787
Phosphorsäure — PO^5	Phosphors. Eisenoxyd — Fe^2O^3, PO^5	0,470
Phosphorsäure — PO^5	Phosphors. Uranoxyd — $2\,Ur^2O^3$, PO^5	0,199
Phosphorsäure — PO^5	Pyrophosphors. Magnesia — $2\,MgO$, PO^5	0,640
Proteïnstoffe	Stickstoff	6,250
Quecksilber — 2 Hg	Quecksilberchlorür — Hg^2Cl	0,849
Quecksilberoxyd — HgO	Quecksilber — Hg	1,080
Rohrzucker — $C^{12}H^{11}O^{11}$	Traubenzucker — $C^{12}H^{12}O^{12}$	0,950
Salpetersäure — NO^5	Ammoniak — NH^3	3,212
Salpetersäure — NO^5	2 Aeq. Kohlensäure — $2\,CO^2$	1,228
Salpetersäure — NO^5	Schwefelsäure — SO^3	1,350
Salpetersäure — NO^5	Schwefels. Baryt — BaO, SO^3	0,464
Salpetersäure — NO^5	Stickstoff — N	3,857
Salpetersäure — NO^5	8 Aeq. Wasserstoff — 8 H	6,750
Salzsäure — HCl	2 Aeq. Kohlensäure — $2\,CO^2$	0,830
Salzsäure — HCl	Schwefelsäure — SO^3	0,912
Schwefel — S	Schwefels. Baryt — BaO, SO^3	0,137
Schwefelsäure — SO^3	Kryst. Oxalsäure — C^2O^3, HO + 2 aq.	0,635
Schwefelsäure — SO^3	Schwefels. Baryt — BaO, SO^3	0,343
Schwefels. Kalk — CaO, SO^3	Kohlensaurer Kalk — CaO, CO^2	1,320
Schwefels. Kalk — CaO, SO^3	Schwefelsäure — SO^3	1,700
Silber — Ag	Chlorsilber — AgCl	0,753
Stärkmehl — $C^{12}H^{10}O^{10}$	Traubenzucker — $C^{12}H^{12}O^{12}$	0,900
Stickstoff — N	Ammoniak — NH^3	0,823
Stickstoff — N	Ammoniumplatinchlorid — NH^4Cl, $PtCl^2$	0,0627
Stickstoff — N	Schwefelsäure — SO^3	0,350
Strontian — SrO	Schwefelsaurer Strontian — SrO, SO^3	0,564
Traubenzucker — $C^{12}H^{12}O^{12}$	10 Aeq. Kupfervitriol — $10\,(CuO, SO^3 + 5\,aq.)$	0,144
Traubenzucker — $C^{12}H^{12}O^{12}$	10 Aeq. Kupferoxyd — 10 CuO	0,454
Weinsäure — $C^8H^4O^{10}$, 2 HO	2 Aeq. Schwefelsäure — $2\,SO^3$	1,750
Zink — Zn	Zinkoxyd — ZnO	0,803
Zinn — Sn	Zinnoxyd — SnO^2	0,787

Druck von C. *Hoffmann* in Stuttgart.

www.ingramcontent.com/pod-product-compliance
Lightning Source LLC
Chambersburg PA
CBHW021708210326
41599CB00013B/1574

* 9 7 8 3 7 4 3 4 5 3 4 2 5 *